U0180978

西方服饰与时尚文化：启蒙时代

A Cultural History of Dress and Fashion
in the Age of Enlightenment

［澳］彼得·麦克尼尔（Peter McNeil） 编

周铁影　汪功伟　译

重庆大学出版社

身体、服饰与文化系列

《巴黎时尚界的日本浪潮》
The Japanese Revolution in Paris Fashion

《时尚的艺术与批评：关于川久保玲、缪西亚·普拉达、瑞克·欧文斯……》
Critical Fashion Practice: From Westwood to van Beirendonck

《梦想的装扮：时尚与现代性》
Adorned in Dreams: Fashion and Modernity

《男装革命：当代男性时尚的转变》
Menswear Revolution: The Transformation of Contemporary Men's Fashion

《时尚的启迪：关键理论家导读》
Thinking Through Fashion: A Guide to Key Theorists

《前沿时尚》
Fashion at the Edge: Spectacle, Modernity, and Deathliness

《时尚与服饰研究：质性研究方法导论》
Doing Research in Fashion and Dress: An Introduction to Qualitative Methods

《波烈、迪奥与夏帕瑞丽：时尚、女性主义与现代性》
Poiret, Dior and Schiaparelli: Fashion, Femininity and Modernity

《时尚的格局与变革：走向全新的模式？》
Géopolitique de la mode: vers de nouveaux modèles?

《运动鞋：时尚、性别与亚文化》
Sneakers: Fashion, Gender, and Subculture

《日本时装设计师：三宅一生、山本耀司和川久保玲的作品及影响》
Japanese Fashion Designers: The Work and Influence of Issey Miyake, Yohji Yamamoto and Rei Kawakubo

《面料的隐喻性：关于纺织品的心理学研究》
The Erotic Cloth: Seduction and Fetishism in Textiles

即将出版：
《虎跃：现代性中的时尚》
Tigersprung: Fashion in Modernity

《视觉的织物：绘画中的服饰与褶皱》
Fabric of Vision: Dress and Drapery in Painting

前　言

彼得·麦克尼尔

　　时尚：装扮或者说调整自己的习俗、用法和方式，一言以蔽之，用于"弄妆梳洗"的一切奢侈之物；因此，可以从政治和哲学的角度来思考时尚。

　　—— 德·若古（D.de Jaucourt），《百科全书》（*Encyclopédie*），1765 年

　　一般而言，时尚可以被视为头面人物的习俗。它是那个煊赫世界的服饰、家具、语言和礼仪，这些构成了每个具体之物中所谓的"时尚"，其他的人则急于效法，把它们当成典范。

　　——A. 艾利森（A.Alison），《论崇高感与美感的性质》（*Of the*

　·　西方服饰与时尚文化：启蒙时代

Nature of the Emotions of Sublimity and Beauty），1790 年

艾琳·里贝罗（Aileen Ribeiro）在她的巨著《服饰的艺术》（*The Art of Dress*）中引用了两位作者的观点，一位是 18 世纪的法国人，另一位是英国人；她想表明：自生产与消费时装的那一刻起，人们已经自然而然地把时尚和服饰视为文化、哲学甚至科学变革的一部分。[1]19 世纪晚期至 20 世纪的作家，如托斯丹·凡勃仑（Thorstein Veblen）和皮埃尔·布尔迪厄（Pierre Bourdieu），其理论思辨与上述简短引文所包含的许多观念遥相呼应：时尚远不止是"装束"而已；时尚被飞快地复制；时尚可供辨识、定位个人与社会。"具身"（embodiment）的概念为近年来关于时尚的写作注入了新的活力，而"调整自己"这一短语则对此早有暗示。笔者对启蒙时代服饰的概述将围绕三个主题展开："时尚"在漫长的 18 世纪中是相当灵活的定义；个人和团体（包括乡村精英）对时尚的接受、传播或拒绝；服饰与身体如何关联着"肉体与石头"——理查德·桑内特（Richard Sennett）的著名表述，亦即如何关联着日新月异的 18 世纪西欧市镇的建筑环境。

审视时尚：优先考虑 18 世纪

精英服饰比民间服饰更有机会保留下来，这让时尚史领域的研究出现了各种偏差。[2]事实上，本书所收录的大多数图片都重现了富人的形象。在过去，搜集和研究服饰的方式多种多样，它们受到个人品位和偏好的影响，从富有审美情趣的收藏家，到考古学家或民族学家，再到古董商、造型设计师〔例

如 20 世纪 70 年代的摄影师塞西尔·比顿（Cecil Beaton）］或鉴赏家［例如戴安娜·弗里兰（Diana Vreeland）］。

19 世纪的散文家认为时尚是时代精神（zeitgeist）的核心。夏尔·波德莱尔（Charles Baudelaire）于 19 世纪中叶提出了一个著名的看法：时尚的意义在于萃取出过去和现在的本质"汁液"。依波利特·泰纳（Hippolyte Taine）在论证时尚的重要性时采取了类似的思路："我到 Estampes（国家图书馆的印刷藏品区）观看 16 世纪的大师作品……衣服的褶皱是激情的痕迹，仿佛褒贬的语词。我努力去重新发现和体验那些 16 世纪的作品。"[3] 泰纳在 1863 年拜访了龚古尔兄弟（著名的鉴赏家，他们的兴趣先是集中在法国洛可可艺术上，后来又集中在中国艺术上），考察了他们的 18 世纪版画：

> 没有什么比这些更能说明历史。人们仿佛直接从那个世纪的生活中走了出来。精致、欢快、愉悦之感——这三件礼物催生了其他的东西。这些盥洗室，这些布上帘子的刺绣大床，还有漂亮裸体女人的"起身"（晨间起床），没有什么比这些更宜人……这些漂亮的镀金车削家具……真是秀色可餐。这是真正的法国。[4]

就 18 世纪的服装而言，它有宜人与色情的一面，再加上它与 19 世纪末的时间差（它在那时勉强算得上"古董"，相距几乎不到一百年），这些使得它在开始被收藏时很受欢迎。19 世纪末，人们对"18 世纪的女人"的兴趣骤增。[5]1877 年，波士顿艺术博物馆得到了第一件供收藏的服装，这是一件 18 世纪的连衣裙，被编入专门的纺织品类别"锦缎、编织、刺绣等"，当时许多新兴的公共藏品都是如此，其用意在于确立百科全书式的、具备教育性的世界文化藏品系列，提高世人品位，并为工业制造水平的提升提供模板。这方面的例子包括伦敦的维多利亚和阿尔伯特博物馆（成立于 1852 年）、悉尼的应用艺术和科学博物馆（成立于 1879 年，馆长是一位植物学家，他从伦敦的一个商人那里挑选古董蕾丝，图案主要是他感兴趣的植物标本）[6]、墨尔本的维多利亚国家美术馆（于 1895 年首次收藏了印度的木板印花纺织品，大约于 1948 年开始收藏时装）[7]，以及加拿大的皇家安大略博物馆［成立于 1912 年，创始人兼馆长查尔斯·科雷利（Charles T.Currelly）是一位考古学家，他广泛搜集"伊斯兰艺术"等类别的藏品，其中包括纺织文物］。这些机构所收藏的大多是上流社会群体或精英的服装（非西方的服饰则是例外），部分原因在于它们由华丽的或复杂的材料制成，能够取悦欣赏者与制作者，刺激他们在美学和技艺上迎头追赶。藏品中女装比男装多得多，不过博物馆也收藏了大量 18 世纪男性丝绸套装和刺绣马甲，大概因为它们看起来与 19 世纪的深色套装截然不同。另一些藏品则带有私人色彩，许多旧标签（其中一些的真实性存疑）表明其对应的藏品是婚礼套装。"名媛初登场（presentation at court）"的套装也被视为珍贵的遗存。

1963 年，波士顿艺术博物馆展示了服饰收藏的概况，它在第二次世界大战（简称"二战"）后设立了服装部。值得注意的是，这次展览完全是关于女性的，其标题为"她漫步在辉煌中：1550—1950 年的伟大服装。来自永久馆藏的服装、配饰和图例"（1963 年 10 月 3 日—12 月 1 日）。在一篇略带歉意的序言中，佩里·汤森·拉斯本（Perry Townshend Rathbone）基于形式上的、而非社会性的关切为这种收藏方式做了辩解："设计师对线条、形状和颜色的处理带有某种恒久的性质、某种内在的优点，它超越了对时尚的肤浅思考，把优秀的画作或雕塑方可产生的美学效果赋予这些称心的衣服。"⁸纺织品单元策展人阿道尔夫·卡瓦罗（Adolph S.Cavallo）在"导言"中讨论了他那个时代的艺术史研究对"服装"的疑虑。尽管自20世纪60年代以来情况明显好转，但直到1984年，大都会艺术博物馆馆长菲力普·德·蒙特贝罗（Philippe de Montebello）仍然声称一件衣服不可能像一件上等的赛弗尔（Sèvres）瓷器那样重要："服装是一门应用型艺术……即便如此，它也不能与瓷器平起平坐，而且它的重要性肯定不及纺织品……如果有人声称服装不只是一门次要的应用型艺术，那么我会认真地质疑这个人的总体知识结构。"⁹

色彩绚丽的男女服装或是作为藏品留存下来，或是在优美的肖像画中俯视着我们，不过，对它们的关注也会给人误导。我们对过去的想象在很大程度上受制于我们所能"看见"的东西。有时，由兢兢业业的历史学家（在法国尤为如此，在德国、瑞典、丹麦亦然）汇编的事实会导致令人惊讶的结果，这项横跨一般史、艺术史、政治和经济诸领域的研究工作正在产生许多新的知识和信息，涉及18世纪时尚与区域特性在服饰中的传播。¹⁰

并非所有的18世纪服饰都像古装戏中的装扮或博物馆的主打藏品那样绮丽奢华。伟大的法国日常生活史学家丹尼尔·罗什（Daniel Roche）认为："道德家和传道士夸大了王室圈子的过度开销"，实际上四分之一的贵族在衣服上的花费比一个富裕的店主或商人多不了多少。¹¹就颜色而言，18世纪女性贵族的衣物比男性贵族的衣物更鲜艳，尽管也有人［如历史学家弗朗索瓦·布歇（François Boucher）］认为当时的男性穿得比女性更华丽。¹²罗什对法国贵族库存的研究表明，超过三分之一的男性衣物是深色的，但在今日保存的

藏品中这类衣服更少。1789 年，在库存的男性衣物（以巴黎为主）中，42%
都是阴沉低调的颜色，其中 25% 是黑色的。[13] 对许多男人来说，色彩鲜艳的
衣物是一种昂贵且不实用的选择。这让那些英国花花公子（macaroni）（以及
类似人物）的装扮显得格外惹眼。在 18 世纪的后 30 年，深色也是巴黎时尚
服饰的一部分。身无分文的莫扎特在给父亲的信中写道，"你可以穿着黑色的
服饰去任何地方"，因为"它既适合乡野，又很正式"。[14] 在英国，早在 18 世
纪 30 年代色调就趋于阴沉。这反映了清教徒中产阶级的崛起，他们强调庄重
与节俭，但也喜用家庭日用织品；这也反映了贵族对土地、庄园的依恋，毕
竟朴素的宽幅毛呢布比不实用的带花纹的丝绸更适合户外。然而，留存在博
物馆中的深色或黑色套装藏品却相当罕见。有观点认为，这是因为人们会把
它们穿到破损为止或者传给仆人；不过，按照 19 世纪的社会心态，人们可能
只是因为觉得它们太无趣、没有保存的必要。作为演员的衣物和化装舞会服，
高级时装很受欢迎，因此留存下来的许多高级时装都已经很破旧或者被改过，
难以成为博物馆收藏的展品。没有人真正知道旧时衣物得以留存的一般原因，
除非它们是王室的遗存，或圣物，或索引系统的组成部分（比如保存在育婴
堂中用于辨识儿童的样品或用于贸易的货样）。[15] 然而，编撰本丛书的作者表
示：我们可以借由社会、文化、政治、经济、技术和传记等方面的资料，多角
度地透视西欧人民在漫长的 18 世纪中所穿着的时髦服饰和普通衣物。

素材本

尽管时尚研究的起始时间仍处于激烈的争议当中，不过可以肯定：早在

18 世纪就有业余人士试图系统地记录旧时服饰的外观和基本图案。正是在这个世纪，业余的历史学家和形形色色的杂学家都开始准备起来，编撰自己对"服装（costume）"史的看法。著名的英国日记体作家兼古玩爱好者、风趣的霍勒斯·沃波尔（Horace Walpole）设想自己可以论述这个话题。沃波尔的图书馆藏书丰富、资料翔实，其中包括让·巴蒂斯特·蒂埃（Jean Baptiste Thiers）撰写的关于假发研究的《假发的历史》（*Histoire des Perruques*，巴黎，1690 年）。[16] 沃波尔的"素材本"（"Book of Materials"）没有付梓，目前由环境宜人的刘易斯·沃波尔图书馆（the Lewis Walpole Library，位于美国康涅狄格州法明顿）保存。除了关于参观乡间住宅的许多细节之外，素材本中还包括他为一部关于英国风俗和服装的鸿篇巨著（并未完成）所做的笔记。[17] 沃波尔还考虑根据热尔曼 - 弗朗索瓦·普兰·德·圣富瓦（Germain-François Poullain de Saint-Foix）的工作来记述伦敦的街道，后者曾为巴黎撰写过一本类似题材的书《巴黎史话》（*Essais historiques sur Paris*，1776 年）。沃波尔着迷于时尚与风俗（常被用作"服装"的同义词）、名流、贵族成员、他那个时代的怪人之间的相互联系。例如，《切斯特菲尔德勋爵致子书》（*Letters of Lord Chesterfield to his son*）着眼于一位年轻人应该如何在"游学（the Grand Tour）"过程中为进入巴黎上流社会做准备，犀利而诙谐的沃波尔照着书中的前三封信写了一部戏仿之作，[18] 恣意品评切斯特菲尔德对礼仪、雅趣及其子的看法。他在自己的书册中做了 300 条旁注。切斯特菲尔德在第 71 封信（写于 1746 年 10 月 9 日）中写道：

着装也一样。此乃必需，故要留心。不是为了在这方面与那些过于讲究外表的人竞争或超越他们，而是为了不显得怪异、不被人嘲笑。你要时刻注意自己的着装，要像你周围那些有理智的同龄人一样，他们的着装不会被人论短道长，说什么"太疏忽"或"太讲究"之类。

沃波尔评注道："查尔斯知道自己的儿子教养差、很粗野，尽管他费尽心机，儿子依旧如此。"[19] 父亲评价儿子"你的身材很好"，沃波尔则回应"又矮又笨"。[20]

沃波尔对时装的兴趣不只是一种对古玩的偏爱，也不只是一种对上流社会的交际场合与化装舞会的迷恋。他的视野可比肩下一世纪的鉴赏家。沃波尔也熟谙那些经典的着装规则。阿尔伯蒂曾于文艺复兴时期写道："你必须尊重你的衣服。"阿里索托（Arisoto）曾言："颜色可以吸引人们的注意力，正如磁铁可以吸引铁屑。"[21] 衣服必须合乎这些规矩，但不一定要漂亮。乔瓦尼·德拉·卡萨（Giovanni Della Casa）的《礼仪论》（*Galateo: The Rules of Polite Behaviour*，威尼斯，1558 年，大量重印）和人文主义者巴尔达萨雷·卡斯蒂廖内的《廷臣》（1528 年）规定服装必须"剪裁利落、干净得体"。[22] 年轻人可以"活泼而优雅"，但花哨的衣服是"雇佣兵、巡回乐手和同性恋者"的专利。[23] 沃波尔也非常在意阶层，并清醒地察觉到那些跟风的人。这个关注点常见于 18 世纪。亚当·斯密（Adam Smith）在《道德情操论》（*Theory of Moral Sentiments*，1759 年）中如此谈及时尚和上层人士："一旦这些人抛弃它，它就失去了自己以前似乎拥有的所有光辉。"[24]

服装总是与家庭、道德和政治经济联系在一起。它还与我们的心理（无论我们如何定义它）和审美意识联系在一起。沃波尔对应用型艺术与绘画中的珍品有着敏锐的感觉，对美和日常事物亦然。服装并不与绘画、雕塑等高级艺术有着相同的起源，但在过去，许多能接触到艺术模型和艺术规则的工匠都参与了服装的制作。在其名作《中世纪的秋天》（*The Autumn of the Middle Ages*, 1921 年）中，历史学家约翰·赫伊津哈（Johan Huizinga）在讨论了"编织艺术"（挂毯）之后，对服装有如下评价："不可否认，服装也属于艺术。不过，它的目的之一是诱惑，炫耀压过了美本身。进一步而言，个人的虚荣心把服装艺术拉进了激情和肉欲的领域，均衡与和谐——这些品质构成了高级艺术的本质——则居于次要地位。"[25]20 世纪晚期的文学、服装和艺术史学家安·霍兰德（Ann Hollander）在 1971 年谈到这个问题时说："在所有的艺术题材中，只有人的身形可以而且必定给人以冒犯之感……着衣的身形（就像裸体一样）总是很直接的，不论它以何种方式将织物与身体统一起来。"[26]

把东西挂起来

在 18 世纪，印刷文化和阅读群体的兴起极大地推动了时尚的传播。绘画转变为印刷品，而印刷品又具有进一步转变的无穷潜力。街头贩卖的印刷品是城市生活的重要组成部分。小贩有时用绳子把这些东西串起来，挂在墙壁和栏杆上，其中夹杂着歌谣、大幅报纸、年鉴、小册子和讽刺作品。有图像表明，在法国、德意志和意大利，有人采用了这套做法。有时用于印刷的是老式活字，它们破损了且过时了一个世纪。[27]在法国大革命时期，访问伦敦的达兴霍尔茨（D'Archenholz）指出：

对于这个国家的奇闻逸事，请允许我说说歌谣。诚然，这些东西在法国也很常见，但不像在英国伦敦那样被公开贩卖。从事这一职业的通常是女性。她们游荡于人流密集的首都街道，时不时停下来，吸引一群人围在自己身边，对着他们唱歌，有时还配上音乐。这些歌曲往往包含着诙谐的表达和幽默的调侃；作者无疑拥有才气，却去庆祝鸡毛蒜皮的日常琐事，有时不免令观者感到遗憾。这些歌谣印在糙纸上，有时 1 法寻 [1] 一张，有时半便士一张。民众非常热衷于购买它们，把它们当成可口的餐点。[28]

亨利·沃尔顿（Henry Walton）的精美风俗画或"幻想画"《买歌谣的女孩》（*A Girl Buying a Ballad*，于 1778 年展出）现藏于泰特美术馆（the Tate Gallery）。在这幅特别的作品中，一位衣着光鲜的都市丽人和一位举起帽子摆出乞讨姿态的悲伤老者形成对比（图 0.1）。[29]

在街上贩卖印刷品的是一个男人而非女人，这凸显出他的潦倒。印在他头顶那张纸上的却是衣着光鲜的士兵，这一反差体现出这幅画在表达服役归来的人所遭受的不公，以及当时人们对美国独立战争（始于 1775 年）的进展所持有的悲观看法。"他"也可能是指代那位失明的贝利萨留将军（Belisarius）[2]。沃尔顿曾师从画家约翰·佐法尼（Johan Zoffany）。后者是一位优雅的画匠，从瑞士来到伦敦时，年纪轻轻的他其实是一名花花公子（特别时尚）。[30] 卡灵顿·鲍尔斯（Carington Bowles）重新发行了这幅画的印刷版，题为"购买情歌的漂亮小姐（The Pretty Maid Buying a Love Song）"，有人评论它"强

---

[1] 法寻：英国旧时硬币，等于 1/4 便士，1961 年停止流通。——译注
[2] 贝利萨留：拜占庭帝国统帅、军事家。——译注

图 0.1 《买歌谣的女孩》，亨利·沃尔顿 (1746—1813 年)，于 1778 年展出，布面油画。
Tate Gallery.

调了潜藏在卖歌谣者与年轻女子的眼神交流中的情欲"。[31] 在印刷版中，卖歌谣者的眼睛是向上看的，而不是向下看的，因此这样的情欲交流在画作中实际并不存在；相反，画作似乎涉及特权和性别，涉及同时代事务和对于城市街道的悲观看法。年轻女子身着干净的条纹棉质或丝质连衣裙，透过裙摆上的口袋缝隙取钱，围着干净的围裙，头戴遮阳帽——这些特征都与卖歌谣者的破旧棕色套装及其物质上的拮据形成强烈的对比。他的马甲扣子不见了，衣服用胶带固定在一起——他在尽力维护尊严，让自己显得干净整洁。根据罗什的看法，这成了一种女子气的行为，因为在这一时期，"纽扣是男性力量的标志，妇女和儿童则用别针和系带固定衣服"。[32] 老人的鞋子又破又脏，而最重要的是，他穿的是长裤，不是过膝马裤。他似乎戴着一顶没有经过整理、乱蓬蓬的假发。他缠在脖子上的手帕可能来自印度，表明他或许以前是个水手：贝弗利·莱米尔（Beverly Lemire）认为"这些是平民服装的典型佩饰"，在 18 世纪的海员中多有交易，带搭扣的鞋子也是水手的标志，还有他的圆帽。[33] 他身旁的扫帚表明他也可能为过往的顾客清扫大街，这种低下的职业往往与童工联系在一起。年轻女子则给人以清新之感，马修·克拉斯克（Matthew Craske）评论说这种清新感成了英国人品味的一个特点：在 18 世纪，"英国人在举止、服饰、风景等方面普遍追求一种自然的感觉"。[34] 该作品还体现出一种新的艺术形式，"相对于那些诉诸激情、感受、共情或柔情的新形式，它的诞生面向新的公众"，不要求观者掌握精英阶层的学识。[35]

在 18 世纪 60 年代中期，法国新出现了一类期刊。这类出版物定期发行，同时面向女性和男性，后来被称为"时尚杂志"。它们不会被街头的摊贩挂起来售卖，而是常常被见多识广的富人订阅，如伦敦的班克斯家族（the Banks household）。在 18 世纪 80 年代，索菲亚·班克斯或约瑟夫·班克斯（Sophia or Joseph Banks）（很可能是前者）购买了新出版的法国时尚期刊，包括《时装间》（*Cabinet des Modes*）、《时尚志》（*Journal de la Mode*）、《巴黎服饰》（*Costumes Parisiens à Paris*）与《时尚图集》（*Gallery of Fashion*）。[36]

这类出版物有时会公开供应者的名字和地址，从衣帽商到时装商人同业公会（marchandes de modes），甚至还有当时的新晋时尚名流，譬如法国王后玛丽·安托瓦内特（Marie Antoinette）的理发师莱奥纳德先生（Monsieur Léonard）（图 0.2）。它们描绘了卡罗尔·邓肯（Carol Duncan）所谓的"幸

图 0.2　皮埃尔－托马斯·莱克莱尔（Pierre-Thomas LeClerc），由尼古拉斯·杜平（Nicolas Dupin）创作雕刻版，出自《法国时尚与服饰图集》（*Gallerie des Modes et Costumes Français*），由 Esnauts et Rapilly 出版。第 38 辑法国服装，1781 年的第 9 套时装。oo.222 "Coiffure d'une dame de qualité coëffee par M.Leonard Coëffeur de le Reine," 1781. Photo：©2017. Museum of Fine Arts，Boston.

福之家",展示了与关于儿童成长和教育的新理论同步发展起来的母亲形象和新型童装(图 0.3)。[37] 在精心绘制的图像中,生活富裕的小男孩穿上了划时代的"小衣服"或内衣 [例如,在本书封面的图片中,法克特(Fector)家的

图 0.3 皮埃尔 – 托马斯・莱克莱尔,由尼古拉斯・杜平创作雕刻版,出自《法国时尚与服饰图集》,由 Esnauts et Rapilly 出版。第 36 辑法国服装,1781 年的第 28 套时装。1er Cahier pour le 3e Volume "Les Enfans de Mgr. Le Comte d' Artois…" 1781. Photo:©2017. Museum of Fine Arts,Boston.

男孩身着长裤和水手服)]。出版物里还展示了"卷袖的素色水手服"等童装(图

0.4),它们起源于工人和水手的服装——约翰·格林(John Greene)和伊丽

莎白·麦克拉姆(Elizabeth McCrum)在研究爱尔兰"小衣服"时指出:"穷人、

La petite Fille vue de face est vétue d'un Foureau de Tafetas garni de Gaze elle a un Tablier de Gaze son Foureau
est fait a l'anglaise Chapeau à la Henry-quatre L'autre petite Fille a un Foureau de Burat retroussé a la Polonoise .
Le petit Garçon en Matelot simple et les Manches retroussées .

A Paris chés Esnauts et Rapilly, rue St Jacques, à la Ville de Coutances · A.P.D.R.

图 0.4　皮埃尔 - 托马斯·莱克莱尔,由尼古拉斯·杜平创作雕刻版,出自《法国时尚
与服饰图集》,由 Esnauts et Rapilly 出版。第 32 辑法国服装,1780 年的第 25 套时装。
hh.190 "La petit Fille vue de face est vétue d'un foureau de tafetas garni de gaze⋯"
1780. Photo:©2017. Museum of Fine Arts, Boston.

军人、海员、儿童的服装与时装的融合发展是划时代的，在法国尤为如此。"[38]

鉴于《时尚图集》的插图在绘制、比例、平衡和上色方面所呈现的高质量，它也许是18世纪晚期最精致的期刊，其全称是"法国时尚与服饰图集，根据实物绘制，最负盛名的写实派艺术家刻印，勒博夫人精心上色"（"Gallerie des Modes et Costumes français dessinés d'après nature, gravés par les plus celebres artistes en ce genre, et colorés avec le plus grand soin par Madame Le Beau"）。1778年至1787年，该杂志由"埃努先生和拉皮利先生（les Srs Esnauts et Rapilly）"于巴黎出版，出版地位于"圣雅克街库唐斯出版社，已获得国王的特许"。就这一时期的出版物而言，提及负责上色的人是不常见的：这说明该出版物中的图画得到了非常认真的处理。既然色彩是核心的时尚知识，那么这并不奇怪。

在第27辑（*cahier*）"法国服装——1779年的第21套时装"（"*de costumes français-21e suite d'habillemens à la mode en* 1779"）中，第161号插画（*planche*）是"所谓克里奥尔风格的服装（*Vêtement dit à la créole*）"（图0.5），绘制者是塞巴斯蒂安·莱克莱尔（Sebastien Le Clerc）[3]，刻印者是帕塔斯（Patas）。这幅插画被列入科拉斯（Colas）的《关于服装与时尚的一般文献》（*Bibliographie Générale du Costume et de la Mode*），该书于1933年出版，内容极其丰富，是时尚史学家的案头必备——你可以在该书中快速查阅18世纪杂志的演变、设计师和出版商。[39]

---

[3] 原文为"塞巴斯蒂安·莱克莱尔"。经查，该画作者应为"皮埃尔－托马斯·莱克莱尔"。确有一位"雅克－塞巴斯蒂安·莱克莱尔"也曾为《时尚图集》供稿，但两者并非同一人，此处或为原文讹误。——译注

Dessiné par Leclerc.   Gravé par Patas.
Vêtement dit à la Créole, composé de celui que portent nos Dames Françaises en Amérique : c'est une grande robe de mousse-
line, à manches justes qui se serrent au poignet ; la robe est un peu ajustée à la taille et dégagée autour de la gorge dans le
goût d'une chemise : elle est cependant fort aisée et ouverte par devant ; on l'attache en haut avec une épingle lorsqu'on
veut qu'elle joigne, et la ceinture avec un ruban comme la Lévite ; par dessus un caraco à coqueluchon sans manches ;
celles de la robe forment lunudis. Cette figure est coëffée d'un chapeau dit la Grenade.

A Paris chez Esnauts et Rapilly rue S. Jacques a la Ville de Coutances. A.P.D.R.

图 0.5　皮埃尔 – 托马斯·莱克莱尔，由尼古拉斯·杜平创作雕刻版，出自《法国时尚与服饰图集》，由 Esnauts et Rapilly 出版。第 27 辑法国服装，1779 年的第 21 套时装，第 161 号插画"所谓克里奥尔风格的服装"，1779 年。Photo：©2017. Museum of Fine Arts，Boston.

这位手持长柄手杖和折扇的时尚人士（一位刚迈入中年的女性）在页面空间内保持着优美的平衡，她的脚踩在一块乡间草地上。习惯上，图像中的一位时髦的女子或男子会处在一小片土地、街道或地板上，不受背景细节的干扰。这种做法既强化了印刷品的重点（时尚信息），也为此类时尚图像的消费提供了一个"异世界的"或剧场般的空间。[40]

这幅插画表明了 18 世纪时尚的世界性，将法裔美洲人（也可能是南美洲殖民地的人）编织进欧洲的时尚叙事里。文字信息告诉我们，这是身处美洲的法国妇女穿的衣服，一种配有腰带和饰带的麦斯林纱礼服，款式如同以宽松腰带为特点的利未长袍（robe à la Lévite）（图 0.6）。

身着"克里奥尔（à la créole）"的女子还穿了一件"卡拉科（caraco）"，这是一种短外套（此样例中是短袖）。她那顶巨大的镶边帽子属于格林纳达风格（à la Grenade），上面有鲜花、羽毛、饰带和一面旗子。如今的人们看到后会说这样的衣服是荒谬的或者是虚构的，但约翰内斯·皮采（Johannes Pietsch）的研究证明：在博物馆和私人藏品中确有一些服装属于这类时尚杂志所展示的款型，它们并非出于幻想。[41] 留存下来的帽子更为罕见，而要证明它们是否准确，需要对库存和其他资料进行核查，但这些资料往往很笼统，对中间阶层来说也不够精确。

最初的"所谓克里奥尔风格的服装"（由瑞士私人收藏）包括一件浅条纹的白色连衣裙和一件橙色调的卡拉科。印刷品在后续上色的过程中出现了各种变化，不同的版本在细节和效果上有很大不同。瑞士藏品中的样例具有强烈的色彩对比，运用玫瑰粉色调作为白蓝条纹麦斯林纱的对比。而在波士顿美术馆的样例中，蓝色条纹要淡得多，帽子上的饰带是淡蓝色而不是玫瑰色，

Dessinée par Le Clerc Gravée par Le Beau

Robe à la Lévite, a deux plis par derriere, toute droite, arrêtée à la taille avec une écharpe dont les bouts
se terminent par des glands. Coëffure; un chapeau de paille garni de gaze en pouf et orné de fleurs.

A Paris chez Esnauts et Rapilly, rue St. Jacques, à la Ville de Coutances. A.P.D.R.

图 0.6　皮埃尔 – 托马斯·莱克莱尔，由尼古拉斯·杜平创作雕刻版，出自《法国时
尚与服饰图集》，由 Esnauts et Rapilly 出版。第 21 辑法国服装，1779 年的第 15 套时装，
第 124 号插画"利未长袍，后面有两层……"，1779 年。Photo：©2017. Museum of
Fine Arts，Boston.

鸵鸟羽毛是黄色而不是绿色，花朵更加艳丽，帽子上还插着一面带有红色十字的旗子。后者突显出"格林纳达战役"（1779 年 7 月 6 日）的主题，在这场战役中，法国人在西印度群岛击败了英国人。[42] 在波士顿美术馆的版本中，腰带也是蓝色而不是玫瑰色。该样例多出了一件玫瑰色的衬裙和不同颜色的下摆。莱克莱尔进一步为装饰女帽的花朵提供了详尽的植物学信息。它们与倒挂金钟（fuschia）很相似，后者是维多利亚时代非常流行的一种悬垂式植物，由法国人查尔斯·普卢米埃（Charles Plumier）于 17 世纪晚期从圣多明各（今海地）引进，他以德国植物学家莱昂哈特·富克斯（Leonhart Fuchs）的名字命名它。出于某种原因，上色的人简化了这种花：也许他们未曾见过它，因为它很难种植。这种花强化了法国与异国他乡和全新时尚的联系，正如金伯利·克里斯曼－坎贝尔（Kimberly Chrisman-Campbell）指出的，漂白亚麻布曾在圣多明各很时兴，而王后的长衬裙（chemise à la reine）可能受到该地服装的影响。[43] 印刷品的确切上色时间自然处于争议中，它们之后还可以被"润色"，不过它们的上色方式似乎表明了日期。值得注意的是，由于文本并未描述任何颜色（只有麦斯林纱被假定为白色），上色的人便行使了艺术自由权。有可能的是，上色的工坊欢迎各种变化，借此展现自己的品位。在现存的此类印刷品中，这些情况肯定非常常见。

对此类细节的关注并非迂腐之举；时尚在 18 世纪经由"品味"的展现和个人的甄选而历经变迁。马修·克拉斯克（Matthew Craske）在他对 18 世纪欧洲艺术的出色探究中指出："文化在关注品味的同时也关注服装和礼仪，这并非偶然……随着时装被更广泛的社会阶层接受而不再是社会区隔的可靠标志，文化也日益着迷于服装的展示及其道德内涵。"[44] 人们对服装做出各式各样的选择与判断，并且首次在时尚插画中详细披露谁是图中物品的零售商。新出现了一批女性读者，她们是时尚概念的一般受众。像此类印刷品，既可以被单独消费，也可以被富有想象力的群体消费，关于后者还有很多东西待发掘。

此类印刷品在19世纪和20世纪仍保有生命力，或是作为游戏性的拼贴画，或是被纳入插图本以及后来的"剪贴簿"。对于20世纪上半叶的现代主义艺术家来说，没有背景的过时图像所带来的陌生效果刺激人们创作出新的组合。20世纪30年代，英国版 *Vogue* 杂志鼓励读者前往伦敦的书店和印刷品商店剪下18世纪的印刷品、期刊和图书，以追赶废书籍的复兴"潮流"（由摄影师和造型设计师塞西尔·比顿等人提倡）。但这样的做法一定会造成大量印刷品和时尚信息被"弃于道旁"[4]：人们当时并不觉得这些材料有多珍稀。18世纪的物质文化往往很少受到尊重。在"二战"后，托马斯·帕奇（Thomas Patch）的一幅重要漫画被改成了一个折叠屏风，放在伦敦一家古董店的橱窗里待售。45在比顿的作品中，我们见识到时尚在两次世界大战之间的那段日子里所经受的拆卸与挪用：一位"时尚达人"通过对时尚本身的消耗来创作新的东西。20世纪的男性设计师以支离破碎的方式传播着18世纪女性的智慧成果。

在其位，着其衣

过去的服装总是五花八门、错综复杂的，但借由插图展示的风格史有时会模糊这一点，因为它们总是不得不呈现出当时的一般品味。过去的人们并不

---

[4] 即被忽略和丢弃。——译注

总是穿着我们认为他们应该穿的东西。在私人休憩之地，男人们穿着露脚面的鞋子（比如拖鞋）。他们显然并不总是穿着带扣高跟鞋或马靴晃来晃去。托马斯·杰斐逊（Thomas Jefferson）在寄往伦敦的信中表示：自己想要一双皮制拖鞋，可以在私人花园里散步时穿。[46] 他肯定希望舒舒服服地亲近大自然。虽然在 18 世纪的欧洲很少有男人穿全棉的衣服［他们的衬衫几乎都是亚麻布的，一般只有晨袍（banyan）或非正式的裹袍是印花棉布的］，但也有例外。在法国南部，约瑟夫·加布里埃尔·罗塞蒂（Joseph Gabriel Rossetti）的一幅壁画描绘了著名的制造商韦特（Wetter），该壁画题为"奥兰治的韦特兄弟工厂中女粉刷匠的工坊"（*The studio of the brush-painter women in the factory of the Wetter Brothers of Orange*，1764 年）：韦特明显穿着自己的印花棉布制品，而不是常见的丝织三件套。

人们总是会对衣服产生即兴的念头。1712 年，斯威夫特（Swift）在描述自己获得了一个新鼻烟壶时写道："汉密尔顿公爵夫人为我制作了一些有系带和搭扣的女式口袋（毕竟，我在夏天不穿马甲），口袋里面分成几个区域，其中一个专门放我的盒子，哇！"[47] 除非特别有钱，否则人们不太可能从头到脚都穿着全新的衣服；尽管如此，人们还是经常重新制作他们的衣服，包括夹克、马甲、大衣和裙子。正如安妮·霍兰德（Anne Hollander）所说，即使那些声称对时尚不感兴趣的人，也仍然通过这种有意识的叛逆行动来面对时尚："服装中的时尚在时间和空间上总是流动的、变化的，因此在任何时候，许多人的穿着都彼此不同；不过，所有这些差别在之后都会根据一套新的惯例而发生明显的改变，虽然这套惯例是从先前的惯例中发展出来的。"[48]

在漫长的 18 世纪，时尚方面的开支合乎每年的时间节律，通常包括朴素但重要的必需品，如美发和其他消费；对某些人来说，轻奢更为常见。刘易斯·沃波尔图书馆收藏了一份 1789 年的"贵妇日常生活指南"：一位交游广阔的贵妇描述了自己的一些开支和社交活动。在一些日子里，她孤身一人；而在另一些日子里，她"饮茶，与朋友一起，有时还吃晚餐"。她一般会说清楚自己是待在家里还是有人陪伴，还喜欢偶尔在圣詹姆斯公园散步，去佳士得（Christie's），拜访著名的异装者德翁小姐（Mlle D'Eon），以及"逛逛韦奇伍德瓷器店（Wedgwoods）"。4 月，她报告说"爸爸与约瑟夫·班克斯爵士共进晚餐"。她的许多开支都是用于配饰和头发。2 月，她花 6 便士买了一些卷发器，以每码 5 便士的价格购入两码长的粉色饰带，以 3 先令的价格购入一码半的黑色薄纱，以 6 先令 6 便士的价格购入"条纹缎面腰带"。7 月，她需要更多的卷发器，为此花了 1 先令；薰衣草水花了她 1 先令 2 便士，一个"宫廷药膏"（用于面部的黑色贴片）花了她 6 便士。10 月，她花 1 先令买了一些饰带，花 3 先令买了手套，又花 1 先令 6 便士买了一些饰带。11 月，她花 1 先令 2 便士买了手套，花 2 先令 1 便士买了更多饰带。年中，她在"邦德街的戴维斯帽店"买了一顶新帽子。她留意到用于该年的新铅笔和备忘录，然后用 5 便士"买了用作鞋带的饰带"。尽管开支和旅行范围不算过分［这一年她去了巨石阵和索尔兹伯里］，小记事本还是记下了"巴黎的新时尚"，包括对某种头饰的细节描述："一蓬普通的薄纱，后面挂着长长的头纱，用巧克力色的饰带系着，在左边形成一个漂亮的结……不过我们不晓得它们跟印度的时尚有没有接近的地方，据说那件袍子就复制了印度的时装。"[49]

由法国私人收藏的一本未公开账簿来源于更高的社会阶层。它记录了住在阿维尼翁附近的一个有头衔的年轻人在大约 1750—1780 年的花费。单身的他经常乘坐马车去马赛和普罗旺斯地区的艾克斯购买违禁烟草，还有茶、糖和"橙花"水。他喝了大量咖啡，其中一些来自美洲。针对这一时期，罗什评论道："咖啡代表了现代性，代表了贸易的胜利。"[50] 这位年轻的小贵族经常购买彩瓷餐盘、水晶，以及在农村地区不常见（除非是有钱人）的其他餐具。[51] 最规律的账目是美发。他通常一次性向假发匠支付过去一年或未来一年的美发费用。他差不多每年都会购买一次假发袋，所以过去买的假发袋肯定是磨损了或弄脏了；平均每年也会购买一双鞋和一两双丝袜。每隔一段时间，他就会买一件非常昂贵的配饰（比如金质手柄的马六甲手杖或搭配手杖的金质链条），要么就用"石头"重新装饰鞋子的金质搭扣。他为"肥美的星期二（mardi gras）"租了一副多米诺面具。银等材料被逐一用于制作新的配饰（比如搭扣），旧物成了新品。他有非常多的待洗衣物，一次要洗 34 件衬衫。许多衣服（外套等）都经过修补或重新做衬里。他先花钱购买纺织品（包括按重量付费的金质穗带），再支付裁缝制作衣服的额外费用（低得多）。大多数商品的生产地和相关商人的名字都记录下来了，这很重要，因为它们表明消费者十分了解商品的来源。他与供应商的关系一定很密切，账簿里也涉及原料的成本和相关信息的记录，因为这样的条目有很多。一些商品（如长筒袜）购自小贩处。他每年都会买一套书来读，一般是喜剧和历史方面的。1775 年，他购入一把塔夫绸阳伞。精美的手镜、巴黎风格的银质剃须盆或汤盘、"非常昂贵的"塔夫绸屏风和大量咖啡壶都表明这所房子散发着奢华的气息，总体上契合罗什针对法国消费革命中的那些幸运儿所给出的结论。

镜子很重要。英国人语带讥讽地抱怨人们对镜子的使用："法国以外的人都受不了男人在街上公开梳头，也受不了女人手里拿着小镜子（常常两只手都如此）。"[52] 对于这种反射装置，霍兰德指出："镜子反射出来的形象是在想象中事先生成的幻象式自画像，可以被随意地创造和再创造。组成它的材料是实际看到的东西，整体的形象则是一种虚构。"[53] 打扮得漂漂亮亮，紧跟每个季节的时尚（以及循环利用自己的旧衣服），用一套新的餐具和调味罐吃饭，购置更舒适的家具，在轻松的阅读中获得乐趣，研究地图和资料汇编——对那些有条件的人来说，这些事情支撑起一副崭新的精神面貌。

借由消费事物或使用事物的不同方式，主体能够以不同的方式建构自身，重新调整自身与集体的关系……发生于亚麻布和衣服领域的革命对于经济、社会、道德等方面的争论而言至关重要，因为它颠覆了基督教价值观和静态经济，带领人们进入流动经济、私域变革和个人主义。

至于这一时期的德意志北部和低地国家[5]，历史学家达格玛·弗赖斯特（Dagmar Freist，奥登堡大学）及其团队研究了弗里斯兰沼泽区的乡村精英，[54] 其他历史学家可以从这一研究项目中获益。这样的工作很重要，因为它影响着人们对"英国例外论"和 18 世纪消费革命的看法，柯律格（Craig Clunas）在一篇关于"消费和西方崛起"的长篇评论中便指出了这一点。[55] 这也有助于我们摆脱通用的英法比较模型，这些模型主导着英语世界的 18 世纪服饰研究。弗赖斯特的研究团队所考察的不是超级富豪，甚至不是中间阶层，而是北欧某地的乡村精英以及他们呈现、塑造自身的不同途径。她的总体论点是：在新兴社会群体的影响下，社会阶层更加分化。弗赖斯特认为，特定范围内的社会实践并不是对贵族等人的模仿，而是新兴的社会群体对精英剧本的"覆写"。

---

[5] 欧洲西北沿海地区的荷兰、比利时、卢森堡三国的统称。——译注

他们通过合乎预期的社会文化实践而获得了社会精英的地位，在这个过程中，他们没有因循守旧，而是把自己打造成一个易于识别的特殊群体。这项研究重点关注弗里斯兰沼泽区，该地区的小麦和牲畜在17—18世纪成了财富的源泉。格尔德·施泰因瓦舍（Gerd Steinwascher）在谈到该地区时指出："德意志西北部是一个令研究者兴奋异常的地区。在庄园和自由农民或独立佃农之外，我们还看到了精神和世俗意义上的国家的构建，看到了混合教派、天主教和路德宗的宗教环境。"在德意志西北部，"户主（hausleute）"一词并不指"农民"，而是指"在经济和社会地位上介于农民和商人之间的人物"。从13世纪开始，这些人就被允许在这个区域拥有和出售土地。尽管很少有户主离开自己的区域，但他们"非常清楚自己对全球经济发展的依赖性"。弗兰克·施梅克尔（Frank Schmekel）认为，他们是"一个介于本土和全球之间的社会群体"。因此，谈到对时髦事物（包括时装）的区隔和消费时，几乎绕不开他们。

施梅克尔引用了一份当代资料："公众主要是喜欢外国货，并不尊重一个东西的质量或美感。"两名来自诺登的帽工呼吁抵制荷兰帽子，人们却发现他们自己就在进口荷兰帽子，还假装它们是当地生产的。1774年5月，陶工施梅丁（Schmeding）抱怨裁缝梅耶（Meyer）"胆敢经营各种外国陶器"。梅耶反击道：陶工的产品在技术和审美上都是低劣的。显然，在这个市场上常有外国商品，购买的东西也越来越多样。高质量不等于高价格，其价格也因此下降。

菲利普·雅努（Philippe Jarnoux）针对法国农村提出了重要的史学观点。在20世纪60年代，历史学家研究的是社会经济观点；物质文化似乎是经济形势的函数，而不是主题本身。他指出，时尚研究的法国文化史传统主要涉及城市生活。下布列塔尼的农民不说法语，消费方式也不同于巴黎这种中心

前言

城市，甚至不同于较大的乡镇。他们中有10%~20%的人生活富足，其他人则非常贫穷。虽然布列塔尼[6]的农民离输入殖民地货物的港口很近，但他们不会消费其中的大部分货物。对农民来说，更重要的是家庭和其中"可见的家具"——富裕的农民积聚了很多不太常见的类型——椅子、床、衣柜等。最重要的是大型樱桃木嫁妆箱（armoires），它们会从街头一路被送往农民家中。农民还喜欢大量购买的商品包括床上用品、衬衫及其他衣服，但不包括奢侈的衣服或"特殊用途的罕见家具"。二手服装市场很广阔，这让那些衣着光鲜的人更惹眼。人们对稀奇的东西不感兴趣，一般更偏向于积累。当地的牧师则是例外，其举手投足更接近城市人。许多人在做完弥撒以后、"赦免"期间或宗教盛典与朝圣期间购物。

就小件配饰如何塑造时尚外貌而言，布列塔尼也提供了精彩的记录。1761年，一个名叫于贝尔·詹尼亚尔（Hubert Jenniard）的小贩不幸在克罗宗被士兵杀死。治安官调查了这件事，记录了他所携带的物品：18个戒指、72把刀、4面镜子、16个鼻烟盒、16把剪刀、7根象牙针、42个鞋扣、12条手帕、16把梳子、9支笛子、12支笔、6只耳勺、1个水晶瓶、5把刷子、5个铃铛、5个十字架和170对纽扣。[56]这份清单很引人注目，因为它表明小件配饰和梳妆工具对当时的时尚有多么重要，毕竟一个小贩就携带了大量时尚物品到乡下。布列塔尼的农民不会大手大脚地挥霍财富，而是把财富当成"抵御社会经济危机的保证"，其次用来维护自己的社会地位。在18世纪的布列塔尼社会中，

---

[6] 布列塔尼为今法国大区。6世纪末，阿摩利克地区逐渐形成以"迁徙民"为主的居民结构。当地土著被较多的东部地区称为"上布列塔尼"；而新迁人口较多的西部地区则被称为"下布列塔尼"。"布列塔尼亚"逐渐替代"阿摩利克"，成了该地区的新名字。——译注

几乎没有消费革命的证据，变化是"缓慢而渐进的"。关键是在村子里当第一，而不是在外面的世界，甚至当农民在巴黎获得了重要地位时（例如三级会议期间）亦然。根据雅努的观点，城市被当成了陌生的社会。

弗赖斯特总结如下。欧洲各地的乡村精英彼此不同，内部也有分化。对社会区隔的分析不应局限于人们所拥有的奢侈品，还应包括人们的行为模式、惯习（Habitus）和社会实践。物质文化在社会互动中具有不同的功能：它可以作为社会地位的重要标记，也可以作为惯习的一部分，还可以是一种在特定范围或社会群体内主张特定社会地位的、具有丰富文化意蕴的方式。虽然乡村精英与跨区域的市场有联系，但他们并不总是参与到全球性的消费活动当中。进入跨区域的市场并获取"全球性的"消费品，推动人们根据当地的品位、习俗和关于社会声望的传统观念去适应和"重塑"消费品。乡村精英可以接触到政治、科学和时尚方面的媒体。他们为开展社会文化方面的活动与交流创造出属于自己的基础设施。[57]

"肉体与石头"

近年来，对时尚的研究蓬勃发展，这不仅是由于年鉴学派（Annales）努力恢复日常器物的尊严，也是由于人文学科在 20 世纪八九十年代的"文化转向"，它与女性主义研究、同性恋 / 酷儿议题以及关于种族和文化差异的新史学紧密相连。琼·斯科特（Joan W.Scott）在《性别：历史分析的一个有效范畴》（*Gender: A Useful Category of Historical Analysis*，1986 年）一文中写道："通过对这些议题的探究，我们将看到这样一种历史，它以新视角看待老问题

（例如，政治统治如何强加于人，战争对社会的影响是什么），以新术语重述老问题（例如，在对经济或战争的研究中引入"家庭"和"性"的思考维度），把妇女当成可见的主动参与者，并在看似固定的旧式语言和我们自己的术语之间拉开一段分析上的距离。"[58]

虽然理查德·桑内特的《肉体与石头——西方文明中的身体与城市》(*Flesh and Stone*: *The Body and City in Western Civilization*，1996 年）不太关注衣服，但它的重要性在于人们借此可以在不断变化的服装时尚和不断变化的城市特性之间建立联系。马克·詹纳（Mark S.R.Jenner）在对该作品的长篇评论中指出：桑内特最初希望与米歇尔·福柯（Michel Foucault）合作。桑内特将人体的历史与建筑环境的历史联系在一起，视野从古希腊横跨到当代纽约。该书相当关注人口日益稠密的 18 世纪西欧城市，特别是巴黎和伦敦。

正是在巴黎，广场、街道和月台的空间安排开始趋于合理，不再像中世纪的城市那样杂乱无章。我们了解到，巴黎建立了第一个单行道系统，桑内特认为这相当于哈维（Harvey）[7] 的新发现——血液在人体中的单向流动。这样的街道和商店鼓励市民与他们的城市和衣服建立新的关系。正如评论者所指出的：

我们应该强调，近代早期的身体是多种多样的……身体不仅被卷入权力、话语和符号的福柯式网络当中。人类在过去和现在都被一系列的物质文化包围——衣服、房子、工具、食物。这类人工制品建构并容纳人类文

---

[7] 威廉·哈维（William Harvey，1578—1657 年）：17 世纪著名的英国生理学家和医生。他发现了血液循环规律，奠定了近代生理科学发展的基础，他的工作标志着新的生命科学的开始，属于发端于 16 世纪的科学革命的一个重要组成部分。——译注

化的存在，但奇怪的是，它们并未出现在目前大多数的身体史研究中。[59]

城市零售业在这一时期发生了变化，英国版画《在戈斯内尔街：古代的不便与现代的便利形成对比》(*In Gosnell Street. Antient inconvenience contrasted with modern convenience*，1807 年)[8] 便描绘了这一点（图 0.7）。[60]

图 0.7 《在戈斯内尔街：古代的不便与现代的便利形成对比》，詹姆斯·佩勒·马尔科姆 (James Peller Malcolm)。London：Longman, Hurst, Rees, and Orme,1808. Courtesy of the Lewis Walpole Library,Yale University.

---

[8] 图说中为 1808 年，或为原文讹误。——译注

购物者路过伊丽莎白时代的危楼，工匠在这同一栋楼里工作、卖东西，用折叠的百叶窗来展示所选的各式器物。这与隔壁的一栋"乔治亚式（Georgian）"新建筑形成了鲜明的对比，后者的窗户大而规整，底层有弓形的窗户或入口，正面大门的顶部有扇形窗，还有"马具同业公会仓库"的精美标牌。那里也没有工作的迹象。

18 世纪的过分造作及其余波

1818 年，让利斯夫人（Madame de Genlis）出版了她的《关于宫廷礼仪的批判与研究词典》（*Dictionnaire critique et raisonné des etiquettes de la cour*）。她虽然惋惜宫廷的消失，但不惋惜随之而去的过度粉饰。她抱怨说，年老的女人不应该还认为自己可以一直佩戴玫瑰花，那是娇嫩和年轻的象征。[61]她觉得梳妆对女人来说是一种荒唐的习惯，她们在男人面前脱下衣服，又在梳妆台前涂抹自己；往日的男人使用了过量的香水，这既显得娘娘腔又不可原谅；30~35 岁的男人佩戴这么大的"花束"（之后它们都能用来喂猪了），这真荒唐。[62]她声称，旧制度（ancien régime）[9]时期的男人向女人学习时尚，包括袖子、大戒指和耳环，让利斯夫人（沃波尔给她取了一个带有厌女色彩的绰号："胡写一气的婊子"）觉得这是一种缺陷。[63]王后玛丽·安托瓦内特的宫廷画师伊丽莎白·维热－勒布伦（Elisabeth Vigée-Lebrun）对这一切的看法则不同。

---

[9] 旧制度时期是法国历史上的一个特殊时期，指法国资产阶级革命以前社会内部发生明显变化的一段时间，其开端则众说纷纭。这一时期，法国在政治上封建专制王权盛极而衰，经济上资本主义商业、工业、农业日趋发达，文化思想空前活跃。——译注

今天，我们很难理解 40 年前巴黎社会的魅力所在——温文尔雅、高贵从容，简单来说就是举止有亲切感。当时是女性当道，大革命篡了她们的位。[64]

在法国大革命之后，服装"让人们更能意识到衣服本身的戏剧性"。穿旧制度时期的衣服变得很危险。丝绸和缎子、刺绣和敷贴片的脸都不再受到男人欢迎。不过巴黎的街景并未沉闷下来，很快在巴黎就涌现出以衣服和生活方式来标新立异的男女群体，在大革命中活下来的印刷工和画家对他们

图 0.8　杯子和碟子，上面绘有"奇装男"（碟子）和"异服女"（杯子）。Chrétien Kuhne Etterbeck factory, Brussels, c. 1795. Inv. Ar 02222. Collection Musée Ariana, Ville de Genève. Photo : Nicolas Lieber.

做了描绘。最出名的是督政府时期的"奇装男（Incroyables）"和"异服女（Merveilleuses）"，其中包括由投机者构成的新富阶层。男子用锥形长裤（海员穿的一种服装）代替了过膝马裤，用靴子甚至鞋带代替了带搭扣的鞋子。女子穿着薄薄的麦斯林纱连衣裙，脚穿平底鞋，有时系鞋带（图 0.8）。羊绒披肩和夸张的发型（卷羽发型有时会让人回忆起断头台的运行）成了时尚。不过，他们的衣服虽然非常夸张，却极为优雅，看起来并不廉价或粗俗。

桑德拉·吉尔伯特（Sandra Gilbert）指出，像卡莱尔（Carlyle）这样的作家在 19 世纪 30 年代"痴迷地书写衣服的意义"，而 19 世纪的文学现代派则采取了不同的做法，这取决于他们的性别。[65] 男性作家倾向于把虚假的衣服与真实的衣服对立起来，由此凸显出波希米亚风格的重要性。女性作家"和她们的后现代传人……以更加反讽和模糊的方式来想象心中的服装，部分因为女性服装更紧密地关系到性别的压力和压迫，部分因为女性在把服装等同于自我或性别时能够获得更多"。[66] 我们将以弗吉尼亚·伍尔夫（Virginia Woolf）关于性别转变的小说《奥兰多》（*Orlando*，1928 年）中的一段话作为结论。

他们说：衣服，看似无益，其实有更重要的作用，不只是让我们保暖。衣服改变了我们对世界的看法和世界对我们的看法……因此，下述观点很站得住脚：是衣服穿我们，而不是我们穿衣服；我们可以把衣服剪裁成手臂或胸部的模样，但衣服按照自己的喜好去剪裁我们的心灵、头脑与语言。[67]

目　录

第一章　纺织品

托弗·英格尔哈特·马蒂亚森

在什么意义上，我们可以说一种面料或染料是"经过启蒙的"？本文将探讨这个迷人的问题。从艺术史的角度来看，1650 年至 1800 年，即启蒙时代，包含了巴洛克、法国摄政时期风格、洛可可和第一批新古典主义风格。运用于时装和面料时，这些风格几乎在每个方面都有所不同，无论是纺织品的图案、衣服的首选纤维，还是受青睐的颜色。从更深层次的技术、社会发展过程来看，在这 150 年间，制造工艺经历了巨大的变化，参与生产这些商品的人们的生活亦然。与这些社会条件密切相关的是，从 1650 年到 1800 年，获得时装面料和其他制衣材料的途径也发生了显著的变化。

我们将从这一时期的尾声开始考虑启蒙运动在时装方面也许最耀眼的成果，即新古典主义的"长衬裙式长袍（robe en chemise）"。在丹麦，最早为人所知的经典例子[1]是丹麦著名画家延斯·尤尔（Jens Juel）于1787年创作的画作（图1.1）。[2]

这幅画的创作故事揭示了18世纪末道德与时装的有趣联系。它展现的是路易丝·奥古斯塔公爵夫人（Duchess Louise Augusta）的形象，她是后来的丹麦国王弗雷德里克六世（Frederik VI）同母异父的妹妹。她被称为"小施特林泽（la petite Struensee）"，甚至在宫廷中也是如此，因为她是卡罗琳·玛蒂尔德王后（Queen Caroline Mathilde）和国王的私人医生约翰·弗里德里希·施特林泽（Johan Friedrich Struensee）的爱情结晶。[3]她生于1771年，她同母异父的哥哥生于1768年。尽管生父身份暧昧，但这位公主在宫廷中的地位还是很高，并于1786年嫁给了石勒苏益格－荷尔斯泰因－桑德堡－奥古斯滕堡公爵（Schleswig-Holstein-Sønderborg-Augustenborg）。她的丈夫希望妻子穿着新近流行的"长衬裙式长袍"被画下来。这是一种质地薄的管状连衣裙，与青少年和克里奥尔人的穿着都有联系。当时的人们不习惯看到欧洲妇女穿这种衣服。艺术家尤尔对这一委托感到非常不安，而最高级别的宫廷官员约翰·布洛（Johan Bülow）则义愤填膺，因为在那个时代的人看来，这种类型的衣服明显带有内衣的意味。布洛在他1786年1月3日的日记中记录了这出令人尴尬的序幕：

宫廷画师尤尔教授带给我一幅奥古斯塔公主的人像素描，她被画成了希腊神话里面的水妖。我说这件衣服很不体面。他也同意这一点，并希望被允许重画。但他得到了王储（弗雷德里克）和奥古斯塔亲王的明确命令：就按这种方式画。[4]

图 1.1　穿长衬裙式长袍的路易丝·奥古斯塔公爵夫人，延斯·尤尔绘制，1787 年。
The Museum of National History, Frederiksborg Castle, Denmark.

　　布洛试图向王储说明：让他的妹妹穿着内衣被画下来是不恰当的。王储不同意，并对布洛的下述言论大为光火："你只能让女演员和情妇被画成这样，但公主怎么行！尤尔和我都这么想，当然还有许多人也一样这么想。"（王储）弗雷德里克殿下打断了谈话，并命令布洛宣读急件。这个例子也让人联想到王后玛丽·安托瓦内特的著名丑闻，她被伊丽莎白·维热－勒布伦画成了身着高卢长衬裙（chemise à la gaulle）或王后长衬裙的样子（图 3.16），这种时髦的麦斯林纱连衣裙过于暴露，以至于该幅作品在 1783 年的沙龙中被撤下，取而代之的是一个新的版本——王后穿着袖子很紧的传统丝绸连衣裙。

　　这种套头穿的宽松连衣裙确实是启蒙运动后期新兴的新古典主义女性服饰的一个大胆例子。这种礼服让人联想到希腊神话里面的水妖——穿着薄而透明的面料，这种面料最初或许是真丝绡而不是棉布，到了 18 世纪晚期则要么是时尚的棉布（如优质的麦斯林纱）要么是轻便的裙装用丝绸。[5] 在路易丝·奥古斯塔的例子中，她头上还戴着精致的白色薄纱，头纱在靠近头发的地方有着更致密的经纱，领口的边饰也是一样，袖子是用非常薄的面料制成的。从理论上讲，这样一套衣服意味着无须女仆的帮助她就能自己穿上，这与早期对服装款式的要求相距甚远。她身着这件连衣裙时还不用胸甲，这在同时代人眼中诚然是一个"有伤风化"的选择，但也标志着社会的风尚和态度开始发生巨大的转变。因此，这种"经过启蒙的"衣服允许她和其他时尚女性依靠自己将其穿上，活动时身体也不会受到胸甲的约束。她们不仅可以独立地穿衣，大多数妇女还掌握了亲自缝制这类衣服的技能（如果她们愿意的话）而无须专业裁缝的帮助。这的确是时装界的一场革命。

五种纺织品的故事

18 世纪的消费者所熟悉的大量纺织术语，在今天几乎只有圈内专家才弄得懂。以下将解读其中的一部分。成立于 2004 年的丹麦研究项目"Textilnet"旨在提供一个历史兼当代的数字词典或术语库，以保护由服装与纺织品相关概念构成的文化遗产并展开交流。这个项目始于两位丹麦研究人员厄尔娜·洛伦兹（Erna Lorenzen）博士和艾伦·安德森（Ellen Andersen）的手写与打字记录。从 1959 年到 1979 年，厄尔娜·洛伦兹是"老城"（Den Gamle By，国家城市历史与文化露天博物馆）[1] 的服装与纺织品展馆馆长；[6] 而从 1936 年到 1966 年，艾伦·安德森在丹麦国家博物馆担任类似职务。在以他们的研究为基础的数据库中，每个术语都有来自科学文献、词典和其他此类手册的证据支持。[7] 如果根据这些来源进行汇编，1807 年之前的纺织术语大约有 1 000 个。以本书的篇幅，不可能公布或描述所有术语。笔者仅限于讨论 Textilnet 中的五种纺织品，它们对于本书所考察的时期具有重要的意义，或者说具有一定的代表性；同时，"老城"收藏的人工制品以及一些比较性的材料可以作为证据，以补充上述讨论。借由这种做法，读者可以直观地认识到"经过启蒙的消费者"所能获得的面料种类之丰富，以及纺织品在经济体和贸易网络中的地位。因此，通过这五个不同的例子，我们可以一览这个时期衣服和时尚的全球性联系、推动其生产和使用的社会条件，以及纺织品在这段时间内的主要变化。

必须强调的是，在 18 世纪，纺织品或是由植物纤维制成，或是由动物纤

---

[1] "老城"是丹麦除首都哥本哈根之外拥有最多服装与纺织品藏品的博物馆。它坐落于丹麦第二大城市奥胡斯。——译注

维制成，或常常是由混合纤维混合制成（也包括不同种类的金属线）。有待探讨的面料（用它们在丹麦的名称）是：Abat de Macedoine（一种粗羊毛布）、drap d'or（一种奢华布料）、flandersk lærred（亚麻布）、chintz（印花棉布）和 kastorhår（海狸毛）。它们涵盖了漫长的 18 世纪的主要纺织品类型：羊毛料、丝绸、亚麻布、棉布和预制毛皮。

织物 "Abats" 或 "Abat de Macedoine"[8] 上凝聚了奴隶制度与全球网络的历史。这个词出现在丹麦的两部商品百科全书中：布鲁恩·朱尔（Bruun Juul）著，日期为 1807 年；[9] 奥勒·约尔根·罗威特（Ole Jørgen Rawert）著，日期为 1831 年。[10] 这两部百科全书都体现出启蒙运动对现象加以分类、对知识加以整理和传播的趋势。罗威特的定义如下：

> Abat de Macedoine，一种用于穷人服装的粗毛面料；此外，还用于包装，特别是烟草的包装。早期有相当数量的货物从士麦那（现称伊兹密尔）经马赛运往西印度群岛，用于黑人服装。（第 2 页）

这个例子指出，同一种粗糙面料既适用于包裹烟草，也适用于制作奴隶和穷人的衣服，这充分说明了纺织品的世界总是与社会历史融合在一起。虽然在这个例子中没有对面料的技术性解释——而且弗洛伦斯·蒙哥马利（Florence Montgomery）和伊丽莎白·斯塔韦诺-海德马克（Elisabeth Stavenow-Hidemark）[11] 都没有给出 "Abat de Macedoine" 的定义或相关分析——但还是可以清楚地看到这个词的法文起源[2]，这一现象在丹麦18世纪的服装和纺织

---

[2]　在法文中，abat/abats 被译成了带有"废料"含义的词语，这或许是说用于制作这种面料的羊毛很劣质。——译注

品用语中很常见。[12] 罗威特进一步告诉我们，Abats 是一种来自马其顿的粗糙面料，在土耳其、意大利和法国部分地区有售，随后他给出了关于西印度殖民地奴隶服装的信息。在 1917 年被卖给美国之前，丹麦拥有西印度群岛中的圣克罗伊岛、圣约翰岛和圣托马斯岛，以及一些无人居住的小岛。Abats 不可能被定义成时尚人士会穿的那种时尚面料，但考虑生产它的经济体系可知，Abats 向我们展示了为廉价劳动力提供服装的费用如何被尽可能地压低，也表明了在全球贸易网络中在欧洲东南部织造低质量的粗糙面料并将其运过大西洋的做法是有利可图的。在西印度群岛销售的不止"Abats"。廉价的棉制品，如几内亚布（Guinea cloths）和切洛布（chelloes，条纹或格子的粗糙面料），也在此找到了市场（图 1.2）。[13]

图 1.2 右上角的第二个样本是切洛布，出自几内亚的信件和文件。Photo：Vibe Maria Martens. Rigsarkivet（The National Archives of Denmark），Copenhagen.

在纺织品的全球市场和消费活动中，以及在部分人充当殖民地廉价劳动力的历史中，"几内亚布"也扮演了一个有些阴暗的角色。几内亚布和其他类型的棉质布料在印度被购入，并在西非被再度售出以换取奴隶，这些奴隶被迫穿越大西洋到美洲的种植园劳动。[14] 其中一些种植园正在生产棉花——一个残酷的玩笑。[15]

"Abat de Macedoine"是一种低质量的羊毛面料，但在前现代时期，欧洲已经开始生产精致的羊毛料。来自欧洲北部的纺织品残片表明，早在公元前7—前6世纪的哈尔施塔特（Hallstatt）文化中，就已经有了羊毛料的组织化生产。罗马时代也留下了有组织地将羊毛织物分销到更大区域的痕迹。[16] 在1200年以前，佛兰德斯专门生产高质量的羊毛料：该地的商业城镇蓬勃发展，工场把进口自英国的羊毛以及14世纪之后进口自西班牙的羊毛编织、缩绒、剪切和染色，继而出口到其他欧洲国家。[17] 在中世纪的丹麦消费者中，来自佛兰德斯的羊毛料非常受欢迎。[18] 羊毛织物和精纺羊毛在启蒙时代继续生产，它们是欧洲贡献给世界贸易的主要纺织品。有趣的是，日本江户时代（1615—1868年）武士的一些服装使用了源自欧洲的羊毛料。[19] 在18世纪，羊毛料是英国人套装的基本面料，其不仅适用于骑马和打猎，而且在整个欧洲的城市环境中的影响越来越大。羊毛织物也被用来制作披肩、斗篷、女性骑装（riding habit），质量上佳的还被用来制作宫廷冬装，有时其上面还带刺绣（纽约大都会艺术博物馆藏有一个17世纪晚期的优秀例证）。[20] "老城"藏有一件鲜艳但实用的马甲，它是为一个有钱男人制作的，1750年左右用上过光的羊毛料制成，衬里是羊毛斜纹布（twill）（图1.3）。

社会等级的一端是"Abat de Macedoine"，另一端则是"drap d'or"——

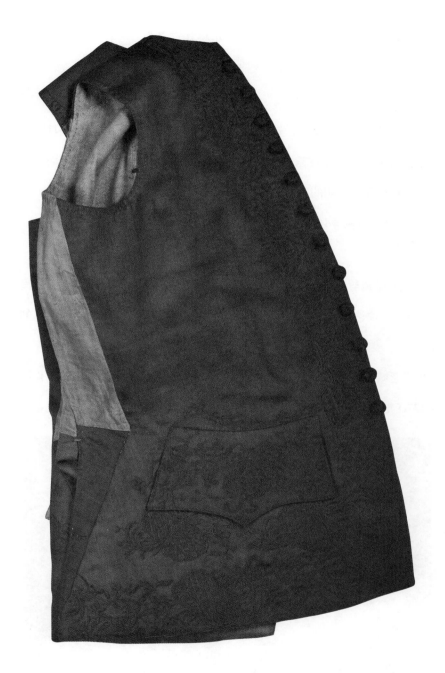

图 1.3 18 世纪 50 年代的马甲：带羊毛线刺绣的、有光泽的羊毛面料，由几层面料和马毛支撑着；配有带边饰的纽扣，背部由亚麻平纹布制成，内衬羊毛斜纹布和亚麻布。这件背心属于丹麦第二大城市奥胡斯的一位富商。©Den Gamle By. Photo：Frank Pedersen.

它的字面意思是"金布",朱尔在1807年将其定义为"一种织有金线或银线的丝绸面料",也可称其为"lahn"。这些面料:

> 被编织出许多图案,是织工技艺的真正试金石,织工可以在其中培养自己的全部品味和技艺。(……)编织这些面料的技术是在威尼斯、佛罗伦萨和热那亚发明的,并从那里被带到法国,继而获得了高度完善,尤其是在里昂。(第440页)

朱尔还提到与"drap d'or"等同的丹麦词语"gyldenstykke"。[21] 他没有说明这类奢华织物的成本,但18世纪的相应消费者应该是社会中较富裕的那些人。

在"老城"的藏品中,有一件由外套、马甲和马裤组成的套装,制作时间约为1770年,由带有天鹅绒斑点的"drap d'or"面料缝制而成。(图1.4)

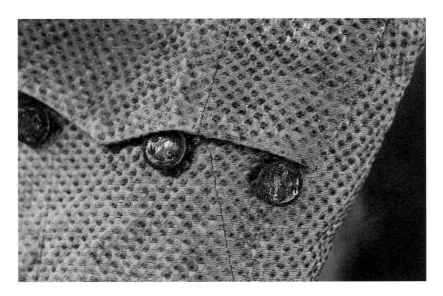

图1.4 男士套装细节,大约1770年。由丝线和金线制成的织物"drap d'or",带有天鹅绒斑点。亚麻布纽扣上覆有金箔,并有金色的细节装饰和彩色亮片。它的最后拥有者是一位演员。©Den Gamle By. Photo:Frank Pedersen.

这种面料很可能是在里昂织造的，[22] 该地是 18 世纪欧洲最重要的丝绸织造中心。里昂以多样的丝绸织物闻名，例如某些丝绸织物以蜿蜒的饰带图案为主打纹样，搭配花卉、羽毛甚至仿皮纹样。（图 1.5）

图 1.5　丝绸连衣裙细节，1770—1775 年。裙摆底织为带条纹的横纹绸，绣有花卉、树叶和蕾丝图案。它可能出自里昂。衣服的上身由铁棒支撑，内衬是白色亚麻布。这件连衣裙属于 19 世纪末移居丹麦的德国贵族。©Den Gamle By. Photo：Bodil Brunsgård.

这件"drap d'or"面料的套装于1961年被"老城"收藏，尽管它处于非常脆弱的状态。[23] 底织是乳白色的丝质经纱交织着金质特纬纱。面料上的小斑点由浅绿色、紫色、黄红色（大概是用茜草染成的）和乳白色的丝质天鹅绒特经纱制成。到了20世纪60年代，这块面料及其奢华的纽扣已经失去了先前大部分的美与光泽。那些纽扣由亚麻布制成，上面覆盖着薄薄的金箔，边缘处有金色的细节装饰和彩色亮片。这些纽扣很可能来自法国，因为丹麦并不生产这样的纽扣。遗憾的是，我们对于这件套装的第一个主人一无所知；不过他肯定拥有一定的经济实力，而且很可能来自一个可以合法地穿戴丝绸与金属的社会阶层：像"drap d'or"这样的布料是社会的见证者，在那个社会中，财富可以借由衣物来体现，并且在禁奢令的管制下，不同的社会阶层拥有不同的消费权利。[24]

男性也喜欢佩戴闪亮的配饰。18世纪结束之前，人们认为鞋带是女性的物品，所以男性的鞋子是用搭扣固定的。超级富翁的搭扣可能是银质的，但也有镀银等替代材料制成的搭扣。在18世纪70年代，钢制搭扣跟钢制纽扣都特别时兴；对女性来说，钢制腰带搭扣上面还可以装饰新的材料，比如英国的韦奇伍德瓷器（图1.6）。

中世纪就有了关于天鹅绒的记录，在文艺复兴时期以及巴洛克时期之初，奢华的天鹅绒是这一阶段时尚面料的重要组成部分。在17世纪中期欧洲权贵阶层的肖像中，我们可以看到天鹅绒、真丝锦缎与白色亚麻布的组合。意大利、继而法国都生产这些面料。朱尔在1807年的文章中表示认同这一点，他说最上乘的丝质天鹅绒来自法国和意大利，荷兰、德国和英国也生产天鹅绒，但这些产品的质量就没那么高了。在面向西方精英阶层生产的各种奢华面料中，

"drap d'or" 仅为一例而已。

　　不妨就此考虑一下"可持续性"和"污染"这些现代观念。启蒙时代的一些面料——例如"drap d'or"，或上过光的诺里奇（Norwich）精纺羊毛——都非常不实用。"drap d'or"的金属线可能失去光泽，面料中的细丝线也可能磨损。这种纺织品的破损实际上是其自身造成的。至于给精纺羊毛上光，由于雨水会玷污面料，所以这在气候特殊的英国或北欧国家不太可行，而且面料经

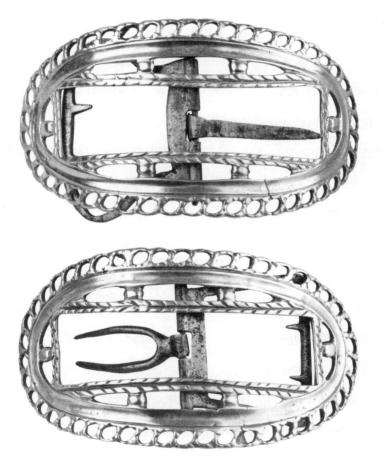

图1.6　18世纪晚期带铁钩的银制男鞋搭扣。在洛可式服装中，银通常用来制作纽扣和搭扣等闭合装置。©Den Gamle By. Photo：Frank Pedersen.

洗涤会最终失去光泽。[25] 也许使其保持一部分吸引力之道就在于维持面料的全新状态、用斗篷或披肩来避免面料受潮，比如法国人喜欢用带都市范儿的阳伞和雨伞。

我们要考虑的下一种面料是"Flandersk lærred"，[26] 它在英语中被翻译成"来自佛兰德斯的亚麻布"。在棉布于18世纪变得非常时髦之前，亚麻制成的面料（即亚麻布）构成了衣服中最容易清洗的部分。用于制作衬衫和直筒式连衣裙的亚麻也是制作一些更精细面料（如蕾丝）的主要纤维，这些面料在领口和女性头饰中充当鲜白的配饰。约翰·斯塔尔斯（John Styles）指出了18世纪所谓的棉布是如何采用亚麻制成经纱的，[27] 并且棉布其实是逐渐地击败了亚麻布。即使在19世纪初，朱尔还是可以说："Flandersk lærred"指的是产自佛兰德斯和当时法国境内的斯海尔德河与莱厄河地区的亚麻布，在这一地区，种植亚麻、制备植物纤维、编织、处理织成的面料等活动都已臻完美。他接着说：该地区的亚麻工坊被称为"佛兰德斯的金矿"，而且名副其实。他还列出了所有相关的纺织城镇。最后，他提到了各种产品——从最优质的拉昂亚麻布（lawn）、康布雷亚麻布（cambric）和巴蒂斯特亚麻布（batiste），到最粗糙的落麻布（tow）——以及它们专门的名称，如 aplomades、prexillas、brabantes crudos、brabantes gantes、brabantillas、florettas 和 hollandas。

第四种要考虑的面料是"chintz"，[28] 这种纺织品在启蒙运动中以及时尚、生产、贸易的经济结构中发挥了关键作用（图1.7）。

1807年，朱尔将"chintz"定义为一种英国面料。根据他的论述，chintz生产于曼彻斯特的工坊，有两种类型：一种的底色是真正的茜草红，另一种则涂有人造的红色。尽管他对这种面料的描述很精确，但"chintz"一词跟其他

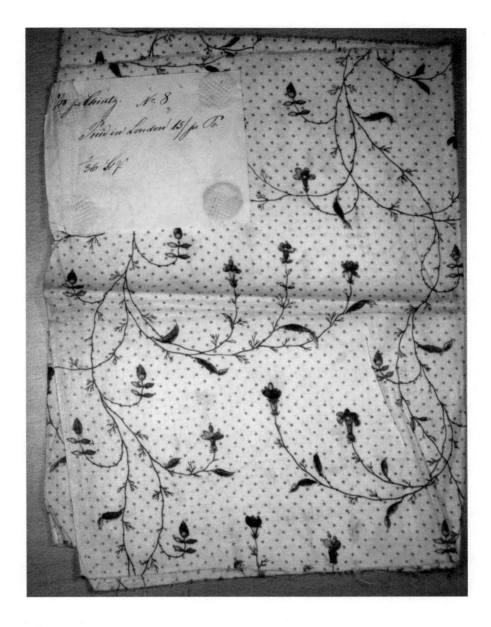

图 1.7 "chintz"样本。东印度布料样品 4064A。Rigsarkivet(The National Archives of Denmark), Copenhagen. Photo:Vibe Maria Martens.

一些纺织品名称一样，是非常含混的，并且已经多次被改变定义。例如，1937年的一篇丹麦文对其的定义是这样的：

> "chintz"有着印花、平织的特点，经过上光与硬压光而有光泽，(……)"chintz"一词也用于某些印花的薄面料，这些面料没有光泽，但印有波斯图案［佩斯利（paisley）］，通常以红色为底色。它可以平织也可以斜织，用于带衬芯的厚被子。[29]

学术研究领域和较新的丹麦文手册给出了更具历史性的解释，由此诞生了一个截然不同的定义。我们在此了解到："chintz"源自"chit"一词——印度人对"印花"的称呼——尽管印度人对它的生产融合了许多不同的技术，不止印花一种。这些形成于印度不同地方的技术是理解下述过程的关键：棉布如何打败那些奢华的、有图案的丝绸和精纺羊毛（无论图案是织在里面的还是绣在表面的）。应用于棉布的技术包括不同种类的木板印花、颜料画和铅笔画，保证图案区域呈现白色的蜡染工艺，用媒染剂让染料与纤维结合，当然还包括对染料的了解和供应。

彼此区别的木板印花、颜料画和铅笔画还包括各种子专业。例如，在西印度和古吉拉特邦，用木板印花的"chintz"使用了一种或多种技术，包括"直接印花"、"漂白印花"（在已经染色的布上漂白出图案）、"媒染印花"（先用媒染剂印花，再漂白未经媒染的区域）或"抗染印花"（先印上一种黏性物质，再染色，最后清除该物质）。印度的一些资料证实，厚白棉布的印花工艺有着很高的劳动分工程度，这一过程可能需要把多达十几种的染料分别转移到布料上。[30]

印度"chintz"的颜色和图案优于当时欧洲可以仿制的任何产品，这是理解其在 18 世纪获得成功的关键。不仅外观漂亮，"chintz"的耐洗程度也是当时欧洲的染坊和印花工坊的产品所无法企及的，所以这种既散发异域风情又足够耐用的面料受到了热捧。而阿梅莉亚·佩克（Amelia Peck）指出，与丝绸和天鹅绒相比，"chintz"价格亲民，这既推动了它大获成功，又推动了时尚的民主化。[31]

所有阶层的人都会穿这种主要用于制衣的、相对便宜的棉布，这确实引发了一定程度的社会革命，因为在之前，贵族穿有图案的丝绸，平民百姓穿素色的羊毛织物和（粗）亚麻织物，两者很容易区分开。当每个人不仅买得起而且喜欢这种时尚、具有强烈装饰效果、有图案的棉布时，阶级界线就模糊了。[32]

乔治·里耶罗（Giorgio Riello）曾为纺织品生产与贸易的全球范围和深远影响提供过权威性的说明。具有反讽意味的是，我们从中看到：西方世界从亚洲学习技术，取得自身的技术进步，利用其他地区的商业制度和生产制度（包括奴隶制），最终成为世界最大的棉布生产者；而从 18 世纪末开始，在接下来的 200 年间，这些棉布事实上被出口到了印度。

最后一个纺织品故事的主角"kastorhår"[33]——海狸毛，是生产高质量帽子的首选防水材料。美洲原住民用海狸毛来交换纺织品、珠子和烟草等消费品，它是法国人以及之后的英国人在哈德逊湾集水区域（该地区后来成为加拿大的一部分）的贸易焦点。[34] 之所以选中"kastorhår"，是因为它凸显了与纺织品（以及衣服的其他元素）生产相关的健康问题。粗略地说，健康问题有三：第一，生产者暴露于灰尘颗粒中，吸入微小的纤维碎片；第二，生产者暴露于化学品中；第三，有害的工作地点，包括工作场所的设计。1807 年，朱尔在关于"kastorhår"的文章中写道：柔软纤细的海狸毛被用来制作帽子、长筒袜和连指手套。1831 年，罗威特补充说：海狸毛很少出售，因为帽匠倾向于把毛发从毛皮上剪下来，然后自己整理。

在许多工坊里，剪切是一门专业，（……）但这道工序也以另一种方式影响着工匠（除了精湛的技术以外）。毛皮的清洗和敲打会带来灰尘，而灰尘毁了剪切工的肺，在人们的印象中，剪切工往往与哮喘病联系在一起，其在从事单调工作的同时不住地清嗓、咳嗽。[35]

然而，健康问题不止如此：在剪切工吸入皮毛上的灰尘和污垢之前，毛皮实际上已经被盐酸、铅、汞的有毒混合物处理过。[36] 就关于工作场所的第三个问题而言，毛毡的缩绒过程也严重损害了帽匠的健康。

在工作时间，房间里的水蒸气又浓又密，几乎看不清工匠的身影。必须确保通风，否则工作令人无法忍受。可缩绒工坊里的工匠仍然只穿着衬衫和裤子，夏天甚至会脱掉衬衫。大多数老帽匠显然在痛苦地承受着风湿病的折磨。[37]

　　一方面，启蒙时代的时尚精英戴着海狸毛制成的帽子；另一方面，这些物品的生产活动对工匠的健康构成了严重的威胁。在这一点上，"kastorhår"只是一个缩影，其背后是更大的系统性问题：18世纪纺织品的生产是以工匠的劳动为基础的，但工匠所从事的工作常常破坏着他们的健康。这个问题即使在今天也没有得到解决：棉花的种植和加工需要用到杀虫剂，给纺织品上浆的工序有潜在的危害，而2013年孟加拉国一家服装厂坍塌事故表明工厂车间仍有安全隐患。

别　针

　　在当下这个快时尚的时代，我们很难想象这样一个时代：服装被珍惜，其几乎总有一些价值，不是那种我们随随便便"套在身上"的东西。从理论上讲，身着长衬裙式长袍的丹麦路易丝·奥古斯塔公爵夫人已经可以靠自己穿衣服，但在本书所涵盖的时期之初，时尚女性仍不可能做到这一点。原因有两个。胸甲是用蕾丝在背后系牢，而别针作为扣子和封口被直接用在衣服上。17—18世纪的时尚女性对金属别针的消耗量之大，在今天的我们看来几乎是不可思议的。1632年，丹麦的苏菲·布拉赫女士（Lady Sofie Brahe）花2泰勒（Thaler [3]）购买了12 000枚别针。[38]下述事实方便读者对价格进行比较：同年她向欧登

---

[3]　泰勒：德国的旧银币名。——译注

塞的金匠雅各布（Jacob）支付了 4 泰勒，用于制作 3 枚镶有红宝石的戒指。[39]
苏菲·布拉赫在三年后的 1635 年再次购买了别针，但我们不知道数量，因为
她把这些别针跟两把小型小提琴、12 把锁记录在同一条账目里。[40] 1636 年，
她再次购买了别针，这次记入同一条账目的产品更理所当然，因为它们都与服
装有关——不同种类的绳子和带子，黑丝绸和另一种面料，还有钩子——总金
额超过了 3 泰勒。[41] 这是她在 1627 年至 1640 年的 13 年间唯一一次购买钩子
的记录。据我们所知，她最后一次购买别针是在 1639 年，当时她买了 4 000
枚。[42] 从 1771 年到 1796 年，卡伦·罗森克兰茨·德·利希滕伯格夫人（Lady
Karen Rosenkrantz de Lichtenberg）购买别针不少于 26 次，购买钩子只有
3 次。[43] 这凸显出钩子和孔眼——在 19 世纪普遍作为合上女性服装的手段——
在更早期并不常见。

1647 年，荷兰艺术家杰拉德·凡·洪特霍斯特（Gerard van Honthorst）
在位于乌得勒支的工作室里为丹麦石勒苏益格 - 荷尔斯泰因公爵夫人丽奥诺
拉·克里斯蒂娜（Leonora Christine）作画。[44] 她是丹麦国王克里斯蒂安四
世（Christian IV）的女儿，是当时欧洲时尚消费精英的一员。考察一下她在
这幅画中的奢华服装，可以很明显地看到：这件衣服由精致的红色丝质天鹅绒
制成，衬里是由暖黄色调的线（大概是丝质的和金属的）织成的锦缎；但它没
有肩缝，甚至没有袖缝。相反，袖子由精致的胸针固定于衣服上身，胸针上饰
有大颗珍珠，珍珠是巴洛克时期特别流行的宝石。事实上，有人认为"巴洛克
（baroque）"一词可能源自葡萄牙文的"barocco"，后者指的是当时非常流行的、
天然而不规整的珍珠。画中丽奥诺拉·克里斯蒂娜的衣服具象说明了如何用非
常有价值的物件来固定衣服。虽然其他例子使用了不太显眼却更常用的别针，

但这些衣服的共同点在于：袖子均可拆卸，肩部均可打开。

一位不知名的艺术家在 1598 年左右为南安普敦伯爵夫人（Countess of Southampton）伊丽莎白·弗农（Elizabeth Vernon）绘制了一幅肖像，它尽管比本书所涵盖的时段要早一些，却详细展示了 18 世纪仍在使用的固定技术（图 1.8）。

图中的年轻贵妇正在梳头发。她旁边有一张桌子，上面放着她打开的珠宝盒——几个华丽的手镯、胸针和一串串珍珠在紫色的天鹅绒桌布上铺开。从别针这一视角来看，这幅画中最吸引人的元素是一件在伊丽莎白·弗农的时代很可能被认为实用而平凡的物品：在奢华的珠宝后面，在桌子的最里面，是一个灰色的针垫，上面有她所有的别针。与肖像整体的长宽（也许是 25 厘米 ×12 厘米）相比，这个针垫并不高（也许是 2~3 厘米），是带圆角的长方形，上面布满了密密麻麻的别针。在画中，伊丽莎白·弗农还没穿好衣服。她的刺绣外套还需要固定住，她的轮状硬领（挂在右边）——几层透明的白色亚麻布（可能是拉昂亚麻布），边上饰有一排排针绣蕾丝——还没有系上。她，或者说她的女仆，必须用别针把轮状硬领固定在衣服上身后面的带衬垫的硬领子上。伊丽莎白的衣领可能是用鲸须加固过的，鲸须在当时是一种常见的材料，我们很快就会讨论这个问题。

在 17 世纪末或 18 世纪初由马蒂亚斯·莫斯（Mathias Moth）手写的丹麦词典中，对 17 世纪丹麦文的"别针（knappe-nâl）"的解释如下：

> 别针是一种长方形的、圆角的、薄而尖的铜片，1/16 长，顶端有一个小钮，用于固定。[45]

图 1.8 《伊丽莎白·弗农，南安普敦伯爵夫人》（*Elizabeth Vernon, Countess of Southampton*），约 1600 年。南安普敦伯爵夫人伊丽莎白·弗农的肖像，她站在梳妆台旁，穿着刺绣夹克或背心，里面是玫瑰色的紧身胸衣和一条华丽的衬裙。画中的她正在梳头，脚边有一只狗陪伴着她。板面油画。By kind permission of the Duke of Buccleuch and Queensberry KBE.

黄铜是一种主要由铜和锌组成的合金。从16世纪开始，丹麦较大的商镇上就有制针匠，虽然仅在首都哥本哈根才有制针匠公会。公会成立于1755年2月3日，从那一天起，丹麦法律禁止进口外国制造的针和别针。罗威特于1850年发表了关于丹麦产业的评论，根据他的说法，这项禁令在拿破仑战争结束（1815年）之前一直有效。[46]

　　伊丽莎白·弗农的针垫上的别针以及苏菲·布拉赫和卡伦·罗森克兰茨购买的别针，很可能是由黄铜丝制成的，生产过程讲求技术、耗费时间。尽管如此，这些贵妇和她们的时尚同侪在穿衣时还是使用了成千上万枚别针。这种消费在语言中留下了印记：即使到了19世纪——此时缝纫机已经很常见，人们也已经采用纽扣和钩子来合上衣服——别针在早期的重要地位依然体现在"针线（pin money）"一词上，即"妇女（从丈夫或父亲那里）得到的用于支付个人花销的钱"。[47]

鲸须和被支撑起来的身体

　　广泛运用于启蒙时期时装的另一种材料是鲸须，它在服装中起着挺直和支撑面料的作用。鲸须是一种很特别的产品，因为它很有弹性，即使切成细条也很结实，而且可以被塑形，加热之后就能保持新的形状。但鲸须的流行也导致某些类型的鲸鱼遭到大规模捕杀乃至灭绝。通过对现存胸甲中的鲸须进行DNA分析，已经确定当前人们并不知道的某些鲸鱼类型。[48]在须鲸亚目中仍存活着大约10个种的鲸鱼。除了在欧洲各国首都用于照明的鲸脂外，另一种备受追捧的须鲸制品是在其口中发现的。须鲸这一类型鲸鱼的嘴上部挂有角蛋白（一种蛋白质，在人类的皮肤、头发和指甲中也很重要）构成的须板，即鲸须。须鲸用它过滤食物。[49] 不同种类须鲸的须板在数量和大小上都有所不同。灰鲸大约有 260 块，而长须鲸大约有 960 块，弓头鲸的须板可长达 5 米。

须鲸被用于女性的服装，以塑造身体和作为面料支撑——在 18 世纪的大部分时间里，这些面料与人们在该世纪末穿的柔软棉布相比，是相当硬的。男性的衣服也有多样的支撑方式，鲸须乃其中之一。用服饰史学家诺拉·沃夫（Norah Waugh）的话来说，17 世纪的紧身上衣使用了若干层次与材料，以正确地塑造时尚的男性身体。

就紧身上衣的主体部分及袖子而言，其外层材料总是装在非常结实的亚麻衬料上，人们通常用胶或浆把这种衬料变挺［即硬衬布（buckram）］。有时还有一条额外的衬料让前襟中间挺起来，衣领通常有三层。连着衬料的腹部部件可能是由纸板制成的，或是从以鲸须垂直加固的三层硬衬布上剪下来的。[50]

因此，在硬挺面料（由亚麻，也可能由棉花制成）和其他材料（如胶和浆）的复杂组合中，鲸须（鲸骨）成了其中的一部分，以创造出 17 世纪正确的男性轮廓。胶可以取自橡胶树的天然橡胶；从 17 世纪 80 年代到 1710 年左右，人们也用胶把穿在女裙下面的亚麻衬垫变挺。这种衬垫放在穿裙者的屁股上，被称为"巴黎式屁股（cul de Paris）"或"吵人的玩意（la criarde）"，因为它会发出吱吱嘎嘎的声音——一个关于屁股的笑话。胶也被用于另一种"吵人的玩意"，即支撑长裙的短衬裙。[51]

在 18 世纪的男性服装中，粗亚麻布、马鬃和纸张在一定程度上取代了鲸须。虽然不再使用紧身上衣，但时髦的男人穿起了外套，其衣服在整体上也同样得到了支撑（见图 1.3）。

18 世纪的所有外套都将前襟中间的边儿和后襟中间的下摆用一条坚挺的、宽约 4 英寸的亚麻布条或硬衬布条来加强。一小块坚挺的亚麻布（有时以纸为底）连在侧褶的顶部和后衩的顶部。直到约 1760 年，非常宽松的外套有了前摆，从口袋往下，里面有亚麻布或硬衬布制成的衬料，上面经常覆盖着薄薄的一层经过梳理的马鬃。这种外套的褶子里面也有薄薄的羊毛料或经过梳理的羊毛纤维制成的衬料。[52]

我们再次看到面料的复杂组合，现在其还包括羊毛和马鬃等动物纤维，以及纸张（当时是手工制作的）等材料（图 1.9）。

图 1.9　洛可可扇盒内使用的手工纸。©Den Gamle By. Photo：Frank Pedersen.

鲸须被用于女性服装的时间要长得多，持续到 19 世纪。苏菲·布拉赫女士购买了数以千计的别针，在她的账目中没有列出鲸骨，尽管在 1643 年她购买了被称为"鲸鳍（鲸须的另一种表达）"的东西。[53] 在同一条账目中还提到了纸张和墨水，以及给裁缝的 9.5 阿伦（alen）（近 6 米）的卡尼法斯（Kanifas）[4]。[54] 卡尼法斯是一种相当粗糙的面料，可能是英文中的"帆布（canvas）"，她大概把这种面料连同"鲸鳍"一道用于制作自己的衣服。

另外，卡伦·罗森克兰茨·德·利希滕伯格在 1775 年至 1793 年六次购买鲸骨。[55] 例如，1782 年 1 月 19 日，[56] 卡伦付钱给裁缝伍尔默（Wulmer），让他为她的黑色丝绸缎子大衣（klædning）改换新的上身、袖子以及她所说的"over Puder（侧边的裙箍）"。在丹麦，法文中的"poche"通常指的是由经过鲸须加固的亚麻布制成的衣服。[57] 此外，卡伦还购买了 trille，[58] 这是一种用三根亚麻纱线（后来也有用棉纱线）织成的面料，大概用于侧边的裙箍。她还买了黑丝绸、黑缝纫线和极少量的鲸须计 3 洛德（Lod）（合 46.5 克），这大概也用于侧边的裙箍。而在 1789 年 6 月 22 日，[59] 角色发生了有趣的逆转：卡伦将两千克鲸须卖给了伊尔金·施科拉德（Iørgen Skrædder）。"施科拉德"在丹麦语中是"裁缝"的意思，在这个例子中，它既是这个人的姓，也是他的职业。她或许从旧衣服上取下了鲸须，通过这种方式把使用过的、不需要的资源变成收入。最后一条有趣的账目是在 1793 年 12 月 19 日，[60] 当时卡伦付

---

[4] 卡尼法斯是一种由大麻纱、亚麻纱、棉纱或用它们以不同方式混合的纱线织成的纺织品。卡尼法斯的生产包含多种纺织技术，例如平纹编织或斜纹编织，也可编织条纹和花卉图案。它可用于制作衬衫，也用于制作供刺绣、家用织物和船帆生产的面料等。在 19 世纪初，英国、荷兰和德国是卡尼法斯的主要产地。卡尼法斯也指一种平纹编织方法，经线和纬线都是双线，或者经线或纬线在单线和双线之间切换。——译注

钱给裁缝，让他做一件绿色兼白色的连衣裙，以及一件羊毛料的紫色连衣裙。在同一条账目中，她向他购买了 2 洛德（合 31 克）的鲸须。至此为止，在 18 世纪末，整个欧洲的时装在设计上更加简单了；通过借鉴新古典主义的灵感、更柔软的面料和更"自然"的样式，女装在很大程度上摆脱了复杂内衣的塑造和约束。因此，用于支撑衣服和身体的鲸须数量大大减少了，我们从卡伦此时颇有节制的订单可以看出这一点。

诺拉·沃夫在论述用于紧身马甲和胸甲的鲸须时，想出了"带鲸须的身体"这个术语。[61] 在漫长的 18 世纪，从大约 1650 年到 1790 年，鲸须被用来将裙子塑造成各种时尚的样式。它也是制作紧身马甲的完美材料，在这一阶段的大部分时间里，鲸须通过这种成型的紧身马甲来控制腰部和躯干的轮廓。因此，从服装样式的角度去思考启蒙运动，我们可能会发现一个严重的断裂。如果"经过启蒙的"一词指的是从任何形式的压迫中解放出来，无论是政治的还是经济的、认知的、科学的乃至身体的，那么胸甲以及其他服装样式由于都体现出对女性身体的压迫，所以绝对不是"经过启蒙的"物件。然而，我们在本章开头看到，尤尔在 1787 年所描绘的路易丝·奥古斯塔公爵夫人站在了新古典主义时尚的尖端，在"长衬裙式长袍"下，她很可能只穿了柔软的胸甲，或者根本没穿胸甲。这是约翰·布洛在道德上有所顾虑的另一个原因：他已经习惯了看到女人身上戴着鲸须。因此，这一时期确实以一种更"经过启蒙的"的女性服饰收尾——在路易丝·奥古斯塔的示范下，这种服饰因自身的新颖、暴露而"有伤风化"，但其大众化的样式将征服整个欧洲。

启蒙时代的染料和颜色

从 1650 年到 1800 年的服装图片资料可以看出，从巴洛克时期的深色到洛可可时期新兴的浅柔色彩，再到新古典主义时期的白色时装，其间发生了明显的变化。巴洛克时期的时装中经常出现黑色或深色调的黄色与红色，它们通过与白色元素（比如带刺绣或蕾丝的衣领、浅色的手套以及女性头饰中的白色配饰）的对比而得到凸显。洛可可风格拥有更多样的颜色，以及浅色的许多色调（图 1.10 和图 1.11）。

图 1.10　裙子的细节，18 世纪下半叶。像这样的彩色织物在诺里奇生产，并出口到整个西方世界。©Den Gamle By. Photo：Bodil Brunsgård.

图 1.11 绗缝和刺绣真丝裙的细节，1760—1780 年。18 世纪下半叶，受中国启发而出现的颜色相同但色调不同的刺绣非常流行。©Den Gamle By. Photo：Bodil Brunsgård.

这种轻柔感要么源于编织的技术和构图，要么来自浅色的背景（正如平面刺绣）。在 18 世纪晚期的新古典主义风格的时装中使用的颜色再次减少，女装主要用浅色和白色，男装主要用深色。重要的例外包括用南京棉布（nankeen，一种淡黄色的棉质面料）制成的男子时髦马裤，[62] 当然还包括纯白衬衫。在 19 世纪中叶苯胺染料发展起来之前，所有的染料不是取自植物就是取自动物，后者的情况更少见。然而，这并不意味着染色过程不涉及化学品，毕竟媒染剂——无论是矿物盐，还是铜、锌和铁等金属——是染料与纺织纤维结合的必要条件。

针对上文提到的时装颜色的范围变化（洛可可风格的颜色更多样），最近的研究强调这种变化在很大程度上是启蒙思想的直接成果，只有当人们开始关注科学进步、经验研究以及知识的整理与传播，这种变化才能实现。[63]

尽管在全球范围内寻找和种植染料植物的做法首先关乎商业与利润，但它们也代表了时人对科学知识的追求，属于对自然世界的探索和"整理"，而这正是启蒙时代的特征。（……）到 17 世纪晚期和 18 世纪早期，科学探索的精神和实验室实验在欧洲的出现大大拓展了人们对颜色的相关化学性质的理解。[64]

染料不仅标志着知识在启蒙时期的扩展，还向我们说明：当时的时尚确实是全球性的，它的贸易网络遍及整个已知的世界。例如，蓝色和黑色取自不同的天然染料，在欧洲的来源是菘蓝，它甚至可以在地处北方的丹麦种植。然而，在 16 世纪中期，靛蓝开始被进口到欧洲。靛蓝植物原产于东南亚和热带非洲，欧洲人在 1492 年后发现它也原产于热带美洲[65]——由前哥伦布时期的玛雅人种植。[66]在整个 18 世纪，染色工艺的改进使得靛蓝越来越受欧洲人欢迎。同样，蓝色和黑色染料的另一个来源是原产于中美洲的墨水树（logwood），[67]它从美洲被带到了欧洲——美洲的靛蓝也是如此，它也在美洲殖民地销售。在 18 世纪下半叶的大量画作中，洛可可风格的时尚男子穿着蓝色或黑色的羊毛料外套，戴着白色的假发；女子或是穿着蓝色连衣裙，或是衣服上带有印花或编织的蓝色图案，可见这些模特儿身上的产品是国际商业的对象。

因此，早期的欧洲印花棉布是亚洲的知识产物、从亚洲和美洲进口的染料以及从印度借用的素色棉纺织品和设计款型融合的结果。欧洲从亚洲和美洲借来知识和材料，对布料的装饰过程进行了全面的再阐释。[68]

里耶罗还强调了制度性的支持和鼓励对这种技术创新和商业活动起到了多大程度的帮助。

在许多情况下，全面地再阐释亚洲知识的动力来自国家资助的机构（如学院、政府部门），以及特权、专利和版权保护制度，历史学家认为这些领域都属于影响 18 世纪欧洲经济发展的制度性力量。

总结：染料和纺织品确实是全球性的。一件日本阵羽织——与图中的衣服非常相似（图 1.12）——由一种也许在荷兰织造的鲜红色羊毛料制成。

这种鲜红的颜色来源于从墨西哥进口的胭脂虫红（提取自一种美洲昆虫[69]），借助荷兰和英国化学家在 17 世纪上半叶开发的锡媒染剂进行染色。衣服的翻领可能来自中国，是 17 世纪或 18 世纪的丝质彩花细锦缎（lampas）配上镀金纸带制成。衣服肩部的部件可以追溯到 18 世纪 60 年代，是在欧洲制造的，材料是用真丝包线与金属包线织成的丝质锦缎。像这样的服装确实是全球性的。[70]

苏格兰哲学家大卫·休谟（David Hume）是自由经济的倡导者，他提醒人们注意：一个国家的繁荣取决于其所有公民的福祉。[71] 1751 年，他发表了下面这段话，笔者认为这对于理解本章所指出的变化很重要。

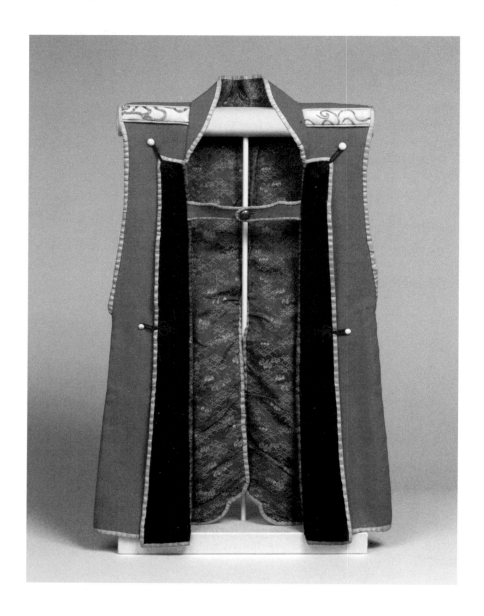

图 1.12 日本阵羽织，18 世纪末至 19 世纪。由羊毛、真丝和金属纱线制成。The Metropolitan Museum of Art, New York.

一个产生了伟大哲学家和政治家、著名将军和诗人的时代，通常也是一个拥有很多熟练织工和船匠的时代。若要讲道理，我们就不能期望在一个不懂天文学或忽视伦理学的国家，一块羊毛料会被制造得很完美。时代的精神影响着一切技艺；人们的心灵一旦从昏睡中醒来，进入萌发状态，就会望向四面八方，改进每一种艺术和科学。[72]

　　那么，布料作为时尚的基础，在漫长的 18 世纪里，既因为社会、政治和经济的不断发展（这种发展在改变着服装）而有望出现变化，又反过来作用于这些发展。

第二章　生产和分销

贝弗利·莱米尔

在漫长的 18 世纪，欧洲国家当局以惊人的频率在干预时尚活动。世俗官员和宗教官员一再要求平民养成更节制的习惯，拒斥奢侈的服装和家具 [1]——但都无济于事。[1] 纺织品的制作、销售和使用，无论是在服装领域还是在家具领域，都具有深刻的政治内涵。当局一边哀叹社会阶层之间的物质界线趋于模糊，一边集中精力把自己的国家建设成布料的供应者和时装的制造者。政治优势与时尚生产并行。欧洲的高级官员都在谋求时尚业的优势，比如路易十四的财政大臣让 - 巴蒂斯特·科尔贝（Jean-Baptiste Colbert）。对科尔贝来说，确保法国丝绸业在国际的主导地位是头等国家大事。[2] 他对此感兴趣的原因很

---

[1]　这一时期，欧洲和亚洲国家越来越多地颁布禁奢令。——译注

明显：雇用了大部分的劳动力进行布料与衣服的生产与分销，欧洲最好的面料则代表着最高的技术水平。这个重商主义时代鼓励本国的对外贸易，与此同时，保护主义政策又比比皆是，旨在将工匠及其技能保留在独立的政治范围内。启蒙思想家和开明政府都专注于实现合理的进出口平衡以及臣民所认可的贸易方式。这一举措的风险很高。大量资源被用于当地的制造业和零售业，而巨大的投资被押在海外的纺织品贸易上，无论是在欧洲国家之间，还是在欧洲国家与奥斯曼帝国或亚洲国家之间。[3] 布料和服装既是非常私人的事务，也是重要的生意。在王室宫廷和城市街道，时尚点燃了政治。

　　纺织品和服装的全球性生产和分销，使更多的中产阶级与平民百姓越来越有可能享受到时尚。这些广泛的商业动向并不完全由高端时尚或宫廷时尚来维持——虽然国王和贵族拥有巨额财富，远距离贸易的成本则要求一个面向陆运或海运纺织品的更广阔市场。早期现代的时尚改变了服装和装饰的模式，特别是在城市中心，在一个尤为广泛的群体中。[4] 欧洲和亚洲的社会建立在服装和家具的等级制度之上，虽然在歉收、战争、疫病的年代，衣衫褴褛、物资匮乏的情况仍然很普遍（尤其是对于劳苦大众），但其首先是物质变革的一段时期，即使当局抵制平民的创新。无论官方法令如何规定，随着街头的风格演绎变得越来越有活力，物质选择的范围也越来越大、花样也越来越多。欧洲历史学家费尔南·布罗代尔（Fernand Braudel）声称，发生于早期现代欧洲城市的社会融合能够"增加冲突，加快交流的节奏，不停地搅动生活"。[5] 城市在发展——在欧洲西北部最为显著，其影响深入农村。纺织品和服装的生产增多了，将这些商品推向市场的零售系统也增加了。[6] 生活在这一时期的几代人注意到日常生活规范的惊人变化，这些变化甚至影响到最底层的男男女女。

欧洲的启蒙时代关联着关于政府职能、个体本性和政府贸易政策的哲学著作。在精英文人的巴黎沙龙里，在商业人士经常光顾的伦敦和阿姆斯特丹的咖啡馆里，以及在欧洲各地较小的港口和城镇里，这些主题激发了讨论。[7]他们的话题还包括物质生活的某些方面的变化和欧洲社会中舒适品、奢侈品的明显改变。[8]布料和衣服的变化隶属于这场广泛的变革。在这一章中，笔者考察了几种关键布料的生产和分销，以及欧洲境内的主要服装和家庭配饰，这些商品标志着时尚与舒适领域的创新。亚洲丝绸的传播以及之后印度棉布的传播，打破了那时存在的羊毛与亚麻纺织品的等级制度，这种制度长期以来决定着欧洲的布料贸易。[9]纺织品的新来源和地域性面料对一些生产者来说代表着机遇，为亚洲的贸易公司带来了罕见的利润，鼓励欧洲人效仿亚洲，并使得店主和小贩能够向形形色色的消费者出售更多不同的商品。[10]随着欧洲更紧密地融入生产与分销的全球性网络，时尚推动了这些变革。

纺织品和布料：国内与国外

生 产

早在启蒙运动之前，中国就发明了生产丝绸的技术。此后，这种面料的魅力吸引了来自欧亚大陆和其他地区的商人，他们沿着丝绸之路把一包一包的布料带了回来。嫉妒和野心驱使丝绸技术传播到印度、波斯和奥斯曼帝国，最终抵达中世纪的西西里岛海岸，继而扩散至意大利。意大利各城邦竞相争夺熟练的工匠，它们确信植桑养蚕很重要，并学习纺丝和织丝的技术。这些是意大利贸易体系的珍贵补充。[11]丝绸立刻成了一种有争议的面料，神职人员和城市官员为此一再训诫，他们颁布了禁止非精英阶层使用丝绸的禁奢令。这种布料的光泽、颜色以及无限丰富的质感激起了当局的焦虑，他们立法反对这种从视觉上模糊社会界线的明显创新。文艺复兴时期的佛罗伦萨禁止将丝绸用于女性的袖子；只有中间阶层的妇女才能佩戴一定宽度的丝带。不过，在锡耶纳这样的城镇，随着当地丝绸业的蓬勃发展，监管也有所放松。颁布禁奢令有多常见，违抗禁奢令就有多常见。

与此同时，丝绸业变得更多元，产品也大大增加。[12] 意大利的工匠们发展出更先进的纺丝技术，生产出的丝线以质量闻名。[13] 意大利的丝绸在文艺复兴时期主导了欧洲市场，植桑的地主、投资丝绸制造业的士绅，以及成千上万在城市和乡村精心制造产品的非行会（女性）纺纱工和行会（男性）编织工从中获取利润。商人营销各式各样的丝质布料、衣服与配饰，这些产品的魅力席卷了欧洲，在 16 世纪晚期占低地国家进口商品总量的三分之一以上。同时代的一位意大利人解释说，丝绸业"在整个意大利享有非常大的特权……而且当之无愧，因为它是一门扬富济贫的手艺；从事这一行需要高超的技术"。[14] 直到 18 世纪，丝绸制造业仍然是意大利许多地区工业活动的主力军；然而，意大利的丝绸制造商在欧洲面临顽强的竞争对手，后者渴望在其他地区复制他们的成功。[15] 对丝绸业的近距离考察引发了关于启蒙时代时尚的关键问题。

丝绸业被称为"重商主义的宠儿"：它受到宠爱和保护，成了大臣和国王痴迷的对象，有人觉得它获得了过分的尊重。[16] 凡是可以种植桑树的地方，地方当局都会努力引进丝绸贸易，而早在 17 世纪之前，丝绸贸易就在意大利、法国、西班牙、日耳曼地区扎根。其他地区则通过使用进口丝线和借由那些吸引熟练工迁至新地区的策略，推动丝绸业稳步地发展。城市行会为大多数欧洲王国的制造业确立了标准，并在各自发展地方特色的同时相互竞争。它们还努力不让技术扩散出本地。但知识随着人们的迁移而传播，如法国胡格诺派和其他的新教徒避难者在 1600 年前后从法国和南低地国家迁往日耳曼地区、荷兰和英国。后来，在 17 世纪 80 年代，又有一波一波的宗教难民逃离法国，为新家园的纺织业注入了新的活力。在欧洲的许多地方，丝绸行业与自然禀赋更优越的地区顽强地抗衡并存活了下来。[17]

每个地方都重视丝绸的制造，由此生产出一系列的本土商品，包括各种丝绸和混纺丝质面料（有时与羊毛、亚麻和棉花纤维混合，以压低价格并产生不同的视触觉效果）。作为区域性的产品线，丝带和丝袜的制造蒸蒸日上，丝线、丝质穗带和丝线纽扣等特色产品也是如此。在 17 世纪，科隆周边地区因穗带而闻名，商人在城市行会的控制之外组织生产，他们雇用了数百名乡下人来制造丝质和棉质穗带。[18] 平平无奇的衣服通过手腕上或口袋处的一抹穗带而变得亮眼，大量的穗带则会产生庄重的效果。如图 2.1 中的深色天鹅绒套装便呈现了一个惊人的对比——外套上长达数米的精心编制的宽穗带和马裤边缘处较为朴素的装饰。

即使是小型的丝绸配饰，其魅力也吸引了越来越多的买家和制造商——他们足够敏锐，不断翻新自己的商品库存。另一些人则为更加显赫的客户制作最昂贵、最精致的面料。但欧洲制造商并没有垄断丝绸在欧洲市场上的销售。

到 17 世纪 60 年代，英国东印度公司（1600 年）和荷兰东印度公司（1602 年）将一船一船的纺织品运回欧洲。法国东印度公司（1664 年）、丹麦东印度公司（1616 年，1670 年）、奥斯坦德（奥地利）公司（1722 年）和瑞典东印度公司（1731 年）也加入了这场冒险。18 世纪初，与中国的贸易最初集中在

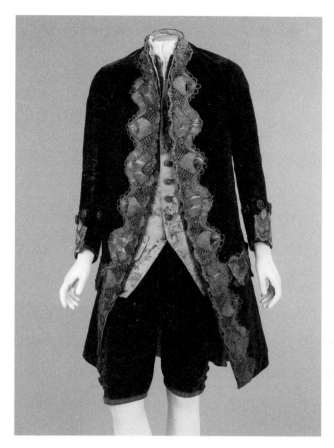

图 2.1　意大利丝质天鹅绒套装，配有金色穗带，1740—1760 年。
The Metropolitan Museum of Art, New York.

丝绸产品上，而印度供应了大量棉制品与少量丝绸。大宗亚洲纺织品的到来是新品味的催化剂。在 17 世纪后期，随着成吨纺织品在欧洲港口被卸下，这些公司彼此之间展开了激烈的竞争。棉布主要来自印度次大陆；而印度和中国都为欧洲市场和殖民地市场供应了大量丝绸和混纺丝质面料。孟加拉地区的丝绸在17 世纪80 年代成为一股时尚热潮，中国的丝绸也获得了购物者的青睐。1681 年，英国东印度公司强调了把握时尚潮流的重要性："要知道这是一条恒定的普遍规则：对于一切饰有花卉图案的丝绸，你每年都要为了英国的贵妇去尽可能地改变样式和图案，而且据说法国人和其他欧洲人宁愿买一个在欧洲没见过的新玩意儿，也不愿买上一年穿过的丝绸，哪怕前者的质量不如后者，哪怕要付出双倍的代价。"[19] 负责在亚洲采购纺织品的大型欧洲货轮停泊在广州时密切关注竞争对手的所有消息，并努力从当地的中国商人那里取得最优质的产品。[20]

礼服或套装的面料和配饰是决定风格的关键因素——服装的剪裁遵循若干基本格式，并不能决定风格。因此，构成服装的材料受到了最多的关注，也吸引了最大的投资。随着纺织品的种类和数量不断增加，这些商品的流通也面临着日益升级的冲突——每个国家都在努力确保其对邻国的优势。欧洲国家彼此争吵，间或制定保护主义的法律。有时，政府直接禁止来自欧洲其他地方的丝绸，或者征收高额的进口关税。从17世纪60年代开始，法国的官方政策是促进本国奢侈品贸易，为此推行了一系列法规，并将丝绸产品的进口关税提高了三倍。[21] 在捍卫地方产业和支持本国东印度公司的过程中，激烈的竞争普遍存在。重要的是，在欧洲国家当中也存在着尖锐的内部冲突，因为当地制造商游说反对进口亚洲商品。行会和民间团体争相在本国市场上确立优势地位，这种斗争一直持续到18世纪20年代。法国政府于17世纪80年代明确了当务之急：禁止一切亚洲丝绸和棉布进口到本国境内，这一点隶属于旨在扶持和保护本地制造业的长期重商主义战略。[22] 法国官员决定：法国纺织工人将满足时尚与实用的需要，在法国本土生产受监管的产品；并雇用法国工人。此时，亚洲风格的丝绸和棉布已经在欧洲生产，为这项立法提供了更多的依据。不过走私者也很猖獗，他们不顾法律的约束，将印度厚白棉布（calico）运往法国和其他国家的买家处。[23] 然而，保护主义仍然是这个时代的主要意识形态，亦即活跃的重商主义，欧洲各地在 17 世纪晚期和整个 18 世纪所颁布的禁令便体现了这一点。官方意在明令禁止从亚洲进口的商品，由此开启了政府、零售商和消费者之间的较量，这场较量将持续一个多世纪，直到政府最终撤销管制。[24]

里昂市成为法国政策的最重要的受益者。里昂的企业家被允许生产各种丝绸面料，如"热那亚风格"的面料或博洛尼亚款式与那不勒斯款式的面料。一位名叫奥克塔维奥·梅（Octavio May）的意大利移民在里昂定居，他找到一种制造有光泽的塔夫绸（英文名为"lustrings"）的技术，利用这种技术生产的这类产品成了里昂的主打商品。[25] 精致丝线的生产，素色布料、带图案的布料、锦缎或天鹅绒的设计和编织，这些工艺都代表着纺织技术的最高水平，并在整个 18 世纪持续推动机器方面的革新。在法国政府的政治支持下，里昂的丝绸成为品质和时尚的代名词，通过设计师、商人与客户之间的复杂互动，满足巴黎乃至法国和外国市场的需求。在 18 世纪 80 年代，里昂几乎有四成的人口从事丝绸业，[26] 当时有人描述这个行业"哺育了这座商业城市所容纳的其他制造业。它养活了超过 15 000 名专门生产丝绸产品的工人，并为数以十万计的商人、制造者和各种工匠带来了好处。"[27]

莱斯利·米勒（Lesley Miller）有力地论证了，丝绸生意不仅仅为凡尔赛宫廷提供昂贵的奢侈品。里昂既有生产素色布料（靠颜色和光泽来吸引人）的制造商，也有生产带图案布料的制造商，两者在数量上几乎平分秋色。而且后者不只生产华丽的锦缎，许多用于日常生活的有图案的面料制作起来相对较快，并采用一系列常见的视觉主题图案——条纹、斑点和花卉。但日常不等于不时髦。巴黎的大型零售商在传达关于时下风格的建议上起到了重要的作用。

里昂的制造商每星期有六天都会发消息给巴黎的零售商，而有了来自巴黎的建议，里昂的设计师就可以发明新的图案，或者在颜色或线条上对当下最受欢迎的产品做一些细微的改动，以期获得商业上的成功。制造商和零售商年复一年地专注于创造新的设计，这种做法增加了彼此互补的专业知识，并动用了大量资源。[28] 里昂的丝绸业是时尚行业的生产商与零售商保持活跃联络的一个例证，这种现象在欧洲纺织业和服装业的其他许多部门都很明显，生产商需要及时地、常规地获得有关市场形势和时尚潮流的情报。这些关系对这两个部门都很关键，由此确立了里昂作为最新款面料之独家供应商的声誉。[29]

工业间谍活动也是启蒙时代时尚产业的命脉。整个这一时期，人们为了获取战略优势，会把工匠和机器从欧洲的一个地方秘密地转移到另一个地方，无视当地的管制。在这个重商主义时代，竞争普遍存在，企业家盘算着用本土的产品去替代流行的外国货。丝带看似微不足道，但在许多服饰和家具中，各式各样的丝带是必不可少的装点。如图 2.2 所示是一个精致的小钱包，而它的魅力就在于环绕其边缘的绿色丝带花冠。

丝带蝴蝶结也决定了鞋子和头饰的外观。它们在社会上广受欢迎，这能够解释激烈竞争的生产者之间为何存在许多纠纷。[30] 17 世纪后期，一项叫作"丝带架（ribbon frame）"的新技术进入了人们的视野，它极大地影响了生产。这种设备允许一个手艺人一次编出 12 条丝带，后来又变成 24 条；到了 17 世纪 70 年代，它对丝带的供应和成本产生了惊人的影响，也威胁到传统的丝带编织技术。尽管有抗议，这种织机还是在荷兰得到了广泛的使用，特别是在哈勒姆和阿姆斯特丹，从而形成了一个专门生产丝带的地区，该地区在几代人的时间里主导着欧洲市场。在地方 / 中央政府和企业家的要求下，这种"荷兰织

图 2.2　真丝和金属线编织的钱包，带有丝带边饰，法国，1650—1700 年。©Victoria and Albert Museum, London.

机"或"荷兰引擎"不可避免地被带至其他有潜力的地方。丝带制作在 18 世纪达到了新的高度，一卷卷的丝带在商店的货架上堆得像小山一样高，成了小贩的包裹和店主的铺子里不断降价的常备物品。样式别致、颜色新颖的丝带不断吸引着购物者，要求"给我们看看你们最时髦的丝带"的呼声回荡在整个欧洲的零售场所。[31]

服装商、布料商、丝绸商、普通商店的店主以及小贩自然会售卖像丝带这样的配饰，它们比大批量的面料更容易也更经常被卖出去。在这一时期，它们是最典型的"快时尚"产品，因为一套新的丝带能很快让人旧貌换新颜，而买家的投资却很少。基于所有这些原因，制造商密切关注配饰制作工艺的创新。针织丝袜是另一个重要的时尚产品。在 17 世纪，英国的丝袜针织技术越来越成功，并且行业的秘密被严加保护。但不可避免的是，竞争对手发现了这些技术。1663 年，法国当局授予詹姆斯·福尼尔（James Fournier）20 年的垄断权，允许他"按照英国风格"制作针织丝袜。成果惊人：到 17 世纪 70 年代，针织丝袜在法国的销售情况令人瞩目，对西班牙的出口量也猛增。各国政府资助间谍去调查和获取对纺织业发展有潜在帮助的信息。18 世纪 50 年代，英籍移民约翰·霍尔克（John Holker）为他的法国雇主带回了 115 件英国面料的样品：8 件来自伦敦的斯皮塔菲尔德（Spitalfields），那里是丝绸业的中心；8 件来自诺里奇和约克郡，那里是精纺羊毛业（包括轻质羊毛料和混合纤维布料）的中心；99 件来自兰开夏，棉花业和棉麻业在此地蓬勃发展。在诺里奇和伦敦生产的真丝面料与混丝面料令法国官员颇感兴趣，但法国人最关注的是蒸蒸日上的棉花业。[32] 当局申斥外国竞争者的阴谋。例如，里昂的丝绸制造商确信，巡回推销员所使用的样品册导致他们的设计被外国竞争者盗用，从而造成销售损失。自 18 世纪 60 年代起，他们四处奔走，呼吁停止使用样品册，以保护他们对新设计的投资。[33] 各国政府竭力阻止熟练工逃往其他辖区——法律常常禁止这类迁移——他们还谴责外国竞争者对技术的窃取。然而，"技术转让"是不可阻挡的，尽管当局施加了各种限制，但技能总是在传播。饱受盗用之苦的创新者最多只能希望其他地区不会那么快成功应用他们所发明的新生产系统。[34]

工匠和企业家将窃取的技术与自己的实验结合起来，希望以更低的成本生产出更多、更新颖的商品。1716 年，英国的隆贝兄弟（Lombe brothers）发现了用于生产丝线的意大利纺纱技术，这种丝线又可用于生产针织丝袜。这一知识在英格兰东米德兰兹地区的德比市被付诸实践，那里已是丝线纽扣的制造中心。隆贝兄弟花几年时间建造了一个采用意大利技术的水力工厂，这家规模庞大的、耗资三万英镑的新纺纱厂于 1721 年投入使用。隆贝兄弟相信他们的投资是有利可图的，因为针织丝袜产业对丝线的需求很大，可是进口的意大利丝线又很贵。这步棋让他们得到了丰厚的回报，并预示着新的工业生产模式即将登场。受雇的男女员工多达 300 名，体现出制造业规模的不断扩大，而这将重新定义生产关系。玛蒂尔达·亨明（Matilda Hemming）于 1809 年描绘了这家位于德比的工厂（图 2.3），把这栋人造建筑与为其提供动力的河流加以对比，凸显出这家工厂的罕见规模。

　　生产丝线（而不是棉线、麻线或毛线）的欲望推动建立了第一个大规模的工厂，并为 18 世纪晚些时候的工业结构树立了模板。[35] 在许多方面，丝绸都

图 2.3 《德比的丝绸厂》(*Silk mills, Derby*)，玛蒂尔达·亨明，1809 年。
©The Trustees of the British Museum.

是一种推动变革、意义复杂的商品。最优质的丝绸当然属于王室和贵族。不过，欧洲的许多中产阶级和平民百姓偶尔也能享用各式各样的轻丝、混丝和配饰，正是这种需求水平刺激了产业革新。当时的欧洲消费者拥有许多新的享受方式。这一时期，由于品味的变化，欧洲的纺织业随之发生巨变，出现了由精纺羊毛制成的轻质面料、更轻的粗棉布以及新种类的亚麻布，再加上闪亮登场的印度棉布。笔者在这里重点关注丝织品的影响，它们与奢侈品、高端消费有着强大的文化联系。但丝绸的意义远不止于此。它们兴起于欧洲一些地区的面料价格不断下滑的复杂环境中，兴起于全球贸易有力推动人们从事发明和实验的时代中。[36]

　　除了针织技术，服装制造业直到 19 世纪中期才大规模地启用机器。然而，就我们所研究的这段时期而言，英国的服装生产技术确实得到了巨大的发展。根据托马斯·帕克·休斯（Thomas Parke Hughes）的定义，技术系统的社会层面与物理层面汇集了一系列职业的力量和才能，它们旨在设计和控制一个"人造的世界"。[37]启蒙时代的成衣行业展现出一个新的技术系统——军备服装的大规模制造。这种发展模式来自英国；但毫无疑问的是，还有其他成衣行业等待着被发掘。在政府的资助下，这个产业依赖于承包商和分包商的网络，他们雇用了成千上万的人（主要是城市女工）为海军和陆军缝制衬衫、马甲、长裤和外套。这些服装的面料由五花八门的纺织产业提供。它们都是基本的服装，本身并不是时尚物品。然而，这些成衣凸显出一个由水手构成的群体，他们在 18 世纪散发出特殊的文化魅力，成为在一定程度上由独特的服装所定义的"时尚"平民男子。这些服装与当时大多数男性和女性所穿的、由裁缝量身定做的服装形成了鲜明的对比。这种成衣行业革命性地推动了服装的相对趋同。在这个系统中，外包工人从中央工场那里领取成捆的成衣部件，这些部件已经按照样式裁剪好了；工人在规定的时间内归还完成的衣服就可以得到报酬。成吨的衣服包裹堆放在英国的海军码头，等着运出去供海员使用，或为地中海、加勒比海和印度洋的英国海军中心提供补给。[38] 这种按照固定样式和不同尺寸进行大规模生产的模式定义了这个时代新兴的理性制造模式。

对于其他社会群体——上层、中层和低层，获取衣服的途径包括量身定做和服装修改。所有的社会阶层均诉诸这些策略，布料的高价值要求人们对其谨慎地使用与再使用，无论是华丽的丝质锦缎还是耐磨的羊毛粗呢。最优秀的男裁缝为精英提供服务，他们制作、缝补和修改先生小姐们的衣服；事实上，男裁缝在欧洲的许多地方都垄断了这一行。一些妇女也会业余制作服装，以满足订单要求或面向大众销售。但直到 17 世纪后期，这项活动才在一些地区得到正式批准。例如，在法国和英国，女裁缝坚持自己有权利为妇女和儿童提供服装；法国于 1675 年以后允许女裁缝组建保护自己手艺的行会。服装制作始终是一个有争议的行业，男性工人试图排除或减少女性从事这个重要的职业。[39] 所有阶层的女孩都会例行接受做针线活的训练，这是当时的女性必需的技能。贫穷的女孩会去做许多类型的针线活，通常包括衣服的制作和打理。作为家庭佣人，她们会被要求制作衬衫和直筒式连衣裙，这些基本的内衣对一切社会阶层来说都越来越不可或缺。作为衣帽商的雇工，她们缝制用于成衣的配饰或来单定制的类似配饰。其他的则从事如前所述的成衣行业。一些女裁缝因值得信赖而博得声誉，在城市或农村的社区开展独立业务，一家一家地跑，按季度为客户制作新衣、缝补旧衣。

服装的供应涉及生产者（无论男女）之间的等级。他们的店面或位于首都的主要街道或位于不太显眼的小路，服务不同的客户群体。大多数村庄都拥有一个本地的裁缝，村里地位高的人不会向这些人订购外套，而是依靠都市工匠来裁剪和制作昂贵的服装。但即使是地位高的人也需要调整马裤后裆或缝补衣服破口。乡下裁缝的缝补工作和制作工作往往一样多。不过，乡下的年轻男工会从村子里的裁缝那里订购新衣服，这些顾客的品位不像当地的老爷太太们那样高。在英国，即使是劳工也会获得几件新衣服，通常青年阶段快结束或刚进入成年阶段的人最热衷自我展示。[40] 获得衣服的途径有无数种，不管衣服是全新的还是二手的，是优质的、中等的还是劣质的。技能与性别方面的等级制度提供了一个制作衣服、评价制作者的语境。在启蒙时代，线、布、衣的生产以种种方式达到了新的规模，正是这些方式定义了朝气蓬勃的工业时代。

分　销

城市提供了奢侈品和新的必需品，拥有着小城镇或乡村地区所没有的特定品类零售商和全品类零售商。但是，城市的影响超出了其边界，商业渗透到整个欧洲的乡村。这是欧洲城市化进程的一个显著特点。随着城市规模的扩大和农村地区企业的增多，零售业的机会也在增加。在北意大利、莱茵兰、欧洲大陆西北部、英格兰的南部和米德兰兹地区以及苏格兰低地，城市人口密度有所增加。欧洲人口从 1700 年的约 1.25 亿上升到 1800 年的 2 亿，有 17 个城市的人口超过 10 万，其中伦敦和巴黎的人口在 1700 年都超过 50 万，伦敦人口在 1800 年达到 100 万。[41] 这些大型城市群为贸易提供了动力，刺激了零售业的各个方面发展。简·德·弗里斯（Jan de Vries）注意到城市中的利益团体扩散至荷兰的所有乡村地区，甚至在最小的城镇都有基础零售业。[42] 到了 17 世纪晚期，零售商之间也有了明确的等级划分，从圣奥诺雷街上最大的巴黎中间商（marchand mercier），到柴郡的普通商店店主，再到徒步巡回乡间、四处走访顾客的必要小贩。[43] 他们提供的商品在质量上差异很大，而且小贩携带的物品肯定没有大型商店的库存那样多。不过，他们所提供的商品类别有一些共同点：饰带、穗带、纽扣等配饰；枕套、床单、窗帘等家居用品；陶器、烟草、烟斗等需求量很大的物品。这些商品——服装、家居用品和快速消耗品——反映出各个消费类别正在器物层面发生巨大变化。零售业往往牵涉到一个由大大小小的分销商所构成的商业网络。较大的商人经常雇用小贩，而小店主则从较富裕的同行那里购买和销售商品，并常常在交易合乎心意的情况下从小贩那里换取商品。在最低层次的贸易活动中，街头小贩清晨从店主那里赊购商品，希望在一天结束前把它们卖出去或者换得或新或旧的商品，以获得一小笔利润。二手衣物是这些商务谈判的主要内容。以旧换新是各个层次的零售业所广泛采用的一种促销策略。

在 18 世纪，随着物质生活达到了新的水准，时尚物品的渗透范围已经远远超出欧洲许多地方的中产阶级。例如，荷兰的穷人显然可以享受咖啡、茶、糖和印度棉布。他们之所以有物质享受的机会，是因为当地靠近主要的航运路线和走私路线，也因为当地与其他城镇存在互动。[44] 地方性的消费模式也明显受到文化和经济的影响——例如，在英国，相较于在康沃尔郡留下遗产清单的人，那些生活在东南部肯特郡的人拥有不同的、较多的商品，毕竟后者离伦敦和主要港口很近。在巴塞罗那以南的西班牙乡村，农民"无论收入如何"，同样表现出独特的物质生活方式，他们会有选择地购买更多的产品。贝伦·莫雷诺（Belén Moreno）认为，物质生活的变化发生得很慢，其中最明显的变化发生在城镇附近的农民当中。[45] 最值得注意的是，很多人都把钱投到了国内的家用零件和衣服方面。这为各种零售商提供了机会，并在某些情况下推动了特定行业的发展。两者都受到时尚和文化的塑造。消费方面的主要变化往往首先表现在家居用品上，如家用织物，继而表现在衣服上。关注的目光从一个领域延伸至另一个领域。

早期现代住宅的结构随着时间而改变，特别是在欧洲西北部。睡觉的地方变成了更专属化的空间，人们也用更多的钱去买床。在1690—1719年，肯特郡（英国一个相对富裕的郡）有超过60%的遗产清单列出了铺羽毛褥垫的床，而较贫穷的康沃尔郡只有28%的清单列出了这类高质量的床。在这一时期，亚麻床单的数量也有明显的差异：86%的肯特郡家庭记录过这类床单的购买和使用，而只有15%的康沃尔郡家庭这么做过。[46] 很明显，比起康沃尔郡的零售商，肯特郡的零售商有着多得多的机遇。地域很重要。但就在当地的居民优先考虑自己的选项时，变化渗透到欧洲的所有地区。在启蒙时代，加泰罗尼亚的农民把更多的钱花在家用织物上，而不是花在衣服上。床罩、桌布、毛巾和床单的购买量非常大，这是家庭用来表现社会地位或纪念家族谱系的独特方式。一些加泰罗尼亚农民的清单上列出了40多张床单，这些是从商店或小贩那里购买的，反映出一种对家庭的有意识的塑造。在加泰罗尼亚，即使是最贫穷的农民，其所拥有的床单数量也多过衬衫数量；中产阶级和富裕农民的床单数量是衬衫数量的两到三倍。[47] 这个乡村社区在物质生活上的焦点是很明确的，我们必须要认识到独立社区的消费重心。

图2.4艺术性地再现了1800年左右一间英国普通住宅中的弥留场景。其中的所有物质元素都值得关注。白色的家用织物随处可见，从寝具到头巾。格

图 2.4 《小屋内的临终场景》（*Cottage interior, deathbed scene*），威廉·约翰斯通·怀特（William Johnstone White），约 1804—1810 年，钢笔和水彩画。©The Trustees of the British Museum.

子窗帘环绕着窗户。由这些妇女（无论是家人还是仆人）打理的日常织物体现出秩序和舒适。这位艺术家把这些家居用品和服装当成文化产品来展示，从中我们可以窥见英国普通家庭的预期物质水平。

在漫长的 18 世纪，新的感知不断涌现。就此而言，在家居环境中借由纺织品来表达意义的做法肯定跟个人外表的打理一样重要。[48]家居装饰商最初出现在巴黎、阿姆斯特丹和伦敦等欧洲国家的首都，如果有客人关心床具、被褥等物品的设计与制造，他们会与客人商议。[49]随着室内装饰在文化和物质领域越来越重要，从事这一行业的人也越来越多；即使在较小的城镇，家居装饰商也成了一个特色。[50]妇女在家具行业中找到了自己的一席之地，她们利用自己对于纺织品、镶边装饰和室内装饰的知识来谋生，这些技能通常是在她们制作服装的过程中形成的。在世俗追求和资源允许的范围内，专门从事橱柜制造和家居装饰的行业不断扩大，以满足世人日益增长的对于奢华高雅之物或单纯舒适之物的需求。[51]如图 2.5 所示是南安普敦家居装饰商、估价师兼拍卖师乔

图 2.5 "乔治·米勒，家居装饰商、估价师和拍卖师"，由莫里森（Morrison）和克拉克（Clark）刻印，伦敦，穆菲尔兹。Courtesy of the Lewis Walpole Library, Yale University.

治·米勒（George Miller）的一张名片，这张名片显示出时尚的布置给人带来的乐趣，卧室在很大程度上成了一个半私密的空间。

丝质家居用品是家庭生活中特别奢华的点缀，其在日光或烛光下会反射出耀眼的光泽。富人用几十米长的丝绸面料制作成套的物品，以体现（现实的或期望的）阶层和地位。[52] 但即使是富裕的家庭也会以庸常的方式获取商品，比如从拍卖会或二手商那里购入二次流通的物品，乔治·米勒的名片就表明了这一点。一位死于1755年的格拉斯哥富商在去世时拥有大量的床上用品，其中许多都绣着姓名的首字母，但没有一个字母与他的家庭成员相对应。他大概是在家庭拍卖会上购买了这些床上用品，而其他买家也是在这样的拍卖会上获得了他的家居用品。1786年，至少有55人参加了一位格拉斯哥商人的另一场拍卖会，几乎一半的与会者都购买了小批量的二手亚麻布。[53] 要为富丽堂皇的、讲求时尚或单纯舒适的家庭供给所需的物品，各种类型的零售商都是必不可少的。前面提到过加泰罗尼亚的例子，它也促使我们认识到：人们对于改造家庭空间抱有广泛的兴趣，并且形形色色的制造商和零售商都在为欧洲的各类家庭供应物品。

家用纺织品和衣用纺织品之间不一定有明确的分野。事实上，如图2.4所描绘的格子窗帘的面料很可能也用于围裙、男式衬衫或其他体现地位和职业的服装。这种面料是欧洲各地大量生产的亚麻面料和棉麻混纺面料中的一种。普通商店和专业商店的许多店主出售面料和其他商品以满足这两种用途。在这一时期，亚麻、棉麻混纺和纯棉纺织品的销售范围越来越广，它们被用来装扮家庭和身体。使用这些面料的首要目的是让用于家庭和身体的织物给人以干净和洁白的印象。在这一时期，卫生习惯发生了变化，最初是出现在精英阶层当中，人们越来越强调洗衣技术以确保衣服持续性洁白。衣服组成了一个最为可见的、移动的、互动的体系，以体现人们对新兴文化规范了然于胸；可想而知，衣服在评论家和零售商中得到了最多的关注。"亚麻布的发明"这个社会过程涉及一系列的行业：[54] 以纺亚麻线为起点，编织精细的或中等重量的布料，漂白布料，在市场上出售布匹，继而通过零售网络去传播这些纺织品。一旦布料进入零售链，就有其他人手被雇来制作衬衫、给手帕镶边或装饰女式亚麻帽。这些商品的购买和使用是由文化上的新要务所决定的，因为每一代人都会习得"针对本能行为的监管体系，（其中）衣服一直起到表达和阐明规范的作用"。[55] 哪怕已经获得了服装或配饰，人们还是会在家内或家外反复、熟练地处理它们，如清洗、蓝染或上浆，以推动上述理想的实现。洁白不是那么容易保持的。

人们在不同的文化语境中穿戴衣物，以适应要求礼貌、尊敬和服从的体制。城市居民尤其需要适当的穿衣指导以及支持性的服务，以满足社会交往、工作场合和宗教生活的衣着标准。知识上的差异和服装质量上的差异标示着社会的区隔。家庭佣人、店主及其助手和学徒以及专业女工需要熟悉在贵族和中产阶级当中持续演化的卫生规范。格罗夫纳夫人（Mrs.Grosvenor）因其洗衣技术和所服务的客户而闻名，她是"（英国）女王的洗衣妇"。如图 2.6 所示是 18 世纪下半叶的印刷品，展示了她这一行采用的某些工具，同时表明她本人也参与了这些进程，因为她的服装一尘不染。

秩序表现在她的穿着和职业上。教学类的书籍提供指导，是影响服装分销和使用的重要辅助因素。教学内容也会通过培训活动和社区重要人士的权力来传播。正如法国的一本 1740 年的指南所概述的，人们对这些要务的态度趋于

图 2.6 《格罗夫纳夫人，女王的洗衣妇》（*Mrs.Grosvenor, Laundry Woman to the Queen*），3/4 肖像，作者佚名，1750—1800 年。©The Trustees of the British Museum.

统一："得体是指人和衣服的某种匹配……有必要让我们的衣服适合我们的身形、物质条件和年龄……如果你的衣服很干净，尤其是如果你身着白色亚麻布，那就没必要打扮得很花哨：你会给人很好的感觉，哪怕是在贫穷的时候。"[56]洗衣行业对于保持衣物和家用织物的良好状态而言起到了核心的作用，肥皂、上蓝剂和浆粉的应用在启蒙时代的物质生活中其实与商品销售一样重要。只有通过例行的反复洗涤，家用织物的使用目的才能实现。城市中的大户人家和中等人家指导仆人去做这项工作，他们知道在清洗和护理床单、精细的家用织物或易损坏的蕾丝边帽子时需要用到不同的技术。将大捆大捆的亚麻布送至家族庄园清洗是精英生活的一个特色。数以千计的小公寓或单间旅馆也会派人去洗衣服。除了各种类型的专业纺织店，欧洲的大城市里到处都是洗衣店，大量默默无闻的妇女在那里工作，化肮脏为整洁。甚至有亚麻布是从殖民地送至巴黎清洗的。如图 2.7 所示是一张 19 世纪早期的、产于德国的拼图，呈现了一间体面的洗衣店的内部情况，在此劳动的妇女和儿童无止境地追求洁白。

这个儿童玩具确证了大部分欧洲社会当时已经内化了的道德规范与审美要求。

图 2.7 拼图，"洗熨间（Die Wasch und Büglstube）"，佚名，19 世纪初。©The Trustees of the British Museum.

据丹尼尔·罗什的计算，在18世纪后期的巴黎，每天大约有25万件衬衫需要清洗，因为人均拥有的衣物数量增加了，也因为社会提高了对清洁的要求。在这一时期，富人群体当然普遍拥有家用织物；但罗什发现店主、工匠和工薪阶层所购买的亚麻制品和棉制品也在变多，而在18世纪，他们的服装面料明显转向了更廉价的棉布。[57] 在18世纪70年代后期的约克郡，典当给乔治·费德斯（George Fettes）的衣物同样显示出棉布服装的出现以及棉布服装和亚麻布服装在贫穷工人和中下阶层顾客当中的重要性。[58] 这个更大的人群现在拥有了更多样的衣服，也建立起自己的衣着标准。约翰·萨里·艾尔斯（John Sauley Eyres）的行为表明：就连劳工阶层的感知也在发生变化。1746年春天的一个早晨，艾尔斯与他的祖父在泰晤士河上结束了一夜的工作，他们在那里为东印度公司工作，把货物从船上转移到岸上。艾尔斯在回家"拿一些干净的亚麻布衣服"时被强行征入英国海军。[59] 关于这件要紧事的记录只是很偶然地留存了下来，但我们不由得联想到当时很多人不但重视衬衫而且重视干净的衬衫，后者是男性日常的舒适与良好形象的基础。

结　语

在本章的结尾，笔者将探讨启蒙时代最鲜明、文化意蕴最多变的一种配饰——手帕。手帕无处不在。在吸鼻烟的过程中，人们用手帕和向外挥动的手部动作来展示姿态。吸鼻烟标志着雅致的情趣，程式化的动作、礼仪和器物则代表着一种特权地位。轻轻捏起鼻烟，然后灵巧地使用白手帕（或未染色的手帕）——这些消费戏码把绅士和平民区隔开。一个礼貌性的喷嚏将"表演"

推向高潮；被弄脏的白手帕很快被换成另一块一样白的手帕，操纵鼻烟、喷嚏和手帕的一整套动作是对精英属性的展示，把鼻烟的文化价值与亚麻白手帕的符号意义结合起来，以达到社会目的。欧洲的亚麻布有很多种类，其中最优质的用于制作康布雷亚麻手帕或巴蒂斯特亚麻手帕，它们以蕾丝镶边或以刺绣吸引目光。这些配饰可以达到修饰与实用的目的，令许多人获益。这些配饰为各地的亚麻布制造商带来了利润，从莱茵兰到低地国家，从法国北部到苏格兰低地。衣帽商生产出各种精美的物件来取悦挑剔的顾客。贵妇或其仆人也拿起针线制作手帕，它们作为礼物可以满足很多目的。在大量的文学作品和戏剧作品中，作者都把手帕设计成情节的一部分，他们确信读者非常了解这类物品及其多变的意蕴。手帕的质量佐证着男女主角的品格。[60]

这一时期还有大量的新款手帕从印度成批地运过来：印花的、彩绘的、格子的或条纹的（图 2.8）。

有图案的印度棉质手帕是长途航海者的标志，是他们私人贸易的战利品，象征着他们四海为家的生活方式。手帕作为无处不在的走私者的商品而流通，畅销于酒馆或码头，是男女服饰上的亮眼点缀。虚构的"牡蛎西施"莫莉·弥尔顿用一条有鲜艳图案的手帕来衬托她的非凡魅力，手边的一块白布则可以在顾客走后擦拭桌子。她显然是港口社区的居民，受到不同种族的男人的爱慕，分明可见的性征因她选择的服装而更加惹眼。像莫莉这样生活在港口的妇女，可以从海员那里零零星星地得到一些东西，其中手帕是她们的最爱。这些配饰还可以用作口袋，兜住人们担心遗失的珍贵物品。装着日常物品的有图案的手帕成了平民物质文化的代表，手帕是必不可少的工具，人们也偏爱用手帕来点缀许多款式的男女服饰。1800 年左右，在伦敦不太富裕的地区，胆大的扒手转售偷来的手帕，令游客感到震惊；这种生意在许多城市和港口都很猖獗，服务于那些不容易被吓到的顾客，毕竟人们对手帕的需求是无限的。以手帕总括本章是很合适的。它们体现出欧洲纺织品生产的活力、国际商务的影响以及许多社会阶层和利益团体的男男女女获得新款纺织品与服装的方法与手段。制作、交易、使用等活动构成了各式体系，由此定义了这个时代。

图 2.8 《"牡蛎西施"莫莉·弥尔顿》（*Molly Milton, the Pretty Oyster Woman*），由英国印刷商卡灵顿·鲍尔斯（Carington Bowles）发行，1788 年，仿罗伯特·戴顿（Robert Dighton）。©The Trustees of the British Museum.

第三章 身 体

伊莎贝尔·帕尔西斯

在题为《现代维纳斯，或自然状态下的当代时尚女性》（*The Modern Venus, or a Lady of the Present Fashion in the State of Nature*，1786 年）的版画中，我们看到了巨大的女性臀部和乳房。根据这幅画的副标题可以推断，"我们的贵妇们就是或希望是 / 这种身形，如果我们确信这里的美"。（图3.1）

版画家是在讽刺 18 世纪 80 年代中期风靡西欧的膨胀轮廓，然而，在这场始于文艺复兴时期、人为地膨胀轮廓的竞赛中，那具着装的女性身体已经抵达了终点，这种趋势在夸张的男性时尚中也很明显，比如花花公子的高耸头发和男性朝臣的高跟鞋。尽管这幅画带有讽刺意味，但它很好地凸显出时装对自然身体的重塑。从中世纪晚期开始，服装构建了一个人为的、有时颇为壮观的外表，以此取代自然的肉身轮廓。人一旦穿上衣服，身体上的布甚至可能比皮

图 3.1 《现代维纳斯，或自然状态下的当代时尚女性》，佚名，"仿巴斯的霍尔小姐 [Miss Hoare of Bath，可能是玛丽·霍尔（Mary Hoare，1744–1820 年)]，1786 年。The New York Public Library.

肉更有弹性。这种时尚的身体始终是文化意义上的：它揭示了西方人与其肉身性之间的关系。但它也将"社会性的存在者"带入了这个世界：服装是一种包裹物，它将人的身体展现在社会舞台上，规定着它的身份（年龄、性别、工作、宗教），也明确了它对于特定等级制度的归属，从王子到田间工人。衣服也是对身体的装饰，保护它免受寒冷和炎热的侵袭，并守卫（或展示）它的私密之处。

衣服与身体的关系总是很亲密的，目前留存于私人或公共收藏中的一部分旧衣服便是与某些身体相关的遗迹，尽管这些曾经穿过它们的身体早已经消失了。这些衣物大多是有钱人的高端物品，毕竟日常的衣物和底层人民的衣物都很破旧且被一用再用，最后简直成了破烂。通过这些现存的衣物，我们仍可以见识到手工缝制技术，还可以见识到那些重塑人体结构的内衣内裤是多么别出心裁。它们往往保留着体液（例如汗水）的污斑、摩擦动作所留下的破损痕迹或身体运动所产生的褶皱。它们还可以让我们了解穿戴者的身体尺寸。例如，殖民地威廉斯堡基金会（Colonial Williamsburg Foundation）（美国）收藏了 18 世纪的紧身马甲和胸甲，其腰线从 21.5 英寸到 34 英寸不等，平均略高于 25 英寸。[1] 不过必须指出的是，这些都是留存下来的例子，它们不能证明当时普遍的或规范的情况。这些从过去留存下来的衣物是无声但有力的证词，让曾经穿过它们的身体获得了一种情感的存在。

　　本章将试图重绘这段关于身体与衣服的文化史，概述 1650—1800 年身体与衣服之间的关系有何重要意义，以及发生了什么让一种新的、更现代的服饰文化成为现实。虽然主要以法国为例，但这是有道理的，因为法国在当时主导着时尚，其快速变化的服饰风格（依赖于纺织业的蓬勃发展和国家的支持）扩散至西方世界的大部分地区。这篇文章首先说明时尚的衣服作为身体的延伸，如何重新塑造身体（有时以非常夸张的方式）。继而考察那些维持着身体形变的内衣是如何运作的，时尚又如何关乎身体在社会中的仪态。最后探讨经过塑造的身体如何成为 18 世纪的一个重要的健康问题，时尚的轮廓又如何朝着更轻松、更自由的方向发展。

重塑肉身

从 17 世纪 60 年代开始，时尚的轮廓是如何演变的？这里并不打算列出不同的风格和那些出现过又消失的服装。许多关于服装和时尚史的书籍都详细地介绍了这一点。我们不妨考虑一下：那些把着装的形体推向极致的时装在重塑身体时遵循哪些主要原则。这些原则自文艺复兴时期起都没发生变化，其特点是衣服越来越大，也越来越紧身。在漫长的 18 世纪中，此二者以特定的方式共同塑造了着装者的身体轮廓。

衣服体积的增加无疑是从中世纪晚期到 19 世纪末这一漫长时期中最明显的特征，它随着时间的推移而带有了性别色彩，成了女性特有的做派。极其宽大的衬裙惊人地扩展了女性的臀部，这就造成了男女外表的基本差异。另一个基本差异当然是腿部的可见性：在 14 世纪初的勃艮第，男人破天荒地开始频繁展露他们的腿部。正如分离的下装（马裤，以及后来跟随法国大革命出现的长裤）成了男性着装的标志，女性的带裙箍衬裙（hoop petticoat）也成了启蒙时代的一个时尚标志。之后的男性三件式套装也是如此。从 17 世纪 20 年代到 17 世纪末，时尚的女性礼服已经放弃了文艺复兴时期的法勤盖尔裙撑，转而采用更自然的线条，伴以更简单的裙褶和窄腰的上半身设计。西班牙和葡萄牙的宫廷贵妇则是例外，她们在 17 世纪 60 年代还会穿一种半圆状的、被拉长的法勤盖尔裙撑，这种令人印象深刻的裙撑被称为"遮肚（guardinfante）"。英国和法国的朝臣对这些"怪物般的机械"并不是很满意，认为它们把女人变丑了，甚至连他们的新王后——布拉甘萨的凯瑟琳（Catherine of Braganza）和奥地利的玛丽－特蕾莎（Marie-Thérèse d'Autriche）的身体也是如此。[2]1670 年左右，带法式腰身的、敞开式的曼图亚礼服（mantua）把其尾部的体积向臀部扩展，这种时装在作为宫廷礼服时被巨大的后摆拉长了。曼图亚礼服最初起源于非正式的女式长睡衣，宽大后背礼服 [sack-back gown，或称为"飞行袍（robe volante）"] 亦然，后者将在 18 世纪初取代前者。这种宽松而飘逸的连衣裙前后都不贴身，由于底下还有一个带裙箍衬裙，所以呈喇叭状。这种法式长袍（robe à la française）到了 18 世纪 30 年代变成了敞开式长袍，而且更加合身，主导了这一世纪的欧洲女性正装，其著名的帕尼埃裙撑（panniers）把裙摆的体积分布在臀部的两侧，仿佛蝴蝶的翅膀。然而，一种源自曼图亚礼服的紧身礼服在英国得到了发展，它被称为"英式长袍（robe à l'anglaise）"，直到 18 世纪晚期都显得非常时尚；穿这种礼服时，臀垫会将裙摆的多余材料分配到背部。[3] 这样的连衣裙在法国和英国广为流行，但永远不能被视为百分之百的宫廷连衣裙。

男子的服装也有使身体膨胀的倾向。17 世纪 60 年代的法国风流人士（galant homme）会在短款的、类似波蕾若短上衣（bolero）的紧身上衣（doublet）底下穿一套宽松的"衬裙式马裤（la rhingrave）"，边缘处有许多饰带。这种时装在一些国家被认为太过娘娘腔、太花里胡哨，例如在查理二世治下持反法立场的英国，那里的男人一般偏爱更简单的衣服。从 1666 年起，国王本人开始穿三件式套装，这种套装之后风靡欧洲。[4] 这种套装在长款马甲的下面是较窄的马裤，外面则是一种法文名为"le justaucorps"的外套——意思是这种衣服更贴合自然的身体。事实上，后来选择了这种外套的法国雅士偏爱更紧身的衣服（图 3.2）。

图 3.2 《公寓的第二间》(*Seconde chambre des Appartements*)，1694 年，安托万·特鲁万 (Antoine Trouvain)。众人在路易十四公寓的第二个房间打牌，客人包括波旁-孔蒂的玛丽亚·安娜 (Maria Anna of Bourbon-Conti)、大太子路易 (Grand Dauphin Louis)、波旁-孔德的朱利叶斯·亨利三世 (Julius Henry III of Bourbon-Conde)、巴伐利亚的安娜 (Anna of Bavaria) 和路易·约瑟夫·德·波旁-文多姆 (Louis Joseph de Bourbon-Vendom)。Photo：Getty Images DEA/G.DAGLI ORTI.

　　然而，衣物体积的扩展很快又在男性时尚中登场：首先，在紧身外套的主体部分下面出现带褶的、展开的宽松下摆，在臀部形成了一种小型的帕尼埃裙撑；直到 18 世纪下半叶，它才被更贴身的外观设计取代。在 18 世纪后期，衬垫时而会出现，而新的时尚马甲略显丰满，象征着健康和朝气。一方面，在女性身上，纺织品的体积遮蔽了她的双腿和朴实，把下半身转变成一处凸显上半身（特别是胸部、肩部和颈部）的底座。另一方面，男性的衣服比较短，在视觉上增加了腿部的长度。

与此同时，男性和女性都试图沿纵向拉长时尚的身体。人们采用了令人头晕目眩的复杂发型和高跟鞋。时尚为那些无须从事任何体力劳动的人树立了一个新榜样。绘画、印刷品和博物馆藏品证实了人们对高跟鞋的狂热，高跟鞋的跟在18世纪达到了最大尺寸，尽管文艺复兴时期的厚底鞋（pianelle）更高。18世纪40年代，在法国常常能看到男人穿着两英寸高的鞋子；到了18世纪80年代，高跟鞋实在太高了，时尚的贵妇有时不得不使用拐杖。[5]高跟鞋的效果是将身体向下和向前伸展，而一些不同寻常的发型则是将身体向上伸展。男性在17世纪就已经采用了长发，在流行浓密卷发的时候戴上了假发。一些评论家声称这是在暗中模仿路易十四年轻时的精致发型，尽管无法证实。17世纪晚期，法国宫廷把新的过肩假发以及为它上粉的习惯推上了时尚的舞台。从17世纪90年代开始，额头顶部的假发变得更笨重，在那里分成了两个部分。这种男性的轮廓与女性的轮廓非常吻合，她们在17世纪80年代采用了所谓的方当伊高头饰（fontange），即额头顶部的卷发支撑物上面有几道"围栏"或几排又硬又挺的昂贵蕾丝，它们把头发堆成一座塔（图3.2）。从18世纪60年代晚期开始，男性和女性再度使用高耸的发型，包括英国花花公子的圆锥形假发、18世纪70年代中期女性的带有鸵鸟羽毛的宽发或者18世纪80年代女性的恨天高发冠（pouf）。与其他夸张的服饰一样，所有这些繁复的发型都成了漫画恣意嘲弄的对象。[6]

臀部轮廓的扩展不仅体现着连衣裙的视觉效果，还是为了与本身受到衣服调节的躯干形成对比的手段。事实上，在身体的各部分中，主要是由躯干来承受西方着装规范对自然身体结构的塑造。一旦把鲸须缝入紧身马甲或把有骨胸甲作为内衣穿着，衣服本身就会给躯干施加压力。这种压力是对女性身体的真正约束，使其偏离自然的曲线，以至于 18 世纪结束之前的审美追求都是纤细的腰身、曲线型躯干和高耸的胸部。并非只有无所事事的社会精英才对紧身胸衣抱有热情，衣着光鲜的仆人、农民、工匠和商人都接受了这些风格。[7]紧身的衣服也不只是女性的专属时装。从 18 世纪中叶开始，当男性为了获得更苗条的轮廓而将马甲变短并放弃宽松的马裤时，某些丝质裙裤（culotte）出现了，它们非常贴合男性的身体，据说人们都能轻易看出穿着者对迷人女性的意图。阿图瓦伯爵（Comte d'Artois）有一条时尚的英式麂皮马裤，它紧到需要四个仆人帮他穿上，而有些男人据称是被硬塞进马裤里面的。[8]

18 世纪末，人们开始转向更自然的外观。身体开始接触到连衣裙的边缘，轮廓（silhouette）更加纤细（事实上，"silhouette"这个法语单词在出现的时候就同时具有"画肖像"的意思）。[9]这一趋势开始于这一世纪的后三分之一时段，人们在寻找对男性和女性来说都更舒适、轻便的服装。有许多因素在起作用。新的轻质丝绸和棉质面料（即使是面向中下阶层的）[10]在欧洲的传播是一个主要的影响因素，它们不像以前富人穿的奢侈面料那么僵硬，也不像乡下人穿的大麻布料和哔叽布料那么厚重。与法国时装相比，英国时装在本质上更加随意，后者对欧洲精英的影响也推动了社会对更自然的身体的追求。追捧古希腊及其织物的风尚进一步推动了上述趋势发展，这种风尚在 18 世纪中叶开始出现在建筑和家具设计领域，但从 1770 年开始在时装领域变得更加明显。特别能代表上述趋势的衣服是"长衬裙（chemise）"式礼服，这是一种受新古典主义设计影响、腰身较高、样式简单的新款连衣裙。在法国大革命期间（1789—1799 年），尚古的热情与自由、共和、民主的理想相碰撞，这也给服装带来了影响。例如，1793 年 10 月 29 日的一项革命法律允许每个公民穿他或她想穿的衣服，无论其社会地位如何，只是不能穿异性的衣服。[11]尽管这一时期的服装变得相对简单，并且体现出女性的身体自主权正在缓慢地发展，但我们不应忘记此前控制着女性轮廓的内衣机理。

内衣的机理

许多巧妙的技术延伸或约束了着装的身体，它们被调用起来，以建立18世纪的时尚外貌。全部的内衣机理为时装的——也是身体的——视觉效果做出了贡献，这关系到布料的剪裁和缝制（在西方的着装实践中，衣服越适应身体，裁剪技术就越精细）以及面料和饰物的功能。让我们通过三种具有代表性的内衣来探讨这个问题：直筒式连衣裙或长衫（这两个术语在此可相互换用）、紧身胸衣和衬裙。

长及膝盖的直筒式连衣裙是身体最紧密接触的衣服（图3.3）。这种接触是如此亲密，以至于在18世纪的法国，穿长衫给人的感觉就相当于被剥光了衣服（法文是"nu en chemise"——穿长衬裙且赤身裸体）。[12]故而18世纪晚期的白色麦斯林纱长衬裙式长袍给人以裸体的感觉，这就解释了它在这一时期的色情绘画和印刷品中为何那么经常地出现。从文艺复兴时期开始，亚麻内衣变得越来越可见，主要显露于领口和袖口。如果说轮状硬领已经消失了，那么从17世纪50年代开始，穿戴在男性颈部的各式各样的亚麻制品与蕾丝（例如大领巾）取代了"骨头矫形器"。珍贵的蕾丝和内衣的外缘也成为女性华服的配饰，出现在低领、袖口或前臂上。对于男人和女人来说，亚麻内衣突出了衣服和肉体的关系，又划定了两者的界限。这种内衣由精细的亚麻布或棉布制成，必须尽可能地白。这意味着身体的清洁程度直接关系到长衫的更换（往往不用水洗）频率。[13] 乔治·维加埃罗（Georges Vigarello）曾说了句名言："启蒙运动即亚麻布。"他强调：正是这些做法——用布（有时带着芳香）擦拭身体、定期更换直筒式连衣裙，宣布了一个人是"得体的（proper）"[在法文中是"干净"（propre）的意思]。因此，拥有几件直筒式连衣裙（和长筒袜）以便每天都能更换，是很重要的。精英的内衣用的是最优质的面料，比那些经济条件一般的人所穿的更柔软。底层人民穿的是大麻织成的、厚重粗糙的直筒式连衣裙，尽管从 17 世纪开始人们拥有越来越多这样的衣服。[14] 正是出于这些原因——亚麻布意指得体、清洁、文明和地位——在 18 世纪的加拿大，美洲印

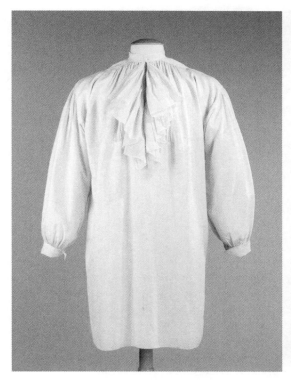 

图 3.3　左图：亚麻衬衫，法国，约 1780 年。纽约大都会艺术博物馆。
右图：长衬裙（亚麻布和棉布），美国，约 1780 年。The Metropolitan Museum of Art, New York.

第安人穿着和接受欧洲长衫的方式吓到了来自欧洲的旅行者。前者穿着又脏又破的长衫，朱红的颜料溅在上面，甚至还有线头，这些都标志着本土文化体系的挪用与赋值。可在欧洲人看来，这标志着野蛮，证明了有必要教化他们。[15]

直筒式连衣裙的基本功能是保护赤裸的身体不受外衣的影响。对女性来说，它还可以保护皮肤不受缝进紧身马甲的鲸须的影响或被当作内衣穿着的有骨胸甲的影响（图 3.4）。胸甲要么系在后面，要么在前面和别在系带上面或下面的三角胸衣（stomacher）系在一起。裙子以手工缝制并展示出越来越复

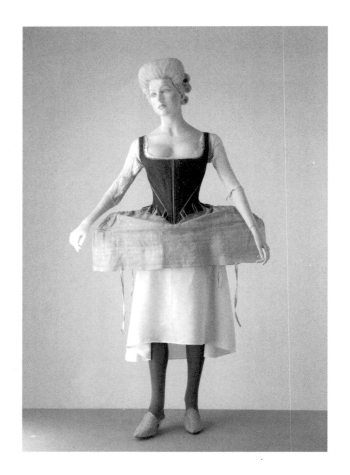

图 3.4　红色胸甲（1770—1790 年）、侧箍（1778 年）、亚麻直筒连衣裙（1730—1760 年），英格兰。©Victoria and Albert Museum, London.

杂的技术——正如丹尼斯·狄德罗（Denis Diderot, 1713—1784 年）和让·勒隆·达朗贝尔（Jean Le Rond d'Alembert, 1717—1783 年）的著名《百科全书》（*Encylopedia*, 1767 年）或加尔索（Garsault）的《裁缝的艺术》（*Art du tailleur*, 1769 年）中的图案所示——"理性"的世纪也在物质生活和服装创作方面下功夫。[16] 胸甲匠根据顾客的身体以及不同的用途和不同的舒适程度，对胸甲进行调整。例如，怀孕妇女所需要的约束程度可能有所不同，骑马或哺乳时也是一样；宫廷服装需要非常硬挺的紧身胸衣。我们完全可以猜测：当穿过的紧身胸衣（corset）在二手市场（平民百姓获得服装的重要来源）上出售时，它们不会像原来那么硬挺。不过，紧身胸衣也可以变得更硬挺：借由精心设计的扇形骨架，或进一步借助"巴斯克（busk）"来加强它的挺度。后者是由一根一根的木头、牛角、金属条或鲸须制成，并被插进胸甲 [1] 前面的套筒里，让躯干保持竖直。巴斯克通常用作示爱的礼物，它可以被雕刻和涂饰，还可以点缀上女方极其私密的个人信息（图 3.5）。

17 世纪中期，胸甲的肩带从肩部挪开，形成了一个时尚的低领，穿在外面的紧身马甲也出现了类似的变化。这种风格鼓励身姿直立并迫使胸部向前倾。一个世纪之后，胸甲匠已经开发出复杂的骨架制作技术，把骨骼缝合成带方向的通道，从而将躯干挤压成时尚的圆锥体，抬高胸部，并将肩膀甩在后面。从 1828 年左右开始，金属孔眼的发明让穿绳的洞更加牢固，因此女性的身体

---

[1] "stays"在本书中翻译成"胸甲"，它是早于"corset"出现的，二者都缝有很多衣骨；stays早先用于搭配舞会礼服，露出前中部分，18世纪后穿在礼服内但下摆呈开衩状。"corset"在本书中翻译成"紧身胸衣"，是后来演变出来的时髦性质的"stays"，为束腰垫臀发展来的，使用了很多衣骨以达到束腰和塑造凹凸有致的身体曲线的目的。"bodice"和"bodies"是一个意思，在本书中翻译成"紧身马甲"，只有很少的衣骨或没有衣骨，它的使用只是为了收紧身体、缩小尺码。——译注

图 3.5　胸甲的木制巴斯克，18 世纪。The Metropolitan Museum of Art, New York.

可以被系得更紧。[17]尽管在 18 世纪最后几年，身着白色轻薄麦斯林纱的女性似乎不穿紧身胸衣，但现实很可能并非如此。至少有些妇女需要紧身马甲、早期形式的胸罩或柔软的有骨胸甲来拊平她们的肉体、推高她们的乳房，以获得纤细流畅的外形。

　　如果说启蒙时代的画家所赞美的是裸体女性的丰满身形，那么经过塑造的身体则无视自然的曲线，反而把轮廓确定为两个圆锥状的半身。下圆锥体的尺寸突出了纤细腰身（这是美的标准之一）的视觉效果。倒置的上圆锥体则摆在不断扩大的下裙上，从 18 世纪初开始，下裙的体积就越来越超过它覆盖之下的腿和臀。这是一种具有经济效应的时装：由于面料用量增加，它阻止了原材料价格的下降。[18] 在 18 世纪 40 年代的英国宫廷里，窄长方形的带裙箍衬裙最宽可达 6 英尺（图 3.6）。

像这种被拉大的帕尼埃裙撑在欧洲宫廷中很常见，穿在上面的礼服需要多达 25 米的豪华面料。在英国，由于服装传统的掣肘，宫廷服装把裙箍和曼图亚礼服一直保留到 1820 年，即使它们在其他地方已经过时得可笑。[19] 然而，在它们流行的时候，同时存在着各种类型的带裙箍衬裙，还有若干种支撑裙摆的方式。在 18 世纪，最大的一种非常像文艺复兴时期的西班牙法勤盖尔裙撑，衬裙由渐粗的柳条、柳木或鲸须裙箍固定住。从 18 世纪中叶开始，出现了更短的帕尼埃裙撑。其中一些的形状是两个系在腰部两侧的鲸须囊包〔即口袋

图 3.6　宫廷服饰，约 1750 年，英国。The Metropolitan Museum of Art, New York.

式裙箍（pocket hoop）]。其他一些则由一套用布条连接的金属裙箍构成，因为这些裙箍又由铰链衔接，所以着装者在进门、落座于羽翼扶手椅或在马车里坐下时可以把大裙摆往上拉（图 3.7）。[20] 在 18 世纪 80 年代，内含填充物的臀围撑垫（bum roll，法文名为"cul"，意思是"屁股"）将裙摆向后面移动。这让人联想到 17 世纪末的马鬃底裤，带后摆的礼服需要这种底裤。

系在身上、可以拆卸的一对口袋式裙箍就像囊包一样，穿在裙摆下面，穿着者可以透过外裙的缝隙接触到（图 3.8）。女性将她们的各种小物件（剪刀、手帕、硬币、信件、微型肖像）放在里面，这些物件决定着她们对于"内部"和"隐私"的体验。由于妇女通常不穿任何内裤（drawer，位于腿部的内衣），这些口袋式裙箍因位置接近身体而给人以亲密的暗示。[21] 然而，新兴的新古典主义时尚用轻质面料来装扮身体，如果在这种面料底下系上口袋式裙箍，就

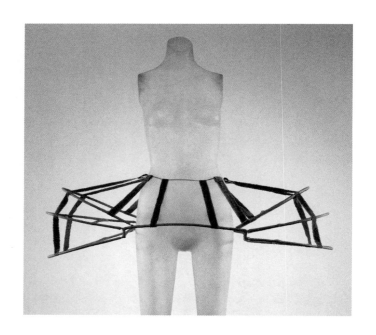

图 3.7　帕尼埃裙撑／由铰链衔接的裙箍（丝绸、藤条和金属制成），法国，18 世纪晚期。The Metropolitan Museum of Art, New York.

图 3.8　一对口袋，英格兰，1700—1725 年。©Victoria and Albert Museum, London.

会影响显露身形的预期效果，所以拿在手里的小型手包（reticule）开始取代它们。手包可以成为一件小艺术品：有些是网状的，有些是布质的，有些经过精心加工，有些甚至是菠萝的形状或宝塔的形状——因为当时流行中国风（图3.9）。正方形的袋状"手提包"在此之前确实出现过，由丝质锦缎制成且面向富人，不过似乎并不常见。

　　与男性相比，女性的身体当然更容易受到内衣机理的控制和约束，但男性也有很多技巧来塑造自己的身形。在 18 世纪上半叶，时髦的男子外套有带褶的下摆，夹在中间的衬料让下摆挺起来，衬料由硬衬布（变硬的亚麻布或棉布）与织好的马鬃制成（图 3.10）。在褶子下坠的地方可以放一个小的毛垫。外套上部的衬垫和衬芯也可以凸显出男性的腹部或胸部，究竟是凸显哪个部位则取

图 3.9　收口的手包（丝绸、棉布和金属制成），英国，19 世纪前 25 年。The Metropolitan Museum of Art, New York.

决于不断变化的时尚焦点。例如，在 18 世纪 40 年代，男性的腹部更加显眼（可以从字面上来理解），而且流行的是鼓起的、圆润的肚腩。在 18 世纪 70—80 年代，焦点变成了平坦的腹部，但开始强调胸部。而 18 世纪末的一些男人甚至系上了胸甲；19 世纪初的许多军服都为这种做法提供了证据。[22] 如果用衬垫来纠正身体上的缺陷——用艺术来弥补大自然未给予的东西——其就必须不突兀。例如，在腿部不够结实的情况下，有时会用羊毛让套在丝袜里面的小腿肚更饱满。[23]

　　内衣的这种机理是讽刺作家的乐趣所在。以 18 世纪蓬勃发展的新闻业为背景，他们制作小册子，用漫画恣意嘲弄。这种活动在英格兰和法国尤为活跃，

图 3.10　外套的细节：下摆带褶，夹在中间的、由硬衬布与织好的马鬃制成的衬料让下摆挺起来，还有一层未纺的羊毛。可能出自法国，1740—1749 年。©Victoria and Albert Museum, London.

不过低地国家也是讽刺漫画的重要出版地，日耳曼地区的国家和公国也是如此。[24] 一些被认为太夸张的时装对身体的扭曲遭到了讽刺作家的迅速谴责。带裙箍衬裙、紧身胸衣、大量的头发、假发、帽子和头冠是他们最喜欢嘲弄的对象。漫画谴责这些东西造成了荒谬的效果，它们通常将文字和图像结合起来，把时装的隐藏支撑结构变成笑料。[25] 这样的讽刺作品不只再现了时尚，还推动了新的时尚潮流、兴趣和迷恋。

身体的仪态

基于强化特定仪态的内衣机理，时装创造了真正的约束，并可能让身体处于不平衡的边缘。以这种方式着装对着装者来说是很麻烦的一件事。如果我们考虑到衣服和发型的重量、体积以及给身体带来的不适，这确实是一项体力活。君主和朝臣的身体当然最受约束；他们的生活涉及宫廷中的活动，他们的社会地位所固有的恢宏气势是通过最精致的时装和最奢华的面料来表达的。例如，在路易十四统治末期，法国宫廷服装是非常沉重的。1697年，12岁的勃艮第公爵夫人（duchess of Burgundy，她嫁给了路易十四的孙子）的银质布料婚纱实在太重，不得不由两位男士协助她穿上。[26] 在那个时候，长长的后摆也很笨重，贵妇不得不让仆人抬着它。即使到了晚年，太阳王[2]本人依然坚持同样的标准。1715年在凡尔赛接待波斯大使时，他身着的深色套装上面缀有取自王冠的华丽钻石，衣服的重量把他的身体压弯了。[27] 超大型号的假发会非常沉重，导致颈背不适、偏头痛、头晕；如果加上不讲卫生，还会出现严重的瘙痒。这一时期出现的新型医生对此非常感兴趣，他们有时会写一些关于服装时尚和健康的流行论文，后文将说明这一点。

在18世纪90年代中期经历过女性时装蜕变的那一代人，可以证明旧制度时期的服装款式所造成的不便，比如胸甲或紧身胸衣就像硬壳一样妨碍着运动，几乎不允许着装者举起手臂。[28] 拉图尔·杜宾夫人（Mme de la Tour du Pin）在她的回忆录中写道：

---

[2] 路易十四（1638—1715年）自号太阳王，是法国专制制度极盛时期的国王，在他的统治下，法国一度统治欧洲。——译注

女性套装不可避免把舞蹈变成了一种折磨。狭窄的高跟鞋，3 英寸高，脚部处于当我们踮起脚尖去够书架上最高那层书时的姿势；一条沉重而僵硬的鲸须衬裙，往两边拉长；1 英尺高的发型，顶部还有一个被称为"Pouffe"的发冠，一层接着一层的羽毛、花朵、钻石堆在上面，1 磅重的白粉和发油，稍微一动它们就会落在肩膀上：这样的脚手架把快乐的舞蹈变成了苦差。[29]

她还抱怨说，尺寸巨大的裙摆导致着装者在进入房间或马车时必须侧身过门或将衬裙使劲往上抬。不过对她来说，与空间斗智斗勇的后果可没有讽刺漫画中的妇女那么好笑。[30] 1787 年，她在凡尔赛宫跑步时，帕尼埃裙撑多次卡在门口，她认为这是使她流产的罪魁祸首。[31] 当人们试图保持平衡时，那种给人以"踩高跷"[32] 之感的高跟鞋不会有什么帮助（图 3.11）。在 1721 年的一

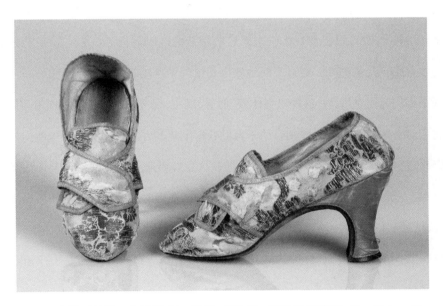

图 3.11　女鞋（丝绸、金属制成），1760—1775 年，可能出自法国。The Metropolitan Museum of Art, New York.

封信中，巴拉丁公主（the princess Palatine）回忆道：她的嫂子（也就是路易十四的妻子）奥地利的玛丽－特蕾莎每次因为跟很高的高跟鞋而跌倒时都会说"哎哟！我跌倒了"，她听到以后便"咯咯"地笑。王后经常摔倒。[33] 到了 19 世纪初，人们可以穿上更舒适的时装。一些年长的女性在写回忆录时从当下的视角去回顾身体原先承受的那些约束和不得不处于的不平衡状态，会觉得那就是一种折磨；可是在她们年轻时，其身体已经被训练得适应了这些痛苦、被教育要避免笨拙的姿态。追求时尚是要付出高昂代价的，包括身体上的代价。此外，这些时装往往对身体实施着社会控制，特别是对女性的身体。

这种时尚的身体有它自己的仪态，其特点是直立的身姿和优雅的步伐。一个农民在 1710 年左右遇到了几个穿裙箍和高跟鞋的人，他说后者仿佛"只是轻蔑地靠在地上"，有一种在乡下人身上从未见过的"慵懒的步调"，相比之下，贫穷的农民就好像"长着人脸的牛"。[34] 这清晰地表现出西方富人精英借由服装和身体来保持的社会距离。我们知道，从文艺复兴时期开始，精英就密切关注他们的服装和身体仪态，这些是社会区隔的标志。姿态和手势方面的教育始于儿童时期，通过不断地教导儿童关于身体的规训，发展出一套"体现正直的符号学"。[35] 在这种对身体表现的控制中，衣服及其配饰是坚定的盟友。它们对身体的约束或其体积有助于人们获得期望的姿态（这种姿态是他们才有资格获得的，甚至是高人一等的），即使这意味着服装越变越复杂、无法靠自己穿上。在某种程度上，要求身体直立的着装在当时体现着人们对儿童身体的看法。婴儿被视为可塑的蜡，必须穿上包裹物（襁褓），以保持笔直的四肢和良好的体态。男孩和女孩都穿相同的中性服装，直到四岁或五岁才开始穿自己性别的衣服。[36][3]这种认为服装可以塑形和矫形的观念同样体现于紧身胸衣，就算是男孩也从幼年开始穿。[37]例如，路易十四的继承人接受非常严格的教育，经常被暴脾气的导师责打。1671年（也就是他10岁的时候）的一天，他的身体比平时更加伤痕累累，但他为了"保持躯干挺直"而穿着的紧身胸衣救了他的命——在它的保护下，他幸免于暴力击打的伤害。[38]至于击剑、骑马和跳舞，身体必须被训练得能够在活动时做出时尚的展示。因此，名媛第一次在凡尔赛宫觐见国王和王后时，必须在"初登场"之前进行练习。礼节规定在王室面前进退时要进行一系列复杂的致敬，所有这些都要在穿着巨大衬裙和坚硬胸甲的情况下完成。奥伯基希男爵夫人（the baroness of Oberkirch）回忆道："必须记住我们上的那些课：倒着走，踢开后摆，踩稳穆勒鞋以防止摔倒——这是失礼和忧烦的深渊。"[39]（这样的实践和训练一直持续到1939年的英国宫廷，觐见的女士被要求穿上带后摆的裙子、佩戴鸵鸟羽毛扇。）

虽然女性服装的细部在启蒙时代发生了变化，但我们不应该忘记：其整体构成自文艺复兴以来并没有发生根本性的变化，仍然是低领露肩的礼服搭上宽大的裙子和塑身的紧身马甲。对女性身体的社会控制也没有改变——毕竟，女性的身体结构比男性更受衣服的约束。紧身胸衣明确地标示出哪些地方是公开的、哪些地方又是私密的。它的垂直构造不仅体现出女性在身体上的自律，还象征着女性的美德与贞洁。人们认为不穿紧身胸衣的女人在道德上不够严谨。[40]在关于带裙箍衬裙的评论中，我们看到了对监督女性身体的进一步论证。根据道德家和讽刺作家关于服装的老生常谈，裙箍起源于女性的虚荣心，

---

[3] 参见《西方服饰与时尚文化：文艺复兴》第三章。——译注

是她软弱心灵的产物，它的发明是为了让怀孕的秘密不被发现，它的极端尺寸耗尽了家财，最后，它既是对性的约束，也是一种引诱。作为保护性的、防御性的外壳，带裙箍衬裙阻绝了女性与男性的身体接触，遮掩了性器官。[41] 但它也允许公众看到女性的腿——在时装中尚属首次——这在当时的人们看来几乎等于裸体，实在有伤风化。"由于女性不穿内裤，一旦看到裸露的腿，无疑会对腿部以上的赤裸身体产生相当强烈的联想。"[42]

作为健康问题的时尚和服饰

1759 年，诺里弗斯·德·圣西尔（Nolivos de Saint-Cyr）写道，与前几个世纪相比，"我们的衣服、头发和鞋子都比以前更贴合我们的身体"。[43] 然而，启蒙运动时期的其他作者无疑会持不同意见，他们谴责当时的服饰对身体和健康的危害。在《百科全书》中，狄德罗和德·若古分析了衣着上的变化所造成的身体损害。[44] 在《爱弥儿》（L'Émile ou De l'éducation，1762 年）中，让-雅克·卢梭（Jean-Jacques Rousseau）主张以更自然的方式去对待儿童和妇女的着装，该书在文化人和富人中非常流行，颇有影响。从 18 世纪 60 年代起，衣服也成了医生感兴趣的主要话题，特别是在法国。[45] 对于人类退化或儿童体育的担忧推动着关于"纠正"的一般性话语出现在医学书籍中，而关于服装和健康的具体研究在 18 世纪 70—80 年代之后有所增加，至少在法国是如此。我们不妨考察其中一个反复出现的主题，它体现出医学界对于人类退化的担忧。

有很多批评直指给儿童穿褟裸和紧身胸衣的做法。当时这些做法是为了帮助他们柔弱的身体长得笔直而稳健，因为按照盖伦医学的传统解释，年轻人非常容易受到过量体液的影响，这些体液会挪动骨骼并导致畸形。1750年后，医生主张解放儿童的身体，更有节制地使用胸甲和紧身胸衣，至少采用更柔软的紧身胸衣。人们指控服装的塑形功能会干扰成长、妨碍运动。[46]精英阶层的儿童时装肯定受到了这种医学话语的影响。女孩的连衣裙变成了更轻便的白色麦斯林纱礼服，搭配更轻便的紧身马甲。这些预示了长衬裙的出现。男孩的"连裤衣（skeleton suit）"出现于18世纪70年代，这是由一条舒适的宽松长裤（水手和农民穿了很多年）搭上一件缩短的外套（图3.12）。

在时尚的欧洲，人们已经不再把儿童打扮成"小大人"。儿童有了特定的服装。1773年，克罗伊公爵（Duke of Croÿ）在提到自己的孙子时认可了这种服装的好处：水手服（法国人给这种男童套装起的名字）"很方便"，允许着

图3.12 《苏珊娜、菲利普·莱克和玛丽亚·戈达尔：戈达尔的孩子们》（*Susannah, Philip Lake, and Maria Godsal: The Godsal Children*），约翰·霍普纳（John Hoppner），1789年。The Huntington Library, San Marino, California.

装者"激烈地运动、干很重的活并培养灵活性，这种新的教育方式在强身健体方面有很大的优势"。[47] 三年前，奥地利女皇玛丽·特蕾莎不允许她的女儿、刚刚嫁给法国王储的玛丽·安托瓦内特丢掉胸甲——她期望这位 15 岁的公主在身体"成形"期间每天都穿胸甲。不过，她又提议从维也纳给玛丽·安托瓦内特寄去更柔软的紧身胸衣，因为"巴黎的太结实了"。[48] 在英国，人们在更早的时候就已经习惯给儿童穿上更宽松的衣服，自 18 世纪 60 年代起，外国游客就对英国人特有的不拘小节感到钦佩。[49]

值得注意的是，18 世纪下半叶出现了基于下述观念的新思想：身体纤维的收缩是身体的驱动力，纤维的虚弱会导致身体的疾病。人们越来越认为身体是主动的、由动态的力量从内部塑造，而不认为身体是被动的、由静态的力量所塑造。[50] 与此相呼应，医生建议从整体上减少衣装，让寒冷发挥其活跃人体的作用。例如，围在儿童头上的布丁帽（pudding）原本旨在保护头部免受摔跤的影响，现在人们认为它没用，因为人们认为将头部暴露在流动的空气中既能让脑袋变坚硬，又能让头发变稠密。减少衣装之后，人们可以从事体育活动，比如散步，闻名全欧的瑞士医生西奥多·特隆金（Theodore Tronchin）强烈推荐它，认为它既有益于健康，又能振奋精神。克罗伊公爵的孙子就是这么培养的，他们在冬季进行长时间的散步。对于女性，特隆金建议穿不带帕尼埃裙撑的短礼服［其被戏称为"特隆金"（tronchine）］，因为这样适合户外散步。还有医生谈论过更适合自然的脚部形状、更方便行走的鞋子。

所有这些并不意味着人们在考虑衣着和健康时摒弃了体液医学。人们仍然认为私人织物的更换对卫生和健康而言很关键，对身体分泌物和过量体液的排出而言也很关键。但是，医生反对一切像绷带一样的衣服，以及一切对体液流动构成有害障碍的服装。1775 年 7 月发表在《健康报》（*Gazette de santé*）上的一封信是一位名叫杜福尔（Dufour）的医生写的，一个 20 岁男子的头痛与晕眩引起了他的关注。这封信清楚地表达了当时的医学观点。杜福尔将这些疾病归咎于那些束缚着该男子的紧身衣物，如"时髦的高领"。[51] 因此，根据医学文献，有必要把系得过高的领结与项链从领口处松开，让乳房摆脱对胸甲和腰带的依赖，让手腕摆脱紧贴的袖口，让腿部摆脱吊袜带，让脚部摆脱鼓起的金属搭扣，让腋部摆脱狭小的袖窿，让下腹摆脱紧身的外套，让阴囊摆脱过窄的马裤。简而言之，医生考察并纠正了经过塑造的整个身体。

不仅个体的健康被认为受到某些服装款式的威胁，人类的存续也在"衣服健康"的问题上受到威胁。有些标题非常直白，如雅克·博诺（Jacques Bonnaud）的《使用鲸须胸甲导致人类退化》（*The degrading of the human species by the use of the whalebone stays*，1770 年）。[52] 关于紧身胸衣的争议在整个 18 世纪都很激烈，而博诺的目的是让公众了解到一些医学人士的专业著作，他们反对使用紧身胸衣和儿童襁褓。他还提到了让－雅克·卢梭的教育思想，后者提倡古希腊风格的轻便衣装。博诺写了一份骇人的清单，其中列出了紧身胸衣对妇女身体的损害（消化不良、头痛、晕眩、潮热、窒息、难产、流产）和对儿童身体的损害（胎儿发育畸形）。不过，人们认为束缚的衣装所造成的损害比这些更为深远，事实上其会导致人口的减少。不仅胸甲对母亲子宫的束缚会让出生率下降，男性生殖器官所承受的压力也会如此。医生克莱里安（Clairian）想让男人摆脱时尚的贴身裙裤所施加的压力，这样一来丰富的精液就能保存下来。他期望男人穿上苏格兰短裙，因为不穿内裤的人"生殖器发育得更好"。[53] 同样，根据博诺等人的说法，妇女必须在衣服下面解放她们的乳房，以便哺育婴儿。对紧身胸衣的抨击则在于：它让乳汁无法自由流动和提高质量。当时，母乳喂养在精英阶层的女性中推广，被当成一种比奶妈喂养更自然、对儿童健康更有利的做法（图 3.13）。不过，尽管紧身胸衣在推广母乳喂养的过程中受到抨击，但这些抨击不一定没有自身的意识形态色彩，它们"往往与支持母亲身份的意识形态运动联系在一起，反映出人们的担忧——如果妇女脱离了家庭领域，整个社会秩序就会受到威胁"。[54] 一方面，它们试图让妇女摆脱束缚；但另一方面，它们又代表着针对女性身体的另一种社会控制。

图 3.13 《母亲以母乳喂养她的孩子》（*Mére allaitant son enfant*），让－洛朗·莫斯尼尔（Jean-Laurent Mosnier），马孔，博克斯艺术博物馆。©Photo：Josse/Scala, Florence.

轻松自由的外表

在启蒙时代，让－雅克·卢梭等哲学家所倡导的"大自然"理念有力地推动了人们去寻求一种更简单、更舒适、更自如的穿衣方式。在《爱弥儿》中，让－雅克·卢梭倡导一种新古典主义的着装理想，它将自然比例、舒适性和灵活性结合起来；正如我们所见，这个观点经常在医学话语中得到响应。[55] 博诺写道：放弃紧身胸衣是"大自然规定的法则"，因为显然没有任何动物穿这种衣服。此外，"我国的底层人和乡下人，以及中国人、日本人、美洲国家人、非洲国家人等外国人，他们养育孩子的时候都不用胸甲，这些人身材高大、体形匀称"——欧洲却有"驼背和畸形的身体"。[56] 启蒙运动时期的服饰哲学还有一个道德基础，其基于"存在"与"表象"、自然与人为的对立。它将"自然的衣服"与"人为的衣服"对立起来，这个论点的源头是一个自古代基督教以来不断被重提的观念——表象的欺骗性。让－雅克·卢梭特别提倡"拥有充裕的必需品即可"，不过他并不想改变关于传统社会身份的表述。[57] 哲学家吁求改革，但不包括着装革命。

然而，重要的是要注意到，旧制度时期的服饰并不都是复杂的、束缚的。即使是在充满繁文缛节的宫廷（例如法国宫廷）中，有身份的人平常也可以穿宽松的衣服，以舒适为主——当退居公共生活的"幕后"时。这些非正式的服装出现在 17 世纪末的第一批时尚印刷品中。虽然优雅的女人仍然穿着胸甲，但胸甲之上是一件女式长睡衣或晨袍（robe de chambre），一种由奢华的材料制成的宽松而飘逸的室内长袍，比正式的服装更舒适。同样，在整个 18 世纪，男人也穿室内长袍，以获得不拘礼、不穿衣的舒适感，这种做法在狄德罗的著名文章《憾别旧袍》（*Regrets on Parting with My Old Dressing Gown*，1768 年）中得到了纪念。[58] 其中一些长袍受到东方设计的影响：和服的形状、中国的装饰图案或印度的面料（图 3.14）。

采用这种更简单的时装，不只是出于对舒适的追求。某个阶层的个体想要从一板一眼的法国主流时尚中解脱出来，这种欲望在欧洲的各个精英集团中蔓延。这也是英国于 1666 年采用三件式套装的原因。甚至在法国，一些年轻的绅士也表现出不修边幅的样子：他们敞开外套，不把衬衫塞进裤子里，也不搭配马甲。[59]

英国人在更早的时候就开始寻求更轻松、更简单的着装，从 18 世纪 50

图 3.14 《佚名男子的肖像》（*Portrait of an Unknown Man*），卡尔·范·卢（Carle van Loo），约 1730—1740 年，布面油画，凡尔赛宫。Photo：Fine Art Images/Heritage Images/Getty Images.

年代开始，英国贵族的肖像便表现出一种考究的非正式感。在18世纪的最后几十年里，这种外观深深影响了法国时尚以及更广泛的欧洲时尚。与绝对主义的法国相比，英国社会更少关注宫廷，社会流动性也较高。英国贵族通常生活在自己的土地上（而不是城市或宫廷），他们管理自己的领地，喜欢户外活动，经常请画家到自己的乡村庄园中为自己作画。在德比的约瑟夫·赖特（Joseph Wright of Derby）为布鲁克·布斯比爵士（Sir Brooke Boothby）绘制的肖像（1781年）上，爵士身穿素净的棕色布衣，搭配夫拉克外套（frock coat）和素色亚麻衬衫。他摒弃了浮夸的蕾丝，取而代之的是领巾——一条在前面打结的麦斯林纱长巾（图3.15）。他有些别扭地躺在林间的一片空地上，手里拿着一本让-雅克·卢梭的书，而让-雅克·卢梭恰恰是本应简单的乡村生活的著名倡导者。[60]这种非正式的风格以素净、雅致为基础，偏向于舒适和简单：方便骑行的夫拉克［法文中为"鲁丹郭特"（redingote），源自"骑行外套"（riding-coat）一词］、圆帽、实用的靴子、素色亚麻布，所有这些都更适合日常活动，不适合关于财富和礼节的烦琐表演。1688年光荣革命后，这种宽松的服饰外观与英国男性的民族认同和政治自由联系在一起。1752年，对于游历法国的阿瑟·墨菲（Arthur Murphy）来说，这种与一板一眼的法国时尚的反差具有象征意义。英国的服装是"我们宪法的象征，因为它没有把令人不安的约束强加于人，而是让人在力所能及的范围内做自己喜欢的事情"。[61]正是由于这个原因，17世纪末那些过于讲究外表的人和18世纪60—70年代的花花公子因奢华的装束而受到讽刺印刷品和讽刺漫画的奚落，他们被嘲笑花里胡哨的外表让他们无异于女人、法国人、暴发户。[62]与此同时，在欧洲大陆，"英国热"成功地推广了更简单的服装。

图 3.15　《布鲁克·布斯比爵士》（*Sir Brooke Boothby*），约瑟夫·赖特，1781 年，布面油画。London, Tate Britain Gallery.

在 18 世纪的最后 30 年间，女性服饰也为一种更节制、更轻盈的风格所吸引，首先是英式长袍，然后是波兰长袍。这两种长袍都是与较轻的内衣（裙箍或臀垫都很小）、较短的裙子一起穿的。然而，正如前面所讨论的，长衬裙（一种白色麦斯林纱连衣裙，借由腰带凸显出柔软的质地）向自然的身体迈出了决定性的一步。这种风格拒绝衬垫和复杂的剪裁，于 18 世纪 80 年代得到了法国王后玛丽·安托瓦内特的接纳，继而流行起来（图 3.16）。[63]

结　语

在启蒙时代，身体和服装之间的关系发生了根本性的变化。诚然，经过塑造的身体是在社会舞台上进行表演的身体。服装将肉体重塑为带有社会文化属性的身体，通过衣服或发型的体积变化以及内衣的机理施加约束。这样的

图 3.16 《玛丽·安托瓦内特》(Marie Antoinette)，伊丽莎白·维热 - 勒布伦，1783 年以后，布面油画。Timken Collection, Mational Gallery of Art, Washington.

服装体系致力于阐明精英阶层关于身体控制和社会区隔的理想。然而，越来越多的批评指向这具时尚的身体。在 18 世纪，服装成了一个关乎健康的问题，新的思想认为有必要保护身体不受不良衣物的危害，这些衣物会损伤生殖器官或消化器官并妨碍身体运动。从此，更自然的身体和更简单的时尚成了趋势，而当时的新古典主义美学和日益增长的轻质面料生产与贸易进一步推动了这一趋势。

白色轻质麦斯林纱制成的高腰连衣裙完美地体现出启蒙时代的变革——从

着装上的旧制度及盔甲般的衣服过渡到新兴的身体自主权（图 3.17）。然而，这绝不是普遍现象。例如，在反对革命的法国旺代省，某些地区的农妇依旧穿戴由粗帆布制成的胸甲，一位保皇党女伯爵说它构成了"一种难以穿透的外壳，所以身着蓝色制服的士兵（共和派）抱怨很难杀死这些妇女"。[64] 由此可见，在 19 世纪前夕，新时装和新面料经历着缓慢而不平等的民主化过程。反讽的是，到了下个世纪，很快又会出现一些服装款式，它们体现着着装上的旧制度，其中包括紧束腰腹的紧身胸衣（cuirasse bodice）、克里诺林裙撑（crinoline）和巴斯尔裙撑（bustle），它们以常人无法想象的方式操弄着人的身体。

图 3.17　麦斯林纱长袍，印度面料，英格兰制造，约 1800 年。©Victoria and Albert Museum, London.

第四章　信　仰

达格玛·弗雷斯特

你的习性是对你谦逊品德的最佳表现：你的性情是最容易被观察到的。心灵上的习性是可以通过体态或仪表看出来的；而身体的形态则是由习性决定的。[1]

这句引言体现了近代早期和启蒙时代欧洲的一个普遍观念，即一个人的外表和社会活动是其内在自我和社会地位的清晰指向。它还传达了"习性"所具有的双重内涵，即在特定时间和空间范围内，服饰和相应的一系列行为都是基于一套共同的对得体举止的信仰。与之呼应的表达在法语中是"à la mode"[2]，而在德语中则是"Mode"一词，它们不仅意味着基于对世界的共同理解的"通行的社会行为模式"，也意味着"一种多变的服饰类型，以及任何形式的对身体进行修饰的具体操作"。[3]

上述定义将习性作为一种性情、一种心态、一种姿态，以及一种状态或品格的体现，它直指把着装和信仰联系起来的这一现象的核心：它意味着对风格、品味、举止和社会规范的潜移默化的认知是内化在个人和社会群体的身体和日常行为中的。[4]一个人的习性被进一步赋予了与等级、性别、谦逊、宗教和荣誉有关的信仰，这些信仰又通过进行一系列相应的社会实践而被不断复现，并反映在身体上。对于那些共享基本的文化规范和世界观的人来说，它是容易理解的，而无须明言。服饰作为这种更广泛定义下的习性，它既是自我规训的重要组成部分，也是控制社会秩序和行为的法律手段。然而，由于其作为社会（身份）标志的意义，选择的服装可以用来宣示社会地位，也可以用来混淆社会秩序和性别等级，以及掩饰一个人的内在自我。

现代文化理论家和社会学家都强烈地认同下面这种观点，即社会生活的组织、再生产和演变是基于"以实际的共识为核心所形成的具象的、物质上交织在一起的实践活动"，而不是基于理性选择和个人行动实现的。[5]"具象化"在这里意味着人类行动的形式与人体的结构和特性纠缠在一起。对身体的塑造——技能、活动、姿态、外表的展示和身体结构——都被嵌入社会实践和信仰的特定背景中，成为社会秩序的组成部分。因此，服饰的意义是主观的、关系性的，在特定时间和空间的社会实践中由文化构成，并与一套共同的信仰和文化规范有关。服饰的剪裁、颜色和面料等材料上的特性是其"不可分割的内在属性，它们影响着之后由文化赋予衣服的意义"。[6]因此，天鹅绒和丝绸本身并不应该受到谴责，它们只不过是用来装饰精英阶层的服饰材料。然而，如果一位牧师的妻子穿上（这些材料的衣服），它们就具有了某种罪恶的含义。[7]

穿着者的社会等级和社会角色能够改变一件衣服的内涵，这种现象传达了特定的服装和配饰在不同社会等级中所具有的多重内涵。

在启蒙运动时期的欧洲，社会生活是高度可视化的，一个人的习性在服装和行为方面所具有的双重内涵，成为理解社会关系结构的关键。同时，它也是最具争议性的议题，因为在这一时期传统的靠衣着表明社会等级和信仰的观点被新的服装观念和实践取代。随着奢侈品消费的兴起，非精英阶层创造出的新潮流，以及服装所具有的掩饰社会地位的能力，都使得人们曾经熟悉的那套理解社会的规则正在逐渐失效。

如果我们想弄明白启蒙时代欧洲的服饰和信仰，就必须置身于包括外表、性情、信仰和社会实践在内的整个社会文化脉络中。因此，对服饰和信仰的分析不仅仅是研究宗教或世俗信仰与服饰的剪裁、面料和颜色之间的关联——比如贵格会成员的简单素净的服饰是"朴素的证明"[8]，贵族保留丝绸和锦缎作为其社会地位的标志，或者社会下层人士以使用同样的面料来表示反抗。

本章首先讨论了欧洲启蒙运动中对服饰、自我塑造和社会阶层的态度变化，这一时期大约从 1650 年到 1780 年[9]。它将关注对恶习和奢侈关系的争论，以及将奢侈、昂贵的衣服看作不道德的社会行为的"共犯"的基本观念。一些服装的选择——基于剪裁、颜色和面料——被社会批评家看作性情里暗含淫乱和挥霍的反映。面对日益增长的热衷于自我塑造的趋势，伪装和欺诈也成为社会批评家们的主要关注点。服装的选择会在多大程度上消解内在意图与外在形象和行为之间的明确界限，当时的人们为此担心。他们认为，通过对服装的选择，可以掩盖一个人的真实意图，并使一个人的真实自我和性别不被人察觉。男人和女人都可以有意穿着原本属于另一性别的衣服，关于女性化的男性服饰和男性化的女性服饰的激烈争论，早在 17 世纪初的英国就已经出现了，到了 18 世纪的欧洲它又被反复提起。非本真性和假象是关于服饰和信仰的辩论的另一个问题；时尚被视为一种社会面具，当时的人们担心这种人造的美会影响感知。

本章接下来会讨论宗教信仰、服饰和身体，并考察神职人员和普通信徒的各种服饰搭配。我们会问，在消费主义的背景下，道德学家们凭什么坚持服饰与人的内在道德状态的共生关系——这是近代早期（新教）宗教思想的核心。当反对时尚和奢侈的宗教论点与日益增长的关于公民道德的辩论融合在一起时，激进的宗教团体提出了新的服饰规范和实践，作为对神性的一种展示。然而，这些做法也受到了不断变化的社会和宗教习俗的挑战，在消费和启蒙运动新思潮的影响下，对宗教身份的展示也随之被重新塑造。

自我塑造和社会阶层

自中世纪以来，消费限制法就每个社会阶层所能使用的服装面料、颜色和剪裁而设计出一套详尽的等级制度，道德学家认为，应该通过人的外表和行动来判断其道德和个人价值，换句话说，就是通过他们的习性来判断。社会阶层反过来决定了一个人有权享受到的生活方式和消费模式。服饰、社会秩序和习俗之间存在着一种基于社会构建的共生关系，人们相信服饰对社会等级制度和公共道德加以保护和确认。从 17 世纪末起，随着从一个等级分明的社会向一个基于不同社会分工而形成的消费社会的转变，这些观念开始受到挑战。[10] 原本那个由出身决定社会地位的阶级社会开始瓦解，取而代之的是一个更具有流动性的社会结构，在这个结构中，个人可以通过对社会资本的展示来彰显其社会地位[11]，而社会资本是来自教育、品位、礼仪、威望和财富在社会中日益增长的重要性。此外，商业奢侈品的兴起对来自所有社会阶层的男人和女人都产生了影响，有能力购买奢侈品的人[12]开始以各种方式模仿社会上流，并开始创造属于他们自己在物质上的自我表达，而这种创造的灵感就来自他们自己所处的社会环境中形成的时尚。[13]

菲利普·斯图布（Philip Stubbe）的《陋习剖析》（*Anatomie of abuses*, 1583 年）是英国最早对服装的炫耀性展示及其所反映出的道德缺陷进行批评的作品之一，他在书中概述了当时这种特别的潮流以及由此引发的道德堕落。他在布道会[14]和小册子中反复提出自己的担忧，它们在清教徒和英国分离主义者中引发了激烈的讨论，并导致了长达数十年的对着装问题的争议。[15]16 世纪末到 17 世纪初的布道会、小册子和书信中提供了大量非精英阶层在社会活动和服饰选择上的惊人细节，以及细心的精英社会评论家给当时流行的服饰剪裁、颜色和面料等细节所赋予的内涵[16]。而问题在于，如何在服饰和社会实践中提倡谦逊、反对骄傲，以及在商业社会中既维护传统的社会等级秩序、衣着上的等级制度，又顺应当时的社会状况和风俗[17]。

早在 17 世纪，习俗、风格和时尚就通过经济术语和欲望的语言被表述出来了[18]，人们期待着商人们每到新一季都能供应具有新的图案、颜色和剪裁的衣服。

现在，这是一条固定下来的通用规则，即对于所有花朵图案的丝绸，生产者每年都要尽可能地改变其样式和花朵图案，因为英国女士对他们说，法国人和其他欧洲人会为一个在欧洲从未见过的新东西付出两倍的价钱，而更糟的是，他们甚至会为一种更好的丝绸买单，即使它是几年前穿过的样式。[19]

此外，在漫长的 18 世纪，随着服装面料的变化、亚麻布和棉布的兴起，以及带有异国花朵图案的印度印花厚白棉布进口到欧洲，新的衣着风格被引入所有社会阶层中。[20] 对服装、面料、颜色和配饰的选择虽然是对社会阶层的固化，但也通过新兴社会群体对精英阶层的社会习俗的"颠覆"而重新划分了社会阶层[21]。贵族的生活习惯不再被那些渴望获得更高社会地位的人模仿。相反，对于正在崛起的中产阶级，他们内部本身就是高度分化的，努力通过对财富、教育、得体的礼仪，作为其政治身份宣言的朴素性，以及象征其品味的资本的展示，以自己的方式重新定义其社会身份。"这些活动中蕴含的力量既反映了对个人社会地位的新看法，也反映了在作为整体的社会中所形成的全新的社会关系。"[22] 就服饰和举止所引发的争议不仅区隔了社会等级，还演变成了关于何为得体的服饰与社会实践的代际冲突，这一冲突反映在著名的出版物《天哪！这是我的儿子汤姆吗！》（*Welladay! Is this my son Tom!*）中，这幅画描绘的是 1770 年左右英国一个穿着华丽的花花公子式时装的年轻人（图 4.1）。

服饰的模糊性和时尚的教化影响

那些支持奢侈消费的社会批评家指出了商业所带来的潜移默化的教化作

WELLADAY！is·this my SON TOM！

图 4.1 《天哪！这是我的儿子汤姆吗！》，一本漫画集，
1770—1797 年，75 页，C697 770。Courtesy of the Lewis
Walpole Library, Yale University.

用及其对品位和优雅举止的影响。这种教化的影响是显而易见的，例如，对洁
净的迷恋以及在衣领、围脖、袖口和帽子上使用白色亚麻布。亚麻布的白色
有助于穿着者在欧洲所有社会阶层中确立一种更独特的地位 [23]，它标志着穿着
者"恪守洁净的概念（和）他们是一个受人尊敬的公民群体中的一分子" [24]。18
世纪上半叶见证了崇高和得体的文化兴起，同时强调"适当思考和行动"。[25]

　　然而，这种思潮的批评者认为，对行为得体的强调"导致了巧言令色、虚
伪和奸诈，尤其是在服饰方面"。[26] 对服装的创造性和奢侈性的应用成为"这

个时代差异性的表现，也是不稳定和矫饰的标志"。[27] 对于一个试图坚守固有习俗和保持现状的社会来说，外表是"令人深感不安"的 [28]，因为外表并不代表一个人的实际状况，而是其看起来如何，人们不知道如何应对、如何解读新的社会行为和新的着装规范。

英国的《塔特勒》（*Tatler*）、《旁观者》（*Spectator*）和《绅士杂志》（*Gentleman's Magazine*），德国的《奢侈与时尚杂志》（*Journal des Luxus und der Moden*）和法国的《风格衣橱》（*Cabinet des Modes*）等期刊中经常讨论品味和时尚的不同概念以及服饰的模糊性，而其中大多数作者都对绅士阶层的道德优越性大加赞美，并极力宣扬传统的社会秩序[29]。同时，这些杂志也促进了最新的时尚潮流、配饰和生活方式在欧洲大陆之间和其殖民地以更快的速度交流，新奇的玩意儿逐渐取代了古董，成为社会身份的标志。当时的人们把社会比作一个剧院，在那里人们扮演着不同的角色，但缺乏理解潜台词的技能。这一时期最受欢迎的消遣方式之一是化装舞会，在这种集会上，许多参与者都乔装打扮或藏身于斗篷中。[30]

这些大行其道的奢华服饰遭到了 18 世纪中期另一种礼仪规范的抵制，这种规范要求一个人的习性、社会地位和内在的自我应该保持一致，并强调本真性、感性、真挚的情感和诚实。在 18 世纪的发展过程中，作为社会标志的时尚也经历了"表现社会优越性的，从粗略到精细的方法"的变化[31]，同时成为排他性和归属感的标志。而时尚杂志在这种品味和审美的形成过程中发挥了关键作用。

进步的消费主义和新道德

在这些变化的影响下，随着识字率的提高和公共舆论的进步，新思想和新观念得以传播开来，而对服饰和相关信仰的讨论变成了基于宗教、健康、道德和审美、性别、等级乃至全国性讨论的综合议题。

消费曾是一种被质疑的行为。传统观念中它被视为消极的，古典哲学和宗教论述中都认为它是一个关于挥霍、毁灭和罪恶的问题，同时也是对社会身份的混淆，在漫长的18世纪里这一观念被反复论证。然而，从活跃于17世纪末的那批重商主义者开始，消费行为也逐渐被视为国家繁荣的关键。随着18世纪的发展，品味和优雅的理念传播开来，消费也越来越被当作一种有益于社会的行为，而不是一种对道德或社会的挑战。尽管如此，一些宗教团体——如贵格会、门诺会、清教徒和正统犹太教徒——仍对此持反对态度，制定了特殊的着装规范，作为其宗教身份和虔诚信仰的标志。

从宗教的角度来看，一个人的外在行为和外表揭示了其内在的道德状态，神学家们"试图对禁欲主义和虔诚的外表规范进行新的定义和修正"[32]。对于已经经过宗教改革的教会及其大部分来自富有中产阶级的教徒来说，不断变化的时尚所提出的不是推翻等级制度的问题，而是一个道德问题："在不平等的社会体系中（如何）使用财富"，以及（如何）将奢侈变为慈善"[33]。

奢侈、伪装和矫饰

女性在剧院、咖啡馆、公园、市场和商店等场所越来越频繁地公开露面，并以最时髦的方式展示她们的身体，这一点受到了当时人们的强烈批评，指责她们这种放纵的恶习、奢侈和乖张会带来潜在的危险。在英国，女性对新进口的印度印花亚麻布和厚白棉布的偏爱，被认为会威胁到国家经济和女性的美德，这使得女性的身体变成了传统的羊毛服饰和新的彩色织物之间争夺的"战场"。当时的人们认为，羊毛能"指导身体所有其他习性（的形成）"。[34] 反对奢侈和有伤风化的行为的论述是高度性别化的，女性往往被认定是沉湎于奢侈品和声色而无法自拔的。男性如果打扮成类似的样子、表现出类似的行为，就会被认定是娘娘腔。

人们还害怕"在圣洁的外表下"的伪装，因为他们认为在打扮时髦的女性身上是不可能看到真正道德的行为的，她根本是伪装出来的。[35] 17 世纪末的诗歌、戏剧和讽刺小册子嘲笑女性从头到脚都是伪装的。[36] 在尝试定义那些能够证明女性真实身份的行为和身体上的标志时，她所表现出来的行为举止被认定是不可靠的，其因而被排除在外。当时的人们认为，女人可以戴上谦虚的面具来隐藏真实的自己，就像她可以在剧院里戴上黑丝绒面具遮住她的脸。那些描写行为举止的书把女性比作那些通过角色扮演进行欺骗的女演员，并告诫她们要"真正成为你想要被当作的样子"。[37]

矫揉造作和男子气概

同样，男性时尚中的矫揉造作被解读为娘娘腔，在木刻画和社会讽刺画中被抨击为一种有损声誉且有瑕疵的男子气概。在 17 世纪，受到攻击的目标是紧身上衣、宽大的彩色围脖或网状的花边领子、耳环、喷了香水和扑了粉的假发、前额卷发，以及带图案的马裤——它看起来像一条硬挺的裙子，上面有丰富的刺绣和图案。这些衣服款式的选择、制作它们的面料和图案，以及耗费时间和大量金钱的自我塑造，都刺激了那种女性化的习性，这种习性被当时的人定义为"娘娘腔；软弱到不像男人的程度；妖艳；脆弱；华丽"。[38]

17世纪下半叶，挺阔的男性轮廓被法式的休闲简洁风格取代，这种风格的标志是长发、开襟短上衣和裤脚极宽松的"衬裙式马裤"（图4.2）。

在当时的人们看来，"花花公子"努力"模仿女人的打扮，即戴着长长的假发，脸上有贴片、化妆品，戴着围巾，穿着像衬裙一样的宽松短马裤以及散发着香气的衣服，同时还用各种颜色的丝带加以装饰"。[39]

图4.2 一名男子穿着朗格拉布（一种裤腿非常肥大的衬裙式马裤），上身穿着一件开襟短上衣。这幅版画是系列服装版画中的一幅，出自《风尚人物》（*Figures à la mode*），由埃蒂安·乔拉特（Etienne Jeaurat）编辑，献给勃艮第公爵（Le Duc de Bourgogne），巴黎，约1685年，版画制作人塞巴斯蒂安·莱克莱尔（Sébastien Leclerc）。Rijskmuseum, Amsterdam.

从 18 世纪 60 年代开始，花花公子风潮引发了另一场针对时髦的男性服饰的道德抨击。写实和夸张的漫画所描绘的他们的形象是穿着室内鞋、丝袜，身穿紧身西装、戴着小帽子，还搭配一件精致的马甲[40]。然而，其中最重要的是他精心设计的夸张发型：一顶巨大的假发，"前面的头发高高梳起，后面拖着一条肥大的发辫"（图 4.1）。正是这一"特征典型地体现了花花公子的奢侈、造作"[41]。漫画家把这些时髦的年轻人的假发从后面移到前面，"这样发辫看起来就像一条软掉的阴茎一样垂在脸上"[42]。与此相对的，竖起来的假发则意味着（男性的）性能力和性放纵。由于它（这种假发）夸张的尺寸和极尽奢华，以及传统观念里与头发有关的潜在的性暗示，这种花花公子式的假发似乎颠覆了男性气质的传统含义，转而与女性和同性恋联系起来。花花公子的形象加剧了围绕男性时尚的社会与道德限制所产生的争议，体现了这种放纵的行为有可能引发的非本真与娘娘腔的危险。[43]

有关男性时尚的公共话语对娘娘腔的社会建构，与 18 世纪通过宗教语言所描述的男子气概形成了鲜明对比[44]。后者"认为'作为男性'不仅有道德和文化上的意涵，还有身体上的标准"，并立足于这样的观念："声望和荣誉是衡量一切的标准，但它们并不只依赖于行为和外表。它们还取决于坚定的内在品质，而这些品质总是隐含在'男子气概'中的，如勇气、决心和坚忍。"[45]

退化、本真性与公民道德

在整个 17—18 世纪，反对人造美的宗教争论持续不断，而睿智的哲学家们也加入了这场辩论，"主张男女都要彻底摒弃一切形式的伪装"[46]。在作为一门新科学的面相学的影响下（它声称对面部特征的解读能够透视一个人的性格），要求回归自然美的呼声越来越大。对化妆品和香水的大量使用被批评为试图用卑鄙的面具来掩盖腐化、堕落的本来面目，并越发地被嘲笑为矫揉造作和俗不可耐。

当医生作为美容意见的传播者，置身于日益激化的关于时尚和矫饰的论战中心时，一个新的论调也介入了关于化妆品的争议中。基于他们在专业上的权威性，医生们建议男人和女人通过一系列的做法保持面部清洁，并成功地引起了人们对化妆品危险性的关注。[47]大约从 18 世纪中叶开始，欧洲对人造美的争论与关于感官的医学文献相呼应，同时在食谱和家政手册等各种信息源中都鼓吹当时的物质文化和时尚合谋削弱身体的观念。[48]

这种关于身体退化的说法引发了对自然生长和公民道德的呼吁，关于性格、行为和衣着的国家范围内的讨论越来越多。在法国，以政治经济学研究闻名的米拉波侯爵（Marquis de Mirabeau）用生动的语言描述了过度消费是如何削弱身体的。

一个把头发用两百个卷发器扎起来的人，当他那散发着麝香的头从像精心保存来自意大利的花朵的器物一样的箱子里伸出来时，自然不可能准备好第二天在网球场上"大战三百回合"；相反，他在躺椅上伸了个懒腰，读起了一本小册子。当然，他已经没有力气了。[49]

米拉波和他的同时代人都认为，"疯狂的消费和追求精致生活的享乐使人的感官负担过重，会造成各种神经紊乱——焦虑、昏昏欲睡、沮丧、绞痛、昏厥甚至抽搐，他把这些都归结为'幻象'"。[50]为了克服衰退的急性症状，一些人建议创造和引进一种民族服装，并就此提出了令人瞠目的计划。在瑞典，在古斯塔夫三世的主持下，举行了一次设计民族服饰的竞赛[51]，而在德国，当时的主要时尚杂志提出了关于如何使社会顺利接纳民族服饰以及这些服饰应该以何种样式突出本民族美德的观点。[52] 总而言之，这是一场新旧观念之间的争论，旧的观念里服饰和时尚等同于腐败、堕落和贫穷，而新的观念则希望在商业发展逐渐规范化的过程中，实现服饰和时尚的去道德化。[53]

宗教信仰与神职人员的服饰

宗教改革前夕，欧洲天主教的教士服饰因其奢华的样式而受到抨击，并将其与他们奢侈的生活方式和主教对世俗统治者的模仿联系在一起。相比之下，路德宗和加尔文宗改革者引入的新的着装规范强调服装的简洁得体，以此作为他们谦逊品质和虔敬生活的证明。新教牧师所穿的那种特别的、黑色的、宽松的宽袖长袍（搭配白色的布道带），与他们作为精神导师的角色有关，也与他们"作为道德模范和团体内纪律代表的角色有关"。[54]

就加诸圣衣（礼仪服饰）上的意义而言，也存在教派之间的分别，如天主教神职人员的罩衣和方帽是被赋予了神奇力量的圣洁服饰，而新教的长袍和学院袍则是其学识和纪律的标志。在天主教中，各种圣衣在弥撒期间发挥着不同的礼仪作用，并作为圣体的古老标记发挥作用[55]，同时它也将神父与教友区分开来。相比之下，新教强调的是虔诚而非神圣，圣衣被批判性地视为天主教迷信观念的残余。尽管如此，早期的宗教改革者仍认为牧师在礼拜时应穿着独特的礼仪服饰，以突出该场合的庄重并宣示他们的权威。王室和圣公会都制定了应用于整个欧洲的新教神职人员的着装规范。

新教神职人员，包括他们妻子和孩子的常服也受到了限制。他们被要求穿着简单的服装，避免鲜艳的颜色和衣服上或身上不必要的装饰。理想的新教牧师团作为道德和体面的代表，背负着维持公共和私人道德标准的期许，并在衣着和行动上为整个教区的会众树立榜样。路德宗和加尔文宗的牧师们被要求穿着深色的斗篷，这种斗篷没有任何浮夸的装饰，但仍然反映出了他们作为饱学之士、道德模范和听从上帝召唤的代表所具有的独特的崇高社会地位。此外，他们服装的剪裁是为了掩藏他们的身体，服装的颜色也很素净，以杜绝任何色情幻想。

宗教、身体和服饰的诱惑力

基督教对服饰的态度与其对裸体的态度密切相关。与崇尚裸体之美的古典哲学思想相反，基督教信仰认为身体"是可耻的，指向的是痛苦和耻辱，而且由于夏娃的原因，它还与背叛有关"。[56] 随着宗教改革和对婚姻的强调，尤其是后者被视为基督教理想的生活方式，婚姻中的性行为得到了认可，身体被视为自然的、道德中立的。然而，肉体的弱点仍然是情欲和不道德的来源，特别是在指责出轨的女性时[57]，而对它的克制则必须通过祈祷、规训、自律和贞洁观念。对身体的塑造（打扮）被解读为穿着者软弱的标志和看客性幻想的来源。近代早期欧洲的新教神职人员都认为，"对情欲的最大挑战来自我们的食欲"[58]——神学家们列出了时尚物品名录，并根据圣经和谦逊的规则以及生理性别的区分，将每件物品的（道德）危害性进行跨领域的排列。

一般来说，17世纪的道德家们都认为，"美丽暗示着女性的性欲旺盛"，而奢华的服饰则是为男性设置的陷阱[59]。然而，针对男性时尚的批评集中在男性时尚的阴柔气质和矫揉造作上，以及男性时尚对庸俗的勇士或寻欢作乐的笨蛋，抑或是有品位、有风度的绅士的区分上，绅士可以通过他们更内敛的优雅风度和素净的外表被认出来。

尽管对奢侈时尚的迷恋在 18 世纪甚至有所增强，但在关于服饰、信仰和行为的公共讨论中，17 世纪特有的对衣着所持的宗教道德批判意味不那么突出了。此外，随着中产阶级的兴起，良好的衣品所起的教化作用以及对举止优雅、行为得体的强调，几乎取代了视奇装异服为罪恶的观念。到 18 世纪末，这种论调被认为是相当荒谬的。然而，宗教情绪对奢靡服饰的反对，以及后者暗含的骄奢淫逸的意味已经进入了小说、期刊和小册子中关于服饰的世俗争议中，并为传统的等级社会的捍卫者所利用。

服饰惯例和激进的新教信仰

在 17 世纪末和 18 世纪的欧洲及其殖民地，有关宗教的争论更明确地存在于激进的新教团体的信仰和文化中，如贵格会、门诺派、虔敬派、摩拉维亚教会和卫理公会。这些宗教团体对奢靡服饰和铺张浪费的道德批评与他们对慈善、同情心和教育的强调相吻合，他们相信谦逊的外表和行为将会标记出他们是上帝的孩子，并加速耶稣再临。他们渴望通过他们的服饰和社会实践活动，在个人和集体生活中记录下上帝的功绩。尽管存在分歧，但他们对共同体的概念是一致的，在此基础上形成、建立了强有力的联结，强调对人的内在教化，以及对宗教教义和正统理论的批判态度。当时的人们注意到，这些宗教团体通过语言、服饰和行为将自己与社会上的其他人区别开来[60]，他们的形象开始在小说中崭露头角，从他们的习性可以清楚地看出他们是贵格会还是卫理公会成员[61]。

贵格会的服饰

贵格会成员独特而朴素的深色服饰搭配男性戴的特别的帽子和女性戴的无边软帽，很快就被称为"贵格会服饰"，并与包括其言谈举止在内的特别的行为习惯联系起来。在伊丽莎白·弗莱（Elizabeth Fry）的回忆录中，她反思了自己成为贵格会成员时穿的服饰所产生的影响：

> 我曾经认为，衣着并不重要，当然现在也依然是这么想。但我发现，如果不改变我的衣着和言谈，几乎不可能符合公谊会（Friends）的准则……在我看来，在目前的世界形势下，他们是某种意义上基督教原则的守护者[62]。

向贵格会服饰、语言和行为的转变对个体和团体身份都会产生强烈的影响，有时这还会与社会中已有的观念和行为准则相悖，这一点在约瑟夫·约翰·古尔尼（Jospeh John Gurney）对自己个人经历的描述中可以清楚地看到。他描述了他为第一次参加晚宴所做的准备，他穿着"朋友的服装，戴着自己的帽子"[63]。古尔尼熟悉他那个时代的礼仪和习俗，其中就包括礼帽——在向女士或地位更高的人打招呼时要脱下帽子，鞠躬示意。然而，对于贵格会成员来说，拒绝脱帽已经成为自由和上帝之下众生平等的基本象征。古尔尼描述了他如何忧惧在不脱帽的情况下进入客厅并与女主人握手的那一刻。他在面对主教时重复了这一行为，并对这么做的后果进行了评论："我发现自己是一个坚定的贵格会成员，彻底被当作具有这种性格，在家庭成员之外，没有人再要求我参加晚宴。"[64] 托马斯·克拉克森（Thomas Clarkson）在他 1806 年对贵格会的研究中，描述了他们服饰的独特之处。

他们通过这种方式与所有其他宗教团体区别开来……两种性别在选择衣服的颜色方面也很特别。所有被视为男同性恋的颜色，如红色、蓝色、绿色和黄色，都是不被允许的。以这种方式穿着打扮，整个王国都能通过服装认出他是贵格会成员。除了神职人员之外，（英伦）岛上的其他人都不会这么穿……[65]

习惯、宗教信仰和自我的形成

卫理公会成员在服饰的选择上也很谨慎，他们尽量避免那种"'引人侧目的不够严肃的着装'，而这种观感可能是由'头上所佩戴的大量丝带、薄纱或亚麻布'带来的"。[66] 英国卫理公会运动的关键人物之一约翰·卫斯理（John Wesley）在一次关于服饰的布道中，直接以贵格会的服饰为例作比较，认为他们的服饰样式朴素却花费不菲，并告诫自己的信众要选择朴素而廉价的服饰。

我恳求你们中但凡尊重我的人，在我离开之前给我看看，在过去近半个世纪的时间里，即使只是在这（服饰）方面，我的努力没有白费。在我死之前，让我看到一个如同贵格会会众一样穿着朴素的卫理公会会众。你们只需要变得更加自洽。让你们的衣着既便宜又朴素；否则你们就是跟上帝、我和你们自己的灵魂作对。我祈祷，在你们中间，服饰不要出现昂贵的丝绸，无论它们显得多么庄重；不要出现"贵格布（Quaker-linen）"——众所周知，它是因为精美绝伦而得到这个称号的；不要出现布鲁塞尔花边，不要有巨大的帽子——那些帽子是对女性谦逊美德的玷污。从头到脚都要穿戴整齐，正如所有自认为虔敬的人那样：他们声称所做的每一件事，无论大小，都是为了取悦上帝。[67]

同样，门诺派、摩拉维亚教会和虔敬派也以其简单朴素的服饰而为当时的人所熟知，这既是他们团体身份的标志，也是其为了更好地过精神生活而放弃世俗享乐的声明。[68]

服装作为宗教信仰和自我塑造的标志，在向全世界进行传教的过程中也发挥了重要作用。例如，在摩拉维亚教会所派送的绘画和肖像中，描绘的是教友们穿着各自的服饰，以求在世界各地建立统一的宗教服饰规范[69]。到目前为止，关于定居海外的欧洲信众的研究，主要还是集中在其关系网和通信记录作为虚拟的宗教团体及其身份认同的基础所产生的影响上，或是根据传教士报告分析其所具有的民族学的丰富内涵。而时尚和日常社会生活在传教中所扮演的归属感的角色则被普遍忽视了[70]。人们对 17—18 世纪贸易和时尚的全球化越来越感兴趣，而这种兴趣往往集中在它对欧洲的影响以及它对欧洲社会转型的意义。随着现代精英们在 18 世纪建立起一套新的自我定义的社会生活方式，海外进口的商品如茶叶、咖啡、糖、烟草和棉花，对打造体面的社会身份发挥了核心作用。[71]

　　然而，私人信件中有充分的证据表明，（紧跟）最新的时尚潮流对世界各地的欧洲定居者来说也是至关重要的。18 世纪下半叶，嫁入富裕贸易家族鲁斯特·德·雷泽维尔（Ruste de Rezeville）的曼侬·埃默里根（Manon Émerigon），在法属马提尼克岛有自己的时装店，由她和另外两个女人一起经营。她的信件不仅是其进出口时装业务运作情况的证明，还详细列出了加勒比海地区需要哪些面料及其颜色和剪裁[72]。当法国在 1778 年介入美国独立战争时，驻扎在加勒比海的法国皇家堡垒的布格先生（M.Buger）对战争的爆发仅发表了寥寥数语的评论。然而，他问他的通讯员——布尔多的路易·贝特朗先生（M.Louis Bertrand），他的航运公司是否能送来一整套奢侈品和最流行颜色的布料。他还补充了一份购物清单："Florance"（可能是指名为"Gros-de-Florence"的塔夫绸）[73]；用不同的线制成的带斑点、条纹或单色的薄纱；奶油色的薄纱和平纹纱布的小图样；用装饰线织成的薄纱；女士用的黑丝手套；9 号黑色绣花丝带，同样型号的白色和粉色丝带——"这些是我希望你们寄给我的货物，价值 10 里弗"[74]。[1] 人们私下也要求将最新的时装和时尚杂志自欧洲寄给他们，并将任何寄送者可能感兴趣的东西寄回欧洲作为回报。18 世纪末，苏里南帕拉马里博一位种植园主的妻子想要一顶蕾丝装饰的帽子，帽子的丝带与随信寄来的样品要完全一样。她甚至提供了她想要购买这顶帽子的阿姆斯特丹时装店的名称和地址，此外还希望得到一份时装年鉴的副本。[75]（图 4.3）

---

[1]　里弗：livres，当时的法国货币单位。——译注

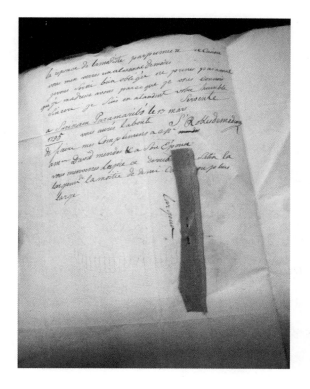

图 4.3　帕拉马里博一位种植园主的妻子（名字不清楚）给她在阿姆斯特丹的兄弟的信，告诉对方自己想要的时尚杂志和各种时尚物品，包括一顶饰有蕾丝的"Bonnet Cornette"软帽，帽子的丝带要与之前提供的样品一样。1795 年 3 月 13 日。High Court of Admirality（HCA）30/374。©Crown copyright images reproduced courtesy of The National Archives, UK. Photo：Annika Raapke.

　　不仅如此，殖民环境下的生活并没有随之带来远离时尚的"乡下人"的感觉，反而似乎为普通欧洲人提供了一种自由的时尚氛围，他们对服装的选择和社会生活方式打破了一切等级、服饰和惯例的束缚。例如，在法属安的列斯群岛这样的殖民地生活，就可以对时尚进行更多有趣的尝试，比起在欧洲，可以更多地挪用属于贵族的图案和典故。[76]法国传教士让 - 巴蒂斯特·杜·特尔特（Jean-Baptiste du Terte）把新移民的到来描述为一种重生和自我塑造。在他们的服饰中，这些"法国的城市贫民获得了嘲弄（权贵）的力量和重塑自我的自由"，展示了"在一个社会中，摆脱了由传统体制下对阶级加以严格区分的束缚之后，服饰所具有的社会意义"。[77]

宗教团体也希望移民能穿上欧洲的时装。然而，对他们来说，通过自己的身体来展示其宗教信仰是很重要的。当摩拉维亚教会兴起第一场大型新教传教运动、在 1735 年建立苏里南传教所后，他们很快就开起了一个裁缝店。我们还从私人信件中了解到，作为宗教——以及欧洲人——身份的标志，服饰、时尚和工艺品在新世界中发挥了重要作用[78]，特别是在"黑人的赤身裸体"的对比下。苏里南的摩拉维亚教会成员向他们在德国的教友订购了灰色、深蓝色和深绿色的布料，以便在当地裁剪、穿着和销售他们特有的素色和深色的宗教服饰[79]。其中一位教友还从德国萨克森·哥达·阿尔滕堡公国的诺伊滕多夫订购了"蓝色围巾"。以"我们的黑人朋友的名义"，他对通信者如此解释道，因为黑人们看到了最近从欧洲寄来的漂亮的深蓝色围巾，也想要一样的。[80]

这些进口的欧洲时装在多大程度上与当地的服饰相融合并创造出新的时尚潮流，可能对欧洲以外和欧洲内部的时尚和品位产生怎样的影响，仍是一个有待解决的问题。迄今为止的研究似乎表明，外国的东西要么作为异国情调的象征被进口到欧洲，要么是当地人模仿欧洲人生产的，要么其面料和剪裁适应了欧洲市场的品位。[81]

颠覆朴素的着装规范

尽管这些宗教团体的领导者们非常强调朴素的外表、谦逊的行为和统一的宗教服饰，但信徒们在思想和行动上还远远没有统一起来，也没有像他们的长辈所希望的那样循规蹈矩。18 世纪初，在荷兰共和国，有人对富有的荷兰门诺教派提出了批评。1713 年，流行诗人和剧作家彼得·朗根代克（Pieter

Langendijk）写了一首诗，抱怨许多荷兰门诺教徒腐化堕落的行为，他们华而不实、虚荣心强、精神贫乏[82]。门诺教派的牧师们在自己的布道中也提到了类似的说法。

笔者怀着悲痛的心情观察到，每天这些仍在发生着，门诺派教徒们（Doopsgezinden）普遍在不断投入对他们的房屋、家居用品、婚礼、宴会和服饰的炫耀中；他们跟在那些为世界服务的人身后，得意洋洋地模仿这些人的举止，以至于人们几乎看不到他们与其他人的区别（那些善良的人除外）。这与他们的身份完全不符，因为对基督徒来说，遵从耶稣的谦卑已是一种装饰，而其他这些炫耀和过度消费的行为，是有悖于他们宗教信仰的观念和基础的。[83]

许多荷兰门诺派教徒借助其广泛的宗教和经济关系网络以及投身国际贸易，特别是通过参与纺织品贸易、造船、捕捞鲸鱼和鲱鱼、阿姆斯特丹不断发展的银行和保险系统以及商业投机活动，从荷兰共和国的经济增长中获益。[84]他们积累了大量财富，而由于内部通婚，这些财富又得以被保存在家族内部。[85]阿姆斯特丹富有的门诺派教徒属于门诺派的一个自由派分支——沃特兰人，他们的画像是由伦勃朗和其他许多艺术家绘制的，画中的他们身着朴素的黑衣，搭配醒目的白色衣领、头巾，没有佩戴任何珠宝。[86]这种风格最著名的代表作之一是1641年那幅描绘了富裕的门诺派布商、船主和传教士科尼利厄斯·安斯洛（Cornelius Anslo）及其妻子的画作（图4.4）。

这些画显然是为了表达门诺派教徒的宗教认同感以及其生活习惯和行为

图 4.4 《门诺派传教士安斯洛和他的妻子》（*The Mennonite Preacher Anslo and his Wife*），伦勃朗签名，1641 年。柏林国家博物馆。Photo：Fine Art Images/ Heritage Images/Getty Images.

上的归顺：朴素、谦逊、虔敬。大约一百年后，自我表达的风格发生了巨大的变化[87]。18 世纪的门诺派肖像符合当时的流行时尚，而不是旨在反映宗教的行为和服饰准则。在 1763 年的一幅肖像中，来自荷兰共和国西北部小镇哈林根的门诺派医生西蒙·斯蒂斯特拉（Dr.Simon Stinstra）身上穿的就是时髦的"印度红"丝绸外套，还头戴一顶粉色假发（图 4.5）。

在一幅描绘医生伴侣的画像中，他的妻子安娜·布拉姆（Anna Braam）身着蓝色连衣裙，上面装饰着精致的白色蕾丝（图 4.6）。她头上戴着一顶蕾丝帽，脖子上戴着一条红珊瑚项链，中间镶嵌着银色的挂坠。她的手和手腕上则戴着更多的珠宝[88]。

图 4.5 西蒙·斯蒂斯特拉博士（1735—1782 年）的肖像，哈林根联合门诺派会众执事，蒂博特·雷格斯（Tibout Regters）签名，1763 年，布面油画。Amsterdams Historisch Museum, Amsterdam.

图 4.6 安娜·布拉姆（1738—1777 年）的肖像，哈林根门诺联合教会女执事，蒂博特·雷格斯签名，1763 年，布面油画。Amsterdams Historisch Museum, Amsterdam.

在西欧的其他地方也出现了类似的状况，人们开始背离通过朴素的服饰表达谦逊和虔诚的生活方式，与此相应地，当时的人们谴责虔诚的人是伪君子。在 18 世纪初的普鲁士，"物质和事业所具有的激励作用显然与虔敬派有关，而不真诚的虔敬派开始随处可见"[89]。这些"佯装的"虔敬派教徒们的言行并不一致，他们被批评过着一种伪苦行僧式的生活。他们在漫画和戏剧中被嘲讽，路易丝·戈特舍（(Luise Gottsched）笔下的角色"伪君子先生（Herr Scheinfromm)"和"龚海燕女士（Frau Glaubeleichthin)"很容易被当时的人认出[90]。然而，德国虔敬派的一个特点是，一些受过良好教育的贵族女性也加入了虔敬派运动中，她们的服装就必须在彰显贵族的社会地位和作为一名虔敬派女性这两种形象之间取得适当的平衡。比如亨丽埃特·凯瑟琳娜·冯·格斯多夫（Henriette Catharina von Gersdorff）的画像就表现了她在 18 世纪初的谦逊风格的着装，只不过它们是用天鹅绒和蕾丝等昂贵的材料制成的，周围摆放的宗教工艺品作为她虔诚信仰的见证[91]。

时尚、生活方式和虔诚信仰的式微

批评的声音也来自这些宗教团体内部，特别是当一些信徒挣脱了那种衣着和信仰理想化地合二为一的生活，开始接触到当时的时尚时。其他的信徒则批评他们缺乏诚意和奉献精神，在一些宗教团体中还出现了严重的摩擦。例如，在西欧的犹太社区中可以看到这种情况：当时在哈斯卡拉运动（犹太启蒙运动）[2] 的影响下，基于争取自由和承认公民权利的主张，许多犹太教男女采取了穿着非宗教服饰的做法。他们还要求将世俗教育作为宗教教义的补充，并主张使用自己的母语而非希伯来语 92。富裕的犹太商人——尤其是居住在港口城市的，以及所谓的宫廷犹太人，他们已经在按照当时的时尚穿着打扮，他们由此被认为是 17 世纪引领变革的弄潮儿 93，而这些变化在 18 世纪被新一代的犹太教男女普遍接纳（图 4.7）。

图 4.7　宫廷犹太人和富商考拉夫人的肖像，原件由约翰·巴蒂斯特·泽勒（Johann Baptist Seele）创作，C. 博格（C.Berger）复制，约 1805 年。Photo：H.Zwietasch; Landesmuseum Württemberg, Stuttgart.

---

[2]　犹太启蒙运动是 18—19 世纪欧洲犹太人发起的一场文化教育和思想解放运动。该运动旨在鼓励犹太人广泛接触和吸收欧洲文化，以更好地适应并整合进欧洲主流社会，是犹太人生活、思想"现代化"开始的标志。——译注

　　对这些变化持批评态度的犹太人形成了所谓的犹太教正统派，他们猛烈抨击哈斯卡拉，认为它威胁到犹太人的身份认同。这种摩擦最突出的表现莫过于发生在犹太人以时髦、精美的服饰进行自我展示时，这与正统教义中推崇黑色和朴素的衣着惯例相悖。一个典型的例子是犹太知识分子亨丽埃特·赫兹（Henriette Herz）（她在柏林开设了最早的著名文学沙龙）[94] 的洛可可式肖像，画中的她是希腊女神赫柏的形象。（图 4.8）

　　画中的亨丽埃特头发蓬松，露出双肩，手中举着盛满酒的圣杯。对许多犹太人来说，摆出画中这样的姿势和其中出现的标志都是革命性的，传统的犹太教徒们指责她举止放荡、沉溺酒色和搞偶像崇拜。

图 4.8　亨丽埃特·赫兹（1762—1847 年）扮作希腊女神赫柏的肖像，安娜·多萝西娅·瑟布希（Anna Dorothea Therbusch）签名，1778 年。柏林国立美术馆。©bpk-Bildagentur für Kunst, Kultur und Geschichte/Nationalgalerie, SMB.

塑造公民道德

在启蒙运动的影响下，对宗教认同感的重新定义和自我塑造的势头越来越猛。在一些小众宗教团体的成员中，特别是在由散居海外的教徒所建立的成功的商业帝国中，越来越多人公开参与到这项运动中。他们参与的方式是：学习古典知识，投身慈善事业，关注高雅艺术和时尚，以及公开展示与其财富相匹配的鉴赏力和品位。所有这些都推动了生活方式的变革。而这并不一定意味着宗教信仰的缺失，而是意味着宗教认同感、服饰和信仰在外表上的变化。

随着公民社会的兴起，漫长的 18 世纪所延续的浮夸的服饰装扮以及随之而来的对这种放纵的自我塑造的恶习的公众讨论，被一种更加克制而优雅的表现方式抵消了。乍一看，这些装扮并不是整齐划一的，然而随着某些"间接意涵的迅速扩散，最终实现了对品位和举止的雕琢"[95]。在服装、剪裁、面料和颜色的选择上，男人和女人都倾向于"自然"的美和行为举止，以此作为一个新的社会阶层的标志，与贵族和劳动阶层的穷人区隔开来。在欧洲启蒙运动中，人的外表发生了巨大的变化。而举止作为一种性情、心智、姿态和生活条件或品质的体现，被加以精心打造，以符合公民社会的新道德：体面、谦逊，以及在当时社会实践和信仰的变革中所突显出来的克制的礼仪。

第五章　性别和性

多米尼克·简

　　启蒙时代的时尚不仅受到法律和商业的影响，而且随着不断变化的身体、性与性别观念而改变。此外，服装的变化既被视为反映了这些观念在社会更大范围内的变化，又在文化变革中发挥了自己的作用。近代早期的欧洲，贵族、一部分富裕的城镇居民和工匠紧跟宫廷中不断变化的风潮，据此决定自己的穿着。然而，到了18世纪末，新兴的资产阶级也开始追逐时尚，他们的消费能力也开始对时尚产生强烈的反作用。社会竞争刺激了不断研发新样式的需要，从事服装生产和销售的人员不断刺激消费者购买新衣服，以取代他们并不破旧而只是过时的服装[1]。不需要的服装就地卖掉、重新改造，或者送给仆人，仆人通常把主人赠予的布料和衣服视为对自己工作的肯定。就服饰对性感的表现而言，一件衣服所具有的情欲诱惑力被普遍认为是由其用料和剪裁的华丽程度，以及是否采纳了当时的流行样式决定。例如，许多妓女尽可能地把自己打扮得像个淑女，这种做法似乎已经被欧洲城市的甚至是大西洋彼岸的费城的一些男妓、变装"美少年"同行效仿。[2]

巴黎曾是欧洲的时尚中心，但其他国家有阶级意识的居民通常消费的是本地产的法国风格的复制品。这是因为英国和普鲁士等不时与法国交战的国家对进口产品征收关税。不仅如此，这些国家特别关注法国消费模式所引发的长期的道德批判，这使得它们大力推广更为朴素的风格。特别是在男装方面，有时会参考乡绅或军队的服装样式。而在法国，便于在马背上穿着的英国运动风格也被法国人采纳并加以改良。除了服饰方面的这种流传广泛的欧洲新时尚，欧洲许多地区和大西洋彼岸的世界还是继续保持着自己的地方服装传统，其中时尚的变化或多或少取决于当地的繁荣程度，以及当地政府维持禁奢令的力度。[3]

到了18世纪，时尚与女性的联系越发紧密；然而，把控时尚产业或从事时尚评论的人大多还是男性。众所周知，启蒙运动并没有给女性带来平等。这导致了世人对时尚领域的轻视，时尚因为与女性的紧密联系而都被当作是轻浮[4]的。而在18世纪后期的期刊中，越来越多的人反驳说，女性取悦男性不仅是自然的，更是合理的[5]。尽管有这样的争论，男性时尚的发展还是几乎和女性时尚一样迅速，这也引发了这一时期出现的大量关于服装样式的合理性或道德性的评论热潮。本章在探讨这些大范围内的发展变化的同时，也将呈现对一个所谓娘娘腔、有时尚意识的男性案例的研究。本章还将关注英国和法国时尚在风格上的关系，特别是由此引发的这一时期关于服装、性别和性偏好的激烈持久的争议。

　　启蒙时代的总体趋势是男性和女性的服饰变得越来越不同。17 世纪末，男女服饰都会用到鲜艳的面料和蕾丝等材料，而一个世纪后，大部分只有女装采用这些材料。这背后是生理性别和其表征上出现的重大转变。文化历史学家托马斯·拉奎尔（Thomas Laqueur）的工作在帮助我们理解这些变化方面发挥了重要作用。在近代早期，男人和女人被认为存在高下之分，女人被看作男人的复制品，（在体力和脑力上）都略逊一筹 6。之后，虽然认为女性低人一等的理论仍然存在，科学观念却已发生了变化，到 18 世纪中期，女性被视为与男性完全不同的一类人 7。社会历史学家认为，这种观念的转变源于家庭概念的变化，家庭从一个男女分工合作的生产单位变为一个以女性为主的家庭私域，而该领域被看作与以男性为主的公共生活截然不同的领域 8。男性和女性在精神和身体上越来越被看作是不同的，比如女性被普遍认为是脆弱的、易受伤害的、情绪化的、神经质的和多情的。这样一种转变越来越明显的副作用是，一些女性和男性既不符合这些不断形成的刻板印象，也不符合新的时尚，即明确主张性别区分的时尚观念。

　　伦道夫·特朗巴赫（Randolph Trumbach）认为，正是在这种背景下，我们可以明白近代早期尚存的对性别流动性的理解逐渐消失的原因。他们是源自古典形象的雌雄同体者，即一个同时拥有男性和女性身体结构的人。伦道夫认为，取代这些雌雄同体形象的是娘娘腔的鸡奸者，他在生理上是男性，但在身体和精神上是"弱者"[1]。9 因此，正常男性如果在着装上不能与女性的穿着保持足够的距离，就有可能变成令人厌恶的鸡奸者的形象，即一个与同性

---

[1] 按语境，这里指女性。——译注

发生性关系的男人。尤其在1688年光荣革命后的英国和1789年大革命后的法国，一个人的社会地位越发地是由其展现出的性别化的审美所定义，而不仅仅是与其所处阶层的消费能力相关。

这一时期具有性吸引力的女性形象倾向于借由各种方式凸显其臀部，比如各种形式的固定装置——胸甲、紧身胸衣、帕尼埃裙撑和裙箍等。使用裙箍的目的是扩大裙子的体积，而它们的尺寸随着时间的推移也越来越大。因此在英国，1710年左右出现了箍状衬裙，然后它的尺寸急剧扩大，在1750年左右达到顶峰，而此时，（穿着这类裙子的）时髦女士们发现自己甚至很难穿过服装店的大门。这种宽大的裙子耗费的材料越来越多，因此穿着它也成为一种明显的炫耀性消费行为[10]。女性形象的不断丰满也意味着其生育能力的提高，虽然繁复的裙子似乎会让好色的男人保持距离，但他们仍然会因为透过裙子瞥见的女人的腿而蠢蠢欲动。在英国，这种危险（或机会）甚至比让-奥诺雷·弗拉戈纳尔（Jean-Honoré Fragonard）的《秋千》（*La balancoire*）（图5.1）所描绘的在法国的情况更严重，因为英国的女性不穿内衣（有性别意识的英国人认为内裤显然是属于男性的）[11]。尽管如此，我们还是可以说，这一时期大量的女性服饰也起到了强调穿着者体型的作用，而且不能简单地将其理解为对身体的束缚，而是可以把它们看作女性在视觉上表现自我的工具。

在衣服的前后或两边的花边中使用鲸须的做法始于16世纪中期，在随后的两个世纪里，它成为法国女性服饰中的一个基本元素。得体的衣着规范要求女性穿有胸甲的衣服，但医学上对此则持反对态度，特别是在欧洲的德语区。从18世纪40年代起，就开始出现了对这类胸甲所引发的危险的报道，到了18世纪80年代，奥地利皇帝约瑟夫二世甚至以法律形式干预这类现象[12]。他特别关注儿童的健康，因为当时的贵族通常把他们按照成人风格的缩影加以打扮[13]。在《爱弥儿》的作者（让－雅克·卢梭）看来，这些装扮上的考量显然是有性含义的，该书对当时流行的育儿观念产生了显著影响。让－雅克·卢梭是浪漫主义和推崇（所谓）自然生活的奠基人之一。1751年，他生病了，在一份世俗化的类似放弃基督教信仰的说明中，他发誓，如果能够康复，他将放下所有世俗的浮华[14]。他不仅拒绝了精致的服饰而选择了朴素的衣服，还主张其他人也应该这样做。但他把年轻女性的身体从紧身衣的束缚中解放出来的热情，恰恰是建立在他对这种风格所隐含的性欲的强烈意识中[15]。毕竟，母亲和女儿的穿着都是一样的，这意味着有性经验的女性和处女的穿着没有明显区别[16]。

　　一般来说，18世纪的女性时装是为了体现性吸引力，尽管追求美德也是对女性的基本要求。调情，而不是勾引，也是当时的主流，而它最精妙、最夸张的表现大多出现在巴黎的沙龙中，那里的许多女性与让－奥诺雷·弗拉戈纳尔等人为其男性主顾们所画的出于男性幻想的、头脑空空的女性形象相去甚远（图5.1）[17]。然而，化装舞会在伦敦资产阶级中的流行程度不亚于其在法国旧制度下那些骄奢淫逸的群体中的流行程度。在化装舞会的掩护下，身份可以互换，轻浮的性行为也得以发生[18]。到了18世纪中叶，伦敦已经发展到这样的程度，即时尚的公共花园，如泰晤士河南岸的沃克斯豪尔（Vauxhall）花园，已经是一个在某种程度上各个社会阶层混杂的地方。时装发展成为奇装异服，例如带有"东方"元素的穿着，如女性所穿的宽松的土耳其长裤。这种服饰则激起了人们对土耳其后宫的色情幻想，甚至是各种形式的性别越界行为[19]。同样，对中国丝绸的喜好既表现在对服装面料的选择上，也表现在将丝绸制品悬

图 5.1 《秋千》，让 - 奥诺雷・弗拉戈纳尔，1767 年。©By kind permission of the Trustees of the Wallace Collection, London.

· 西方服饰与时尚文化：启蒙时代

挂在家中墙壁上——装饰带给人感官上的愉悦[20]。然而，需要强调的是，聚会上年轻的女士们装扮成士兵、男仆装扮成波斯国王的行为所产生的反差效果，依赖于对两性及其相应行为的规范所确立的区隔[21]。然而，随着社会的不断发展，对性和性别的关注总体上极大地推动了时尚的发展，而后者恰恰是对性欲的表达。正是在这一时期，也许历史上第一次社会中的大多数人都能买得起衣服了，而人们穿着衣服的主要目的是看起来有吸引力，而不仅仅是保暖和体面。

法国和英国社会中的性别与性

在法国大革命前，炫富是展示权力的一个关键因素，但这并不意味着它与戏谑的要素无关。事实上，正是由于等级在贵族社会中的合法化，才使得对性别认同的操弄被视为鸡毛蒜皮的琐事，甚至被视为一种娱乐。路易十四的弟弟菲利普一世（Philippe de France, 1640—1701 年）的行为表明，凡尔赛宫廷生活的某些方面反映的是一种有意识的过度展示，而不是简单地通过炫耀性消费来展示权力。菲利普一世有时会在公共场合装扮成女人，并要求他的随从也这样做[22]。因此，当国王在皇宫外的"战场"上举办战斗表演仪式时，他的兄弟穿着女装出席，这是一种贵族的特权和自信。尽管如此，还是有人认为动词"扎营（to camp）"来源于表示那些假的和明知错误的"场子（champs）"一词。

某位"先生"结了两次婚，是七个孩子的父亲（图 5.2）。他有可能是后世所说的"双性恋"，但需要强调的是，对他外表和行为的判断需要以他所处的时代为准。按照 21 世纪的标准，即使是法国宫廷的男性时装，其也是丰富多彩的，但它们所传达的信息是穿着者所拥有的财富和权力，而不是软弱的

图 5.2 《菲利普一世和他的女儿玛丽·路易斯》，皮埃尔·米格纳德学校，约 1670 年，油画，凡尔赛宫，MV 2161。Photo：©RMN-Grand Palais（Château de Versailles），all rights reserved.

女性气质。然而，18 世纪标志着一个重要的过渡时期，在服装的颜色、剪裁和材料方面，男性和女性时装的区别越来越明显。在这一时期，服装消费的大体趋势是稳步上升的，其中富人的上升幅度比穷人大，女性的上升幅度比男性大 [23]。不过，社会仍然在强有力的父权制控制下，即使女性作为时尚的消费者占据着越来越重要的地位，当时主流时尚的话语权仍然掌握在男性手中。这一时期时尚领域的一个主要特点是对新奇事物的渴望 [24]。过时的和更便宜的款式从社会的上层向下层流传开来[25]。同时，特别是在英国，男性的时尚在社会阶层中呈现逆反趋势，特别是在运动和乡村服装方面，贵族们反而钟情于以前乡绅的穿衣风格。[26]

这种趋势所产生的一个重要影响是，促使男性倾向于穿着更简单、颜色更深的服装，约翰·弗吕格尔（John Flügel）把这种日益流行的趋势总结为"大男子气概的克制"。[27]然而，在 17 世纪，黑色在欧洲各地的服饰中普遍存在，并具有各种地方性象征意味。在意大利的部分地区和西班牙，穿深色衣服似乎是源于天主教在宫廷中的虔诚地位，而在荷兰，新教徒广泛采用黑色衣服作为商业理性的标志。[28]诚然，在法国，贵族还是倾向于使用更为明快的色彩，男性在 18 世纪的进程中逐渐开始穿更鲜艳的颜色。但即便如此，在 18 世纪初，法国还是有很多人穿黑色衣服。[29]在英国，深色服装有时与清教徒联系在一起，但也许更应该强调的是，不仅是在衣着上，这些人在言谈举止方面都贯彻着这种"朴素风格"。[30]精致的黑布是社会地位的象征，仅仅因为它的价格相对昂贵。[31]黑色是一种难以成功染上的颜色，其精细的渐变层次需要极为仔细地判断。然而，值得注意的是，这种对朴素风格的推崇比克伦威尔和他的联邦存在的时间更久。[32]关于男式三件套的起源，可以从塞缪尔·佩皮（Samuel Pepys）在 1666 年 10 月 7 日的日记中找到线索。他写道，查理二世宣布他将放弃紧身上衣和裤袜，而穿着背心（马甲的前身，与大衣和马裤一起穿）出现，这种风格可能源自波斯服饰。[33]这种服饰首先因为皇室的穿着而成为时尚，但随后它就与男性的美德紧密联系起来。各种政治派别的人都开始接受这种被认为相对理性的衣着时尚："维护贵族这一群体的形象就意味着要在穿着上保持高贵的简洁，把拥有土地的乡绅当作真正的英国人，乃至这个国家的道德脊梁。"[34]

在欧洲各地，资产阶级和贵族以不同的比例混合在一起。即使在 1688 年光荣革命等事件之后，英国社会的权力天平开始倾向与地主利益相反的商人阶级，社会的上层还是被那些继承了财富和地位的人控制。此外，富人和社会名流的成功仍然在很大程度上取决于对人脉的经营。事实上，在贵族权力被削弱的情况下，如果有所谓贵族的形式的话，那么它能继续存在就意味着服饰和行为举止作为自我宣传的要素变得更加重要了。正是这群人的活动足以使他们成为"交际圈"（大写的"S"）的代名词，而伦敦的"社交季"也得以继续发展。这时，"外省人"和乡绅涌入各国首都，他们相互结识，去购物，考察对方的同时也接受对方的考察。伦敦与巴黎的"上流"生活的主要区别之一是，后者在更大程度上受宫廷礼仪的支配，尽管在 1700 年之后，当越来越多的英国贵族搬到巴黎与商人、金融家等人一起生活，这种情况有所缓解。英国政治可以被拆解为"托利党"和"辉格党"各自的运作，他们分别或多或少地对下议院和上议院的运作施加影响。然而，下议院中的许多人都是贵族的小儿子，直到 19 世纪 80 年代新兴阶级才明确在下议院中占据主导地位。

这并不意味着社会上层的地位在旧制度下是稳固的。例如，17 世纪出现了男爵，而这种情况在安妮女王时期再次出现。那些为了得到权贵青睐的人用时尚作为吸引注意力的方式，同时为自己打造一个成功的形象。在这种情况下，对精英服饰的追求已不仅仅是个人的兴趣，还在于它对事业所具有的重要意义。这种情况适用于一个想要找一份闲差或娶到富有妻子的男人，也适用于一个寻求有魅力或富有的丈夫的女人。那些拥有头衔和权力，打扮入时且举止风雅的人成为人们欣赏和模仿的对象。这种过程，至少在某种程度上，在社会阶层中是由上而下发生的。这些行为，再加上从法国不断引进的新风格，在渴望不断扩展新业务的商人的怂恿下，共同推动了越来越快的消费循环。在英国和法国，不断增长的消费繁荣使得 18 世纪用于时尚的支出规模稳步上升，特别是在女装方面。由于"上流社会"的界限并不明确，人们有可能走进那个圈子，或者假装自己已经是圈内人 [35]。这种假装的目的可能延伸到精英圈子的生活之外的种种可能性，因为虽然上层人士大都相互认识，但对于下层人士只能通过外表来判断。因此，能够冒充淑女或绅士，就意味着大大增加了从商人那里获得信贷的可能性。[36]

有人认为，"对文化条件的绝对重视，为上流社会中的某些群体提供了可观的机会，而最重要的是女性能够基于自己的权利确立其时尚领袖的地位"。[37] 那么，为什么许多男性与女性相比，在通过时尚的炫耀性衣着确立自我形象上显然略逊一筹？那些认为启蒙时代见证了男性性别化的彻底重组的人为我们提供了一个答案。托马斯·金（Thomas King）认为这种变化率先在英国发生。他认为，在整个欧洲，曾经那种植根于社会上层的老派的男子气概逐渐被父权制家庭具有自主性的男主人这一新的理想型取代，尽管这种变化在不同国家是以不同的速度和强度发生的。在这种趋势下，参与公民生活不再是社会精英一时兴起的行为，而至少在理论上是由个人品德决定的。[38] 这种新的男性气概之所以被不断强化，是因为那些仍在寻求精英阶层赞助的男子被诋毁为娘娘腔。在这个过程中，对性的规训与作为父亲和丈夫的职责牢牢地联系在一起，在宫廷中争宠的做法不仅与娘娘腔有关，更与贵族的傲慢和对同性之爱的偏好有关。[39] 在这个过程中，新的体面的行为方式要求男人们表现得清醒，拒绝浮夸和戏剧性。这有助于解释为什么对男性表现出娘娘腔特征和同性之爱的恐慌在英国比在法国要频繁和突出，因为在法国，1789 年之前，更显然是等级战胜了性别，使其成为社会地位的标志。[40]

这些变化产生的一个重要结果是，对时尚的兴趣越来越被认为是女性和具有女性气质的男性所特有的爱好。这也意味着法国男人在英国越来越多地被视为女性化的。这种观念为公共讨论和文化活动输送了原料，而这些活动旨在确保男性气质是特定国家的专属特征。类似的情况也发生在西班牙，在那里，追求"男子气概"的时尚见证了社会精英们效仿下层人民的服饰，并将那些从巴黎传进来的服饰妖魔化，把它们的所有者称为"小少爷（petimetre，法语）"[41]。"小少爷（little master，英语）"在英国被塑造为一类试图通过模仿法国人的行为方式来实现阶级跃升的投机分子。这类人物在讽刺作品中被冠以各种名称，如"fops""fribbles""beaux"等，而讽刺作品中对这类角色的着力刻画则有力地证明了人们之所以如此关注男性所具有的女性气质，不仅与女性化和雌雄同体有关，更与精神和身体上的虚弱、肆意挥霍的行为以及热爱外国文化风俗所反映出的不爱国思想有关。[42]无论他们在现实生活中多么普遍，这类人物都是当时喜剧作品中的主流，如在科利·西伯（Colley Cibber）的《爱情末班车》（*Love's Last Shift*, 1696 年）中出现的新奇时尚爵士（Sir Novelty Fashion）。这些刻板印象颠覆了曾经的男性形象，即他们是社会权力的拥有者，并暗示他现在又成为擅自攫取女性特权的人。在这一时期，男性帽匠和其他在时尚界工作的男性越来越多被刻板地定型为娘娘腔，这也并非偶然[43]。因此，在 1703 年，托马斯·贝克（Thomas Baker）的戏剧《坦布里奇·沃克》（*Tunbridge-Walks*）中出现了一位曾在时尚界工作过、名叫梅登的变装角色。[44]而在威廉·霍加斯（William Hogarth）的《浪子的历程》（*Rake's*

Progress）系列的第一幅作品中，裁缝跪在汤姆·雷克威尔胯下准备测量他的大腿，这种情形的出现也不是偶然。[45]

必须强调的是，女性气质和鸡奸之间的关联是在 18 世纪发展起来的[46]。以前，鸡奸的欲望往往与自由主义和不正当的欲望联系在一起，是男性气质过盛的一种表现。例如，值得注意的是，在约翰·范堡（John Vanburgh）的《复发》（*The Relapse; or, Virtue in Danger*，1696 年）中，鸡奸者不是福平顿勋爵，而是另一个叫作卡普勒的人物[47]。然而，从 1764 年报纸上对该剧的评论可以看出公众情绪的变化，在评论中，人们主张对该剧低俗的场景进行删减，理由是卡普勒"对年轻的福平顿给出的提议，如果该角色在（今天）演出，足以使一位当代观众血脉偾张"。[48] 托比亚斯·斯莫利特（Tobias Smollett）在他的滑稽小说《罗德里克·兰登历险记》（*The Adventures of Roderick Random*，1748 年）中描述了两种男性行为的例子，这两种行为都反映出特别可疑的鸡奸的欲望，二人是不择手段和令人厌恶的浪子——斯特鲁特韦尔、散发着香水味的娘娘腔——威弗尔。斯特鲁特韦尔在追求财富的过程中习惯于积极利用男性的性别优势，而威弗尔则通过衣着和举止表明了自己天生具有的女性气质，尤其是其中包含的性倾向。

一个名叫威弗尔的人，在一群随从的簇拥下上了船，他们似乎或多或少地跟他们的主顾拥有相同的倾向；空气中弥漫着香水味，这足以使人确认，即使是南阿拉伯的气候与其相比，也不及其一半"甜"。[49]

威弗尔和他的同伴们被特别刻画成某种特定类型的男人，这类男人的行为方式是女性化的，交往的对象也是自己的同类人。而对他们的描述也暗示出斯特鲁特韦尔在性生活中占据主动地位，而威弗尔则处于被动地位。根据伦道夫·特朗巴赫（Randolph Trumbach）的研究，可以说这里所描述的情况分别来自两种模式，一种是古老的、放荡不羁的男性行为模式，在这种模式中，邪恶的男人可能会与妓女和男孩交媾，而另一种较新的模式则与这种危险且被动的娘娘腔男人［有时他们被称为"莫丽（mollies）"，指他们像女人一样，寻求与男性发生性行为，而为了寻求这种性行为，他们尽可能地把自己打扮得年轻和女性化］相关[50]。因此，在 1726 年的讽刺诗《福斯蒂娜》（*Faustina*）中可以看到，在"鸡奸者俱乐部"中，有些人"对男人下手，有些对男孩下手"。[51]

然而，值得强调的是，就针对可笑的时尚男士的刻板印象而言，鸡奸只是一系列与之相关联的要素之一。苏珊·斯塔夫（Susan Staves）在她的一篇著名的文章《为花花公子说一些好话》（*A few kind words for the fop*）中写道，通常情况下，"过去这些花花公子，他们身上所谓的女性气质正是他们的一种早期的不成熟的探索，他们所追求的是优雅、正经和敏锐，这些在大多数现代人看来都是理想的男性美德"。[52] 花花公子的形象首先是为了迎合受众中这样一些男性——他们认为自己在登徒浪子的放荡行为和花花公子的华而不实之间保持了礼仪和文化上的平衡。[53] 这种小心翼翼的平衡依赖于对品味的培养和对时尚文化的鉴别力。如果对此有什么要求的话，那就是在选择衣服时要更加谨慎，避免因穿得不够得体或穿得过于隆重而被嘲笑。[54] 因此，尽管花花公子与鸡奸者不是一回事，但这一令人恐惧的刻板印象还是强化了性规范的力量，甚至可以说，它在一定程度上造成了后人所谓的（同性恋）深柜现象。[55]

在 17 世纪六七十年代，男性自我表现的危机在男装中以"花花公子"热潮的形式爆发，而这股短暂的风潮随着一系列同性恋丑闻的出现而草草结束了。在大卫·加里克（David Garrick）的《男妓》（*The Male-Coquette*，1757 年）

中，一个女人穿得像邋遢的"花花公子侯爵（Marchese di Macaroni）"。[56] "花花公子"在这里指的是意大利贵族，正如法国贵族一样，他们据称也代表着奢侈和娘娘腔。这个人物的名字背后还有进一步的内涵，即游学旅行（尤指去法国和意大利）所潜藏的文化危险。作家兼政治家霍勒斯·沃波尔（Horace Walpole）在1764年2月6日的一封信中提到了在"花花公子俱乐部（Maccaroni club）"的赌博行为，他说，该俱乐部由"那些留着长卷发、戴着间谍眼镜、四处旅行的年轻人组成"。[57] 虽然游学旅行是出于完善教育的崇高目标，但讽刺文章表明，实践结果恐怕是事与愿违的。[58] 事实上，这种现象带有明显的放荡主义色彩，因为年轻人往往会在旅行过程中拥有第一次性体验，而据说他们旅行所到之处的气候也容易激发人的情欲。[59] 虽然没有证据表明当时有一个正式成立的花花公子"俱乐部"，但那个广为人知甚至可以说臭名昭著的"艺术爱好者（Dilettanti）"协会成为种种放纵行为的大本营，其中就包括在私人聚会上扮演风流的罗马天主教神父。[60] 天主教在信奉新教的英国被普遍认为与公开的铺张浪费和私人的腐化堕落有关。[61] 它还被认为与鸡奸的出现有关，后者被看作一种来自欧洲大陆的恶习，在未婚的天主教神职人员中普遍存在。[62] 乔治·卢索（Georges Rousseau）认为，关于意大利这种恶习的传闻加强了这个国家对男同性恋者的吸引力，其中就包括沃波尔（Walpole）。[63] 但这是否表明，沃波尔在1764年确认的那些花花公子也有类似的倾向，他们在时尚中的浮夸表现就是其性向和性别认同的证据？

我们很熟悉所谓"花花公子"看起来是什么样的。这是拜那些讽刺作品所赐，这些作品的出版使得花花公子"成了人们关注的焦点。这些作品绝不是千篇一律的，但确实有回归一套刻板形象的趋势，这套刻板形象的核心是一个瘦小却衣着夸张的男人。这种类型的前身出现在沃波尔本人的笔下，从他所画的克洛特沃西·斯克芬顿（Clotworthy Skeffington）——第二任马塞林伯爵（Earl of Massereene, 1743—1805 年）的形象中可以看出。沃波尔于1765—1766 年的冬天在巴黎遇到了马塞林伯爵，他是一个出手阔绰、打扮入时的人，直到1789 年还没有结婚。[64]（图 5.3）他的衣着风格可以与沃波尔收

图 5.3 《克洛特沃西·斯克芬顿，第二任马塞林伯爵》，霍勒斯·沃波尔（Horace Walpole），1765—1766 年，图画。Courtesy of the Lewis Walpole Library, Yale University.

藏作品中的维利尔斯勋爵（Lord Villiers）——又名"身披花束的花花公子"（the nosegay macaroni，1773 年）相比较（图 5.4）。

在《1740 年和 1776 年的花花公子礼服》（*Macaroni dresses for 1740 and 1776*，约 1776 年）（但请注意，1740 年时"macaroni"一词还没有被使用）

图 5.4 《身披花束的花花公子》，刊载于 The Macaroni and Theatrical Magazine，1773 年 2 月，第 193 页，蚀刻。Courtesy of the Lewis Walpole Library, Yale University.

中，一个显著区别在于，画中人物的身材变得更纤细，姿态更挺拔，服装剪裁也更贴身。在 1772 年 11 月伦敦出版商卡林顿·鲍尔斯（Carington Bowles）推出的《你喜欢我吗》（*How d'Ye Like Me*）一书（图 5.5）中，花花公子的形象成了一个穿着时尚、举止女性化且雌雄同体的傻瓜，他站在一个精致的、

HOW D'YE LIKE ME.

图 5.5 《你喜欢我吗》，卡林顿·鲍尔斯出版，1772 年，手工上色美柔汀铜版画。
©The Trustees of the British Museum.

装饰成法式风格的屋内，似乎正在与他的"主顾"（通常是男性）调情 65。经典的关于雌雄同体的讨论参考的是对这种谄媚形象的描绘——他只有一把残破的剑，而且在原本应该是其阴茎的地方，出现的是明显类似（女性）外阴的褶皱 66。

1772 年夏天，"花花公子"风格，或者至少是关于这种风格的讽刺性描述，开始与性和性别的问题联系在一起，当时一位叫罗伯特·琼斯（Robert Jones）的上尉因与一名 13 岁男孩发生鸡奸行为而被判有罪，尽管后来他得到了赦免。他在伦敦社交界很有名气，除其他事务外，还参与了推广普及烟花和滑冰的活动，使这两种活动成为当时流行的消遣方式。当时通俗报纸的各种报道不仅对琼斯进行攻击，还暗示了他所处的社交圈也有问题。1772 年 8 月 5 日一封发表在《公共书刊》（*The Public Ledger*）的信中写道，琼斯"过度沉迷于放荡和奢侈"；它谴责了"这位军中的花花公子"，并警告这类人，"所以，你们这些花花公子，你们这些涂脂抹粉、不男不女的家伙，请从同类 [2] 的事中吸取教训吧"。67 三天后，《伦敦广告晨报》（*The Morning Chronicle and London Advertiser*）报道说，一个"娘娘腔的蠢货"被一个暴徒放倒了，因为他说他很高兴琼斯被判"缓刑"了。68 与此同时，在伊斯林顿，伦敦城北郊的一个时尚区域，一大群人聚集在一起"提议把一个鸡奸者吊死"，后因被一个宣读《取缔暴动法》（*the Riot Act*）的治安法官阻止而作罢。69 据报道，琼斯即将被流放到佛罗伦萨，他还带有信用证明和"给那里的众多时尚人士"的推荐信 70。彼得·麦克尼尔（Peter McNeil）认为，花花公子的时尚风格与鸡

---

[2] 指琼斯。——译注

奸的欲望之间的联系是经由这些事件得到证实的，而非由这些事件创造出来的："到了 18 世纪 60 年代，当花花公子风格出现的时候，对它的关注被解读为男性对女性缺乏兴趣的证据，或者被解读为潜在的对女性不感兴趣。"[71] 显然，如果某些时尚形态被认为走过头了，特别是当它们拒绝了更素雅的英国男装样式，那么其在 18 世纪 70 年代会受到与异常性取向有关的谴责。此外，尽管很难确定，但这种时尚风格可能被用来暗示一个人的性取向。花花公子与"原始的"同性恋亚文化很可能有所重合。[72]

在 18 世纪，同性恋这一身份还不明确，自然也不存在类似"异性恋"这一术语的用法。然而，这一时期的种种事件也可以被解读为在更大程度上把时尚与对性的规训和性别认同相联系的一部分。仅举一例，1773 年 7 月 30 日，哈特利夫人（Mrs. Hartley）在泰晤士河畔的沃克斯豪尔花园（Vauxhall Gardens）散步时，一群年轻男子把她当成了妓女，因而对她投以不怀好意的目光进行骚扰，她的朋友兼同伴亨利·贝特（Henry Bate）因而斥责这群人是娘娘腔的花花公子："他的衣服、帽子和羽毛——身上戴的小画像、雪白的胸前挂着的吊饰，以及这个时尚男人所戴的各种配饰，自然轻易地被我抓住（证据）了。"[73] 众人和贝特一起嘲笑那群男子，哈特利夫人的名誉也得以维护。但此事的关键在于，这群冒犯他人的浪荡子所穿的时尚服饰成了他们是可悲的、自恋的娘娘腔的证据。在这个场景中，浮夸的男装被赋予了全新的内涵，从曾经作为激发男性权力（包括在性方面的自由权利）的积极象征，成了在社会身份和性别属性上双重失败的证据。

对这种情况的一种看法是，时尚正日益与一种文化相融合，而在这种文化中，人们不仅越发意识到性取向是身份认同的一个方面，而且更越发要求对男性的欲望加以一定管束。因此，当我们看到约翰·丘特（John Chute）——沃波尔（据称）同性社交圈的成员之一——拥有的两套1765年左右的西装，我们看到的不是为了炫耀而使用的奢华布料，而是在服装结构上的精心设计，特别是在内里的剪裁方面。[74]这可能告诉我们，时尚在18世纪下半叶可以被巧妙地用来传递各种信息，包括那些可能与性别认同有关的信息。当然，在思考男性娘娘腔和同性欲望之间的联系时，需要考虑到性与性别的观念在18世纪的不断演变。[75]在这一时期，对那些不符合对男性和女性的传统形象预期的人的态度也发生了重大变化。雌雄同体的经典概念（即同时拥有男性和女性特征）开始与中世纪的鸡奸者，即违反上帝关于性的律令的罪人形象相融合。这样做的结果是对某一类人而言，其身体所呈现出的差异与其道德水准相联系。19世纪的性学将这种人称为"同性恋者"。然而，后来同性恋者的发展受到了阻碍，因为人们将鸡奸与严重的破坏道德秩序的行为联系起来，娘娘腔则与可悲的软弱联系起来。这意味着在18世纪并没有一个明确按照性取向对人进行分类的系统。

虽然鸡奸被视为一种罪恶已经为人所共知，也由此被定为犯罪；但就两个女人之间的性行为而言，则没有将其定为类似的违法行为。造成这种状况的部分原因是法律在本质上的性别歧视和男权中心主义。一对彼此强烈吸引的女性通常被看作（过度）多愁善感，而不是性变态。然而，女扮男装却逐渐引起了公众的注意，而且不得不说，其甚至达到了令公众惊愕的程度。20世纪的一些女同性恋者以一种模仿异性婚姻的方式与其同性伴侣生活在一起，其中一方打扮成丈夫的样子且按这种方式生活，而另一方则相应地打扮成妻子并以这种方式生活。因此，像玛丽·汉密尔顿（Mary Hamilton）（别名乔治，George）这样的家庭很容易被当作一个女同性恋家庭，她假扮成男人与她的伴侣结婚。虽然我们不可能确切地知道其中涌动着怎样的情欲，但研究男性对这种状况的反应是很有启发性的，例如，在亨利·菲尔丁（Henry Fielding）的《女丈夫》（*The Female Husband*, 1746 年）中就对此有所描述。其中最引人注目的是他对具有男子气概的"亚马逊"女人这一形象的迷恋[76]。此外，这类女性在新闻报道中的形象明显好于娘娘腔的男性，从夏尔·德翁（Chevalier d'Eon, 1728—1810 年）的案例中可以看出，他是一个男扮女装的（男）人，但他终其一生都被当作一个女扮男装的（女）人。

正如法国的菲利普一世这一事例所表明的，偶尔的异装是巴黎宫廷生活的一个特点。在为法国国王服务时，德翁曾在 1756—1757 年参加过凯瑟琳大帝宫廷的化装舞会，在那里男人被要求打扮成女人，反之亦然。[77] 然而，只有在逃到英国后流亡的十年里，他才被看到在日常生活中穿着女装出现。他能这么做，就说明他并没有因此遭到直接的敌视，即使他因健硕的体格而引人注目，无法轻易地"变成"女人。然而，国籍也确实使他面临一些敌意，而且对男同性恋和娘娘腔的日益恐慌使他的处境愈发艰难。[78] 因此，他与政治家约翰·威尔克斯（John Wilkes）的友谊也成了对他不利的负担，尤其是当后者通过批评国王对琼斯上尉（Captain Jones）的赦免开始进一步煽动反男同性恋的社会氛围，以转移人们对关于他自己的流言的注意力，即把他与德翁联系在一起，称他是那个所谓男同性恋小团体里的一员。[79] 在 1776—1777 年，德翁被指控与"莫丽"（与异装癖有关的鸡奸者）厮混，甚至被指控他就是"莫丽"（图5.6）。[80]

然而，尽管媒体上充斥着关于他的流言蜚语，德翁却从未真正被上流社会

el. Mag. *Sep.* 1777.

MADEMOISELLE de BEAUMONT, or the
CHEVALIER D'EON.
Female Minifter Plenipo. Capt. of Dragoons &c.&c.

图 5.6 《博蒙特小姐或德翁骑士》(*Mademoiselle de Beaumont, or the Chevalier d'Eon*),刊载于《伦敦 46 号杂志》(*The London Magazine 46*,1777 年),第 443 页,雕版印刷。Courtesy of the Lewis Walpole Library, Yale University.

排斥。回到法国后，他被拒绝重返军队，并被要求继续穿女装。似乎对他最为普遍的看法是，作为一个有意思的"女人"，"她"的阳刚之气使得男人对"她"不感兴趣，这就是为什么"她"一直没有结婚。由于阳刚之气被普遍认为是一种更优越的气质（在男人和女人看来都是），因此女人渴望获得一定程度的阳刚之气也并不会被指责。就德翁的地位所引发的争议一直持续到今天，有的人认为他是男性异装癖，有的人则认为他的行为是源于女权主义对男性规范的批判。[81]

法国大革命爆发后，对性别观念进行改革的激进立场和修正主义立场都具有一定重要性，但它们从未产生过巨大的影响力。不过，它们吸收了当时流行的思潮，主张男女在行为和服饰方面更"自然"的风格。彬彬有礼的男性形象的兴起和对感性的不断推崇，在某种程度上弱化了强调男女之别的趋势。然而，在18世纪下半叶，"礼貌"究竟在多大程度上支配了男性行为，这一点仍存在很大争议。[82]此外，在法国大革命结束、拿破仑战争开始后欧洲军事化的背景下，18世纪末的男性时尚将受到回潮的更强调阳刚之气的表达所影响。1789年，法国废除了仆人的衣服和其他各种区分社会阶层的标志。[83]大革命中所推崇的品德借由一股短暂的推崇红、白、蓝色[3]的服装热潮得以传递，而具有讽刺意味的是，马拉（Marat）等革命领导人更推崇的却是相对朴素的英式风格。[84]即使在后来被拿破仑征服的地区之外，贵族们也不得不越发努力地对抗不断瓦解的世人对他们的尊崇，以及随之而来的对他们寄生生活方式的谴责。当然，美国独立战争也刺激了这个新建立的国家出现类似的进步。然而，

---

[3] 法国国旗的配色。——译注

统一民族服饰的呼吁普遍都未得到回应，而时尚界则在一个新的时代得以幸存，在这个时代，风格更多的是由浪漫主义的品位和资产阶级的选择所塑造的，而不是由出席王室宫廷活动的贵族或道德改革的倡导者来决定的。

<h1 style="text-align:center">结　语</h1>

18 世纪有时被称为"性的世纪"[85]，而恋物癖这一概念在 18 世纪出现也绝非偶然。[86] 恋物的概念起源于欧洲人与非洲人的接触，前者认为非洲人有过度珍视某些物品的不当倾向。到了 19 世纪，卡尔·马克思（Karl Marx）对这种神秘化（的对物关系）进行了理论上的说明，与其说它是"原始"社会中的一个关键要素，不如说是当代资本运作中的关键要素。他提出的"商品拜物教"概念后来又增添了一层"性恋物癖"的概念，后者旨在解释为什么特定的物品，特别是服装，有时被认为带有一定程度的色情意味。例如，西格蒙德·弗洛伊德（Sigmund Freud）认为，男人在情欲上有一种倾向，即对那些在他们看来能够使女性（通常以自己的母亲为原型）的身体"完整"的对象产生认同，而女性的身体之所以被视为不完整的，则在于其缺少阴茎。[87]

无论人们采纳的是哪种恋物癖理论，很明显，在启蒙时代，性欲和商业文化之间的联系越来越紧密。具有讽刺意味的是，在当时的画作中经常出现的非洲黑人，是被当作一件令人沉迷的、具有异国情调的物品的。[88] 而对时装的理解，应该与穿着它们的人及其所处的建筑或景观这些背景联系起来。因此，如果说性恋物癖文化往往与男性对女性的性化密切相关，那么女性的更衣室则成为展现女性气质和情欲的最佳场所。更衣室和衣橱出现在 17 世纪中期的房屋设计中。[89] 根据相关女性的不同情况，这种空间所引发的情欲与道德的结合方式也有所不同，但不论在哪种情况下，居住者的身份都是通过她对服装的选择而鲜明地体现出来的。[90] 在更衣室内，"物品就像是对身体的延伸，也是衣柜的一部分，得体恰当的穿着可以将精英阶层的生活方式变成对自己社会地位的艺术性展现"。[91] 衣着强调、掩藏或展示女性身体的程度与对她们的性幻想的发展密切相关，从古典时代对女性裸体的凝视到对裸体女性的想象的乐趣。[92] 在1786年的一幅英国讽刺画中，一件衣服的确成为一个女人的替身（图5.7）。由于对乳房和"臀部"突显，这种令人望而生畏的构造使一位女士躲过了"小执达吏"的注意，让她得以从他的两腿之间悄悄溜走。

对女性而言，她们之间的社会竞争推动了炫耀性消费规模的扩大，如裙子和假发等物品的尺寸越来越大，耗费的昂贵材料也越来越多。这样做所引发的普遍影响是，在一个仍以纤细腰身为美的社会中，女性服装的整体尺寸却在不断增大。由此带来的巨大的裙子和纤细的腰身之间的对比无疑是夸张的，正如讽刺作家和漫画家很快注意到的，这种夸张的对比正变得越来越不实用。法国大革命期间流行的极端形式的"公民风尚"暂时放松了对女性时装轮廓的强调，而转向浪漫主义创始人让 - 雅克·卢梭等所倡导的更"自然"的形式。随着时间的推移，男性服饰的竞争更加集中在精确的细节设计，而不是消费规模，但这种性别上的区分并没有解决娘娘腔的问题，因为它确实引发了下述担忧：不仅是素雅的风格，就连男性气质本身也只是一种时尚潮流，流行过后就会被抛弃[93]。当德翁的形象被刻画成一边穿着男人的衣服，另一边穿着女人的衣服时，其所隐含的信息是，对性别的时尚塑造是一种人为的建构（图5.6）。因此，对性取向可能会被流行服饰掩盖或展示的忧虑，是生活在当今世界的我们所继承的 18 世纪遗留思想中的一个。

图 5.7 《上当的小执达吏或时尚的便利》(*The Bum-Bailiff Outwitted; or the Convenience of Fashion*),S.W. 福雷斯(S.W.Fores),1786 年,皮卡迪利卡拉卡图雷仓库,手工着色蚀刻版画。Courtesy of the Lewis Walpole Library, Yale University.

第六章　身份地位

米克尔·文博格·佩德森

欧洲的启蒙运动

　　1650 年到 1800 年左右的欧洲历史，曾从各种不同的角度被加以研究，也因此被贴上许多不同的标签。而其中最重要也最具影响力的则是启蒙运动。启蒙思想在 18 世纪产生广泛影响，它在社会中所植入的各种观念引领着整个世界，同时也为应对当时社会、文化、政治和经济等领域的诸多变化提供了思路。启蒙思想启发了学者之间的思想交锋，最终也给普罗大众带来了启发，从而使他们在 18 世纪末和 19 世纪的浪漫主义运动之外听到另一种声音。浪漫主义运动在当时被认为是与启蒙运动相对立的；然而，它继承并发展了遗失在历史潮流中的许多思想，尤其是承认每个人作为个体的价值。这对文化风俗和社会思潮都产生了深刻影响。

启蒙运动并不是突然出现且在一夕之间完全形成的。英国数学家、自然哲学家艾萨克·牛顿爵士（Sir Isaac Newton, 1643—1727 年）于 1683 年出版的《自然哲学的数学原理》（*Philosophiae Naturalis Principia Mathematica*），和德国哲学家伊曼努尔·康德 (Immanuel Kant, 1724—1804) 于 18 世纪 80 年代出版的关于"纯粹理性"[1]的著作，为启蒙运动在科学和哲学上划定了框架。牛顿的数学理论在自然科学家和哲学家之间引发了一场深刻的辩论，从而也为早期启蒙运动带来了深远影响。牛顿定律不仅仅在 20 世纪初建构起整个物理学领域，还在其中暗含着一场思想革命。根据这些定律，以圣经为基础的基督教世界的原则被研究，并最终受到质疑。结果是，人类不再依赖那个积极地直接干预人类生活、发号施令的上帝，而开始把如何组织社会和利用自然以造福人类看作自己的责任。[1]

伊曼努尔·康德（Immanuel Kant）进一步明确这种人文主义思想，他的哲学既是对启蒙思想的总结，同时也在狭义上标志着这个时代的终结。康德坚持认为，个体应该遵循理性的指导，而理性就蕴含在被启蒙的心智健全之人的思想中。因此，从牛顿到康德，都寻求并肯定不受神权控制的洞察力和智识。人们很容易忘记，在近代早期欧洲的绝对君主制背景下——君主制建立在一个稳固的、传递上帝命令的天然具有等级制度的社会基础上——启蒙运动提出了一种革命性的思考方式。不应被忽视的是，正是在这一时期，发生了 1649 年英国 - 苏格兰国王查理一世和 1793 年法国国王路易十六被斩首的事件。

---

[1] 指《纯粹理性批判》。——译注

欧洲的政治格局随着 1648 年《威斯特伐利亚和约》的签订以及“三十年战争”的结束而被重新划分，又随着 1789 年法国大革命及其余波而再次被打破。也正是在 17—18 世纪，欧洲真正加快了殖民扩张。国际贸易和殖民主义形成的合围最终使欧洲（中部和西部）的财富增加，轰轰烈烈的工业革命和消费革命[2]带来的是大批外国商品的进口。这些商品不仅带来了新的产品和体验，而且打破了认为世界稳固的观念。[3]虽然这些商品以前大多是作为稀有且独特的东西出现，但现在当它们以如此快的速度和庞大的数量涌入欧洲，过去的奢侈品也变得很普遍。[4]仅以几个例子来说，有来自远东的茶叶、瓷器、丝绸、棉布、精美的披肩、制火药用的硝石，以及香料和染料等。非洲则提供了木材、象牙、金、银、宝石。当然，还有大量的奴隶被运往美洲，通过他们的辛勤劳作，（欧洲人）从那里得到了大量的糖、咖啡、可可、朗姆酒和棉花。棉花作为一种商品广泛流通，既因为它的实用性，也基于它的时尚诱因。[5]就服饰的重要性而言，也是在 18 世纪，社会中上层中逐渐明晰的一种礼仪文明的出现（在文艺复兴开始后），为新的商品和观念提供了相应的文化形式和概念。[6]

对社会变化的感知、财富的传播（无论多么缓慢，这个时代已然见证了那时不为人知的无产阶级的崛起）以及来自国外的新产品和风俗（很快就有欧洲的仿制品和受殖民地启发的新商品）受到启蒙思想的影响，这是充满思想碰撞的时代。这些新的推动力——伴随着其他事物——冲击了建立在稳固的社会秩序或等级制度上的旧的社会地位的概念，并开始塑造新的社会现实。正如我们所看到的，启蒙运动可以被看作一个过渡时期，它从旧秩序——以炫耀、消费限制令以及符号化的社会等级为特征——过渡到新的文化和个体概念，后者强调的是自律、节制和新的品味。

在本章中，我们将首先考察社会地位的概念及其与禁奢令的联系，然后讨论重商主义和商品所有权状况。从这里开始，我们将转向对社会地位的解读和阐述——通过荣誉的概念——主要是借由崛起的中产阶级进行讨论。此后，我们将以那些显然没有什么地位（或根本没有地位）的人为例进行小范围的考察，以说明它们是如何体现在服饰上的。

社会地位和禁奢令

过去，对社会地位的展示，以及它在文化、社会、司法和经济上的表现，都是极其重要的，以至于生活在当代的我们——经受过启蒙运动的启发——总觉得对此难以理解。"地位（status）"这个词来自拉丁语，是一种状态（或处境），意思是"站立（to stand）"，而社会地位则是向外界宣示的或精心打造的自己处在某种社会地位的标志。显然，社会精英就是这么做的。社会学家和历史学家诺伯特·埃利亚斯（Norbert Elias）在《宫廷社会》（*The Court Society*）中直言，公爵必须有公爵的样子，即要履行他相应的社会文化义务，否则很快他就不再是公爵了。[7]他必须使自己的地位得到彰显——声明或重申，以使其得到确认，甚至要对此加以捍卫。这是一个始终处在进行中的过程，牵涉生活的方方面面[8]，包括服饰、个人的着装和行为举止。

通常，为了维持所处的社会地位，人们会发明一整套仪式、程序和处理日常事务的方法，这既是出于被社会认可的需要，又借由它们得到被社会认可的证明。[9]根据这一点，就能理解丹麦国王克里斯蒂安五世（King Christian V of Denmark，1646—1699 年）于 1671 年所列的等级表了。大多数欧洲公国都有等级表。它们是基于诺伯特·埃利亚斯的观察编纂而成的，传递出的信息是社会地位和阶级与外貌密切相关，而对外貌的挑战就是对个人荣誉、对集体的社会地位甚至是对社会秩序的挑战。1671 年的丹麦—挪威等级表及其后来的扩展可能是俄罗斯以外的整个欧洲大陆上最详细、最全面的等级表。

国王克里斯蒂安五世的等级表及其后续版本还包含了一些关于哪个等级的人可以使用和佩戴哪些奢侈品的规定。如此规定的目的是确保外表和地位匹配。在这一点上，他们阐明了一个非常古老的观念，并通过禁奢令反复重申。这种立法是对奢侈品消费——经常是服饰和纺织品——进行控制的一揽子概念，目的是维持社会阶层和地位，而它们自身又源自人们在中世纪以来所继承的财产。神职人员（Bellatores）曾经是第一阶层；贵族（defensores）构成第二阶层。劳动者（Labores，农民和手工业者）则处于第三阶层，到了近代早期，为了适应当时的情况，这个阶层不得不将正在崛起的中产阶级——商人、专业人士和其他城镇居民（有时被称为第四阶层）囊括在内。无论是就三个或四个阶层的划分而言，还是就严密的登记表而言，禁奢令都试图在社会地位和消费之间建立起联系。早在古埃及和古典时代的希腊，这样的机制就已为人所知，同样著名的还有凯撒大帝在罗马颁布的《尤利法》（Lex Julia）。在欧洲中世纪和近代早期，许多不同的统治者和政体也通过了类似的法令，试图控制消费。[10] 这些法令维持的时间各不相同：在英格兰，这些法令早在 1604 年就被废除了；而在丹麦，最后的禁奢令在 1848 年才被通过。

对丹麦大力推行的限制奢侈消费的方案加以考察，能为我们提供有用的信息。这方面最重要的措施是国王克里斯托弗三世（King Kristoffer III，1416—1448 年）于 1443 年颁布的《城镇法》（Town Law）和国王克里斯蒂

安三世（King Christian Ⅲ, 1503—1559 年）于 1558 年颁布的《条令》（Recess），
后者深受路德宗教改革运动的影响。该条令是 1536 年宗教改革后丹麦—挪威
王国新制度的一部分，而且有意思的是，违反该条令规定所要缴纳的罚款必
须支付给当地医院或救济院，因为照顾穷人的天主教机构那时已经消失了——
这是整个 16 世纪新教兴起的欧洲的特点。违反条令的行为大多与购买外国奢
侈品有关，如用于自己或仆人的服饰、装饰性的马衣（caparisons），以及用
于家居布置的金银串、蕾丝和精美的丝绸、天鹅绒和锦缎等。国王克里斯蒂
安三世的这些早期尝试由他的继任者国王弗雷德里克二世（King Frederik Ⅱ,
1534—1588 年）延续。下一任国王克里斯蒂安四世（Christian Ⅳ, 1577—
1648 年）于 1617 年颁布了消费法，这些法律直接成为前文中国王克里斯蒂安
五世所制定的详细规则的前身，而他的 1671 年等级表也为此提供了支持——
这是一种试图以精确手段管理社会的绝对主义思想。[11] 克里斯蒂安五世于 1699
年去世后，各种法令纷至沓来，直到 1849 年引入民主制度。[12]

禁奢令与这一事实有关，即奢侈在道德和经济上都对早期的现代性构成了
普遍问题[13]。因此，法律明确规定，只有超过一定社会阶层或拥有一定收入的
人才能穿戴华丽的织物、精美的毛皮、刺绣、珠宝和更多其他物品——事实上，
这些商品中的很大部分越来越多地进口自崛起中的殖民帝国。[14] 正因为如此，
17—18 世纪的禁奢令是彻底和详细的。例如，1736 年 4 月 16 日的丹麦法令禁
止佩戴"金银和首饰"，以"避免衣着上的过分奢华，从而防止从其他途径获
得的财富流出本国"。[15]

石勒苏益格·荷尔斯泰因·桑德堡·普洛恩的弗里德里希·卡尔一世公爵
（Duke Friedrich Carl I of Schleswig-Holstein-Sønderborg-Plön, 1706—1761

年）并不关心这种水平的花费，而他也不需要关心，因为他是（远房的）皇室后裔，因此处在最高地位（在丹麦，公爵不是贵族，而是王子）。J.H. 蒂施拜因（J.H.Tischbein）于 1759 年创作的这幅画描绘的是弗里德里希 - 卡尔一世公爵和他的家人在荷尔斯泰因的普伦城堡（Plön Castle）的露台上（图 6.1）。

鉴于自己的血统和地位，公爵对荣誉的要求很高，需要同时展示他的财富和社会地位。在这幅公爵和家人的画作中，宫殿露台上的背景、他们饮用的由黑人奴仆提供的来自殖民地的饮料，以及画中人奢华且时尚的穿着，确保了这一目标的达成。对公爵那时尚的红色大衣，他夸耀的是大衣上代表丹麦最高等级的勋章——大象徽章。禁奢令所禁止的"金银珠宝"在画上随处可见，既被

图 6.1 《石勒苏益格·荷尔斯泰因·桑德堡·普洛恩的弗里德里希·卡尔一世公爵与他的家人在荷尔斯泰因的普伦城堡的露台上》（*Duke Friedrich Carl I of Schleswig-Holstein-Sønderborg-Plön with his family on the terrace of Plön Castle in Holstein*），J.H. 蒂施拜因（J.H.Tischbein），1759 年。The Museum of National History, Frederiksborg Castle, Denmark.

用于点缀年轻公主的秀发，也出现于她们的裙子和公爵马甲上的银辫子或"金线花边（galloon）"。公爵和他的同伴都穿着丝绸衣服、戴着假发，而那个可能来自丹麦所属西印度群岛的仆人则穿着那个时期典型的异国服装，戴着土耳其头巾。阳台一角的橘子树和阳伞都突出了异国情调，而它们的灵感则来自远东。在这幅精心创作的画中，可以清楚地看到女性所穿的丝质裙子飘荡在长袍的柳条裙撑上的轻盈效果，以及她们坐下时其向上飘起的样子。

从禁奢令的角度来看，对芬格家族（Fenger family）的描绘（图 6.2）为社会和道德方面的考量提供了更充分的理由。哥本哈根商人、批发商彼得·芬格（Peter Fenger，1719—1774 年）和他的妻子艾尔丝·布洛克（Else Brock，1737—1811 年）、孩子们的肖像是由本菲尔特（U.F.Beenfeldt）在

图 6.2 《芬格家族》（*The Fenger Family*）。National Museum of Denmark, Modern Collections.

1769 年画的（比普洛恩的公爵家庭画晚十年），从这幅肖像中可以发现许多有关芬格一家社会地位的信息。

这幅全家福中，不仅芬格和他的家人一起入画，其还展示了许多当时被禁止的事物：大量的丝绸、天鹅绒、刺绣、珠宝和假发，这个家庭展示了 18 世纪中期丹麦精英阶层的最高时尚。带有花架和古典建筑的假画背景暗示了某种来自古典世界的资源，很容易让不熟悉的人认为芬格拥有花园和土地，而他事实上并没有。相反，商人芬格是白手起家的，他于 1752 年在哥本哈根建立了一个成功的贸易公司。他参与了国内、欧洲和殖民地的贸易，从 1770 年起，他还拥有了一家肥皂厂——肥皂是当时保持衣服清洁的重要商品。芬格是哥本哈根商人公会的成员，因此他也是启蒙运动中崛起的新贵的典型，起初被社会视为威胁，后来与贵族等旧的精英阶层相融合。当时的社会正处于变革的威胁之下，禁奢令试图阻止或至少延缓这一进程，但正如我们在这幅画中所看到的，这些规则经常被无视。

这两幅画还讲了另一个故事。如果我们更仔细地观察画中人的实际装束会发现，他们穿着最正式的衣服或站或坐，引人注目的是对假发的使用。假发曾是提高一个人社会地位的最好象征之一，除了农民和更低阶层的人，在 18 世纪 70 年代之前，没有一个有身份的人不戴假发；在法国大革命后的 18 世纪 90 年代，戴自然头发（制成的假发）成为一种时尚，因此，画中的成人和儿童都戴着假发。1710 年，（男性）假发在欧洲服饰中的地位已相当牢固，以至于在丹麦，它被公开征税。因此，它的重要性被有力地强调，它与佩戴者的关系密切，以至于它可能会跟随拥有它的佩戴者进入坟墓；同样，此前画过像的人也要求将假发添加到其曾经珍视的那些没有出现假发的肖像画中。[16] 同样值得注意的是，这个时代尚未出现专门给儿童穿的衣服，童装是浪漫主义时期的发明，直到18世纪70年代才在丹麦的上流社会中出现。对于像芬格这样的一个正在崛起的资产阶级市民来说，是不会选择童装的。他不得不依靠古老且可靠的、体现社会等级的方式，即使用精英阶层的标志和象征。因此，他穿着棕色天鹅绒衣服，他的妻子穿着时髦的点缀花朵、蕾丝和蝴蝶结的蓝色丝绸服装——这是对普洛恩家族画像中公爵的礼服和其他装束的一种得当的复制。

　　除了这些蕴含在禁奢令中的一般观念外，1736年该法律中所陈述的规则及其在随后几年中的多次重现体现在各种形式中，对此可以解读如下。从1736年起的两年内，如果相关商品不是来自中国，也不是通过国王陛下的船只（改革后的皇家特许丹麦亚洲公司成立于1732年）进口到丹麦—挪威的，那么任何臣民都不得在其服装中使用金银装饰、刺绣或彩色丝织品。在全面禁令颁布之前的两年，只有在皇室成员生日时，人们才可以穿这些服装。从法令颁布之日起，任何商人及其他人都不得从国外购买金银穗带、布料、绳子和条带、毛皮围巾和类似的东西，以及刺绣或点缀的丝织品。除军人外，任何人不得将金银穗带或刺绣用于装饰品、帽绳、家具和装饰品、马车和马具、马布及其他装饰品。每个人都可以在接下来的两年内使用他们已经拥有的东西，但对于家具，他们则必须向最近的当局登记。所有非国内生产的蕾丝都被禁止使用，但已经拥有蕾丝的人则可以继续穿戴。

　　该法令继续对饰品的使用做出了规定。在第五段中，所有钻石、珍珠或其他珠宝都被禁止使用。然后，在第六段中出现了与等级联系最明显的表述，它规定"不在等级内"的人可以穿"浅色和有条纹的丝绸面料"，如塔夫绸，但工匠、小店主或更低阶层的人都不允许这样做。仆人也是如此，如果不是主人给他们的（他们就不能穿），虽然他们可以在两年内穿他们已拥有的东西。国王处置违反法令的情况毫不留情，会没收违规的物品。此外，有罪的一方必须支付 300 塔勒或 200 塔勒（如果此人处在第一或第二等级）的罚款。对于没有等级的人，罚款是 50 塔勒。（就当时物价而言，1736 年，购买一头好的奶牛大约需要 10 塔勒）如果不缴纳罚款，按法律规定该人会被处以监禁。

很明显，这种根据地位和财富对服装所有权和穿着加以限制的法律，与中产阶级随日益增强的经济能力而日益丰富的对时尚商品的需求之间存在着矛盾。我们在芬格家族的画像中就能看出这点。然而，非精英阶层对时尚商品的消费越来越多，这不仅仅涉及服饰。在 1770 年展示鞋匠弗朗茨·卡尔·赫克尔（Franz Carl Heckel）和他妻子在石勒苏益格公国（Duchy of Schleswig，今丹麦和德国边境以北）森德堡镇（Sønderborg Tow）的茶桌上的"剪影"（一

图 6.3 "剪影"，弗朗茨·卡尔·赫克尔和家人在森德堡镇喝茶，石勒苏伊格公国，约 1770 年。National Museum of Denmark, Modern Collections.

种表现人物轮廓的时髦形式）中，这对夫妇不仅在享受异国情调下饮茶的乐趣；鞋匠还抽着长烟斗，活泼的孩子们站在父母两侧，手里分别拿着一束野花（女孩）和一只小鸟（男孩），这反映的正是当时新的时尚（图 6.3）。

与芬格家的画像不同，这两个孩子穿着符合他们年龄的衣服，在这个中产阶级家庭中这是非常现代的做法，也许在现实中只有在为剪影师做模特时才会用到。父母的衣服不容易看到任何细节，尽管从轮廓上看，它们似乎也显得比正式的服饰更舒适。妻子显然穿着一件柔软的英国式样的棉袍，法国人称之为"英式长袍（robe d'anglaise）"或"长衬裙式长袍（robe de chemise）"；丈夫穿着资产阶级的衣服（也许是英式半靴），他的假发上原本是普鲁士风格的猪尾巴一样的发辫——法国人称之为"辫子（queue）"。

不仅仅是鞋匠、批发商和公爵关心他们的社会地位。教区的牧师在丹麦专制政体内部是非常特殊的公务员。这些人往往是一个村庄里唯一能熟练读写的人，他们为政府处理各种事务，并作为基督教的"牧羊人"为他们的羊群服务。也正是这些人，在布道坛上宣布了关于着装的禁奢令和皇家法令。他们为自己穿上了代表 17 世纪 30 年代的华丽服饰，包括一件黑色的羊毛长袍，一条老式的白色亚麻布围脖，以及头上的黑色帽子。更高级的神职人员戴着带帽檐的毡帽，并用精致的布料制作他们的长袍——例如，宫廷传教士拥有一件花色天鹅绒长袍和另一件丝绸长袍。1683 年，这种精致的装扮已经发展到不得不发布神职人员等级表（加以规定）的地步，根据该表，只有西兰岛主教和国王的私人忏悔师可以穿天鹅绒服装，其他最高等级的人可以穿带有天鹅绒镶边的丝绸服装。发生的另一个变化是，1657 年学生索伦·蒂姆（Søren Thiim）在受到训斥时被明确告知"他在讲坛上有炫耀自己这一可恶的习惯……

还戴着令人不适的外国头发"[17]——也就是戴着假发。如前所述,假发成为人们试图攀登社会阶梯的最明显标志之一。

假发的兴起在 18 世纪中叶的画作《施迈德牧师和他的家人》(*Pastor Schmedes and his family*)中很明显地表现出来(图 6.4)。这幅画显示,父亲和儿子都戴着现在看来略显过时的全底假发。

牧师本人在黑色长袍之上戴着荷兰风格的软领,而不是正式的有撑条的硬领,这种领子一直沿用到 19 世纪(尽管不是用于礼拜)。相比之下,儿子的着装则遵循高级时尚,他穿着灰色马甲和大衣,优雅的衬衫几乎被精致的领巾遮住。女孩们穿的三件连衣裙和母亲的衣服也体现了 18 世纪中期时尚的三个版本。坐在中间的女孩穿着黄色连衣裙,搭配白色的三角胸衣,和她的花边围裙一样,两件衣服所用的都是透视性很好的布料。大一点的女孩穿的是红色连

图 6.4 《施迈德牧师和他的家人》,丹麦,18 世纪中期。©Den Gamle By.

衣裙，搭配一件带刺绣的三角胸衣；母亲的连衣裙则比较老式，没有三角胸衣。坐着的人的服装和假发上的这些差异提醒我们，人们很少全盘接受和追随当时的时尚。对一位牧师而言，显然老式的假发比新式小假发更容易让他接受。他儿子的打扮则更入时。

伴随物质上的新奇和丰富而来的，正如我们在前文中所看到的，就启蒙思想而言，是个人的地位，理性的重要性以及人之为人的价值都是体现在其个性中的，而非体现在他们所处社会阶层所具有的外部功能上。这些观念有利于建立任人唯贤的制度，并对传统的社会结构提出了挑战，即那种将君主置于金字塔的顶端，其下是贵族，而所有其他阶层都在他们之下的社会结构。在 18 世纪，一个聪明的农民小伙可以从事贸易，如果成功的话，他就可以当上某个省内的市长；如果足够勤奋且运气好的话，他甚至可以跃升为地主阶级的一员[18]。女性当然可以通过"好姻缘"实现阶级跃升，尽管"迷信"等级制的丹麦社会最希望确保家庭的组建不会被证明是"门不当户不对的亲事（mésalliances）"。因此，作为 18 世纪许多小说和中下层民众梦想的主题，可靠的"高攀"的婚姻在 18 世纪的丹麦生活中只占很小的比重。

禁奢令的反复颁布（这类法律的一个普遍特征），说明了社会流动性的不断加强和商品所有权的不断扩张。基本上，违反这些法律比遵守它们更受人尊重，这些法律似乎丧失了约束力，或至少其约束力相当有限。对实际奢侈品消费的研究也支持了这点，这些研究是基于对当时的存货清单和进口海关清单的分析。[19] 很简单，18 世纪丹麦的好人在自己的家里、橱柜里、箱子里和抽屉里藏有自 1736 年以来被禁止的所有类型的服装、织物和配饰，参与国际贸易的商人可以获得他们想要的一切。[20] 其他欧洲国家的情况也说明了这一点。[21]

然而，正如我们所看到的，对于丹麦来说，有一个重要的事实是，它的禁奢令比其他许多国家的持续时间要长很多。在博物馆和私人收藏中，许多按照19世纪前三四十年的样式制作的女性服饰实际上是由18世纪末的织物制成的。我们很难知道，这些裙子是否是因为禁奢令而被藏起来并加以保存的。另外，或者可以说，这可能是一种对珍稀材料的资源再利用，因为早期的箍裙使用了大量的布料，这些布料可能在世纪之交被裁剪成新的、更合身的服装样式。[22]

禁奢令与重商主义

　　很明显，禁奢令颁布的主要目的是在社会地位和穿着之间确立稳固的联系。然而，它的存在也体现了另一重考量：经济。例如，从1783年关于限制"丹麦、挪威和其他公国的奢侈消费"的法令就可以看出这一点。[23]该法令的序言指出，奢侈的行为在个人和商业层面上都是错误的，会导致个体家庭和国家的集体贫困。这项法令传达出对经济的考量以及欧洲殖民帝国的崛起，后者使得所有这些带来时尚和享乐的商品以前所未见的规模被进口，而这两方面因素都被纳入了同一个思想体系中：重商主义。

　　这一理论和相关实践主导了17—18世纪的欧洲贸易方阵，尽管"重商主义"这个词是后来才出现的。重商主义的原则是，尽可能便宜地获得原材料，最好是在生产地取得，然后在国内进行加工——从而促进国家财富的增长，而衡量标准就是国库中贵金属的数量。[24]这意味着两件事：第一，在服装中使用金银被认为是直接降低了国家发行的硬币的价值。第二，购买外国制造的物品被认为是对消费国财富的消耗，并使财富直接流入生产和销售这些商品的国家。对此显而易见的应对方式就是立法，限制消费外国奢侈品，促进对本国产品的消费。因此，像这样的保护主义法律在整个欧洲很常见。这种立场在前面讨论的 1736 年的法律中得到了明确体现。该法律除做出其他规定外，还试图"阻止高涨的奢华服饰消费，因其……使大量财富流出本国"。[25] 该法律规定，只有通过国王的船只进口的刺绣或彩色丝绸才被允许购买——在这种情况下，利润部分进入皇家国库，部分归作为股东的贵族和富商——而除了本国生产的，蕾丝也被禁止消费。

因此，到了 19 世纪，丹麦曾不断颁布的禁奢令的衰退不仅表明社会等级和组织的变化，也说明重商主义思想正在被自由主义取代。1797 年，丹麦—挪威王国对海关系统进行了全面改革，引入了（国家层面的）自由贸易，到了 1855 年，丹麦的大多数商业和贸易垄断被取消，形成了现代自由主义经济的基础。出于道德、文化、政治和经济方面的原因，禁奢令终于退出了历史舞台。[26]

荣誉与礼仪

现在，让我们转向不断壮大的资产阶级，探讨在这一群体中社会地位是如何被表现出来的，以及他们的社会阶层是如何通过物质得以展示的（图 6.2、图 6.3）。描述中产阶级行为准则的最佳方式是描述其"对荣誉的渴望"。在丹麦语中，"对荣誉的渴望"指的是树立"值得尊敬的志向"，这个短语在法语和德语中也可以找到（如"值得尊敬之人的行为或志向"和树立"一种有荣誉感的志向")。随着 18 世纪的发展，启蒙运动关于荣誉的理念越来越多地与外在的社会阶层脱钩，而与人的内在品质相关。狄德罗和达朗贝尔所著的《百科全书》明确将"荣誉"定义为与自尊有关，是不论做任何事情都以遵从德性来获得令他人尊重的体验。因此，令人尊敬的绅士与其所具备的美德及由此而来的行为有关；由此，"荣誉"这个词就与道德联系在一起了。[27] 在德语版的《百科全书》(*Allgemeine deutsche Real-Encyclopädie für die gebildeten Stände*, 1796 年) 中，"荣誉"被定义为对个人价值和行为的认可，与"等级"相反，后者被用来说明一个人比另一个人处在更优越的位置，它通常存在于本国统治者颁布的社会位阶表中。[28]

无论荣誉是作为社会机制还是作为个人感受，对其的表现都很重要——在公共场合，这意味着穿着和举止得体。这些因素结合在一起，才能一起形成对荣誉的恰当展示。正如下文即将给出的说明，只顾及一方面而遗漏了其他方面是不行的。因此，在 18 世纪的丹麦，一个仅有中等收入的人——当然是指没有正式的位阶或头衔——可能会渴望佩戴一把长剑或短剑。这个古老的代表贵族阶层的标志被社会下层人士采用，同时借鉴了以前指代精英阶层服饰的词汇。当雅各布·古德 (Jacob Gude)，即后来的哥本哈根救济院院长，于 1769 年进入大学时，他的父亲不仅给了他新衣服，还给了他一把银色的长剑。据古德回忆，第二天他就穿上新衣服去了大学。然而，由于长剑很长，而古德很矮，他撞到了他人。每当他笨拙地转身以确保他人注意到自己，他同时意识到，他只是短暂地佩戴了这把剑，事实上，这对他而言只是一种借来的荣誉象征。[29]

因此，仅仅是一把长剑并不能单独发挥作用，它必须被妥当地佩戴。一般而言，一个人的一举一动都必须庄重优雅（另外两个具有多重内涵的这类词在近代早期也非常重要）。舞蹈和击剑教师出版了一本又一本关于正确行为的书，涵盖了生活中的大部分场景。例如，哥本哈根的舞蹈老师海因里希·希罗米（Heinrich Hieronymi）在他 1742 年翻译的德国人戈特弗里德·陶伯（Gottfried Tauber）所写的舞蹈书中，就如何走路、站立和与有地位的人打招呼——他称之为"尊贵的人"，都给出了相应指导：首先，你将头稍倾向一侧，礼貌地看着"尊贵的人"。然后双脚分开，微微鞠躬，双臂稍向下摆。当站在"尊贵的人"身边，你要稍稍踮起脚跟，双膝弯曲，将前脚挪向后脚的脚跟，停在那里，随后保持前脚脚尖着地，轻轻地靠近自己，停在离后脚的鞋扣约一步的地方。在这个位置，你要将头放得更低，随后是身体的其他部分。如果"尊贵的人"地位很高，你就向下看；如果你们的地位相当，你就看着他 / 她的眼睛。整个问候过程以身体恢复直立的姿势结束，此时双臂垂在身体两侧。[30] 帽子的穿戴也有一套相应的规则，更不用说如何亲吻——或者对女性来说，如何使用扇子。

　　用当时的话说，这一系列"表演"是出于表现荣誉的要求。它们被认为是内在品质的外在形式，即个人美德在公众面前的表现。在这种表演中，服饰所处的地位显然非同寻常。不仅服装和配饰的时尚性发挥了作用——它们的流行度、面料、剪裁、整洁性，而且关于它们是如何被优雅地穿着也是展示的重要组成部分。在 18 世纪，社会地位与这类身体表达有着不可分割的联系。

流行文化中的阶层与服饰

这里所展示的鼻烟盒（图 6.5）是由一位手艺高超的工匠为一名精英阶层的客人制作的。在精英阶层中，吸鼻烟是一种非常时尚的消遣方式，这可能与一个视觉上的玩笑有关。

这个来自 18 世纪晚期的鼻烟盒，并没有像以往那样展示时髦或都市生活的场景，而是在盒盖上刻画了社会中的四个"阶层"。贵族穿着红色的丝绸，佩戴着代表丹麦最高地位的徽章，即星星和戴着蓝丝带的大象。中产阶级市民穿着精致的灰蓝色丝织品，他的手杖上有一个银色的套箍。牧师穿着华丽的教士服，这是丹麦自 17 世纪后 30 年开始在法律中所规定的。农民则背对着我们，

图 6.5　展示了当时社会中四个"阶层"的鼻烟盒，约 1760 年。National Museum of Denmark, Modern Collections.

穿着他的家纺羊毛大衣，此外，他是唯一一个留着"自然头发"的人。农民凑合坐在一个凳子上，而不是一把椅子上。其他三个人戴着假发，其假发也各不相同，贵族戴的是比较奢华的样式，牧师戴的是官方规定的庄重发型，而中产阶级市民的假发则是梳理好的卷发。这些假发本身就说明了社会秩序是如何建构的，以及对每个阶层而言，什么样的行为在文化上是被允许的。

然而，这个鼻烟盒盖子上的小图片也提醒我们，地位和服饰之间的联系并不只是存在于精英阶层。在城市和乡村的流行文化中，尽管与精英阶层的情况不同，资产阶级和农民还是都有各自关切的地位问题。在许多关于时尚和服饰的研究中，这种关系被忽视了，因为服饰史学家和服装专业的学生出于各种原因，倾向于把大部分注意力放在更时尚的衣服上，这些服饰看起来很华丽，而且经常成为视觉艺术表现的对象。[31] 然而，服装有一个更广阔的背景[32]，而且被反复确认的大众服装的差异通常不被视作时尚关注的范围，而精英们的服饰则是紧随时尚的，这掩盖了一个事实，即普通人也受到时尚潮流变化的影响。[33] 可能是仆人通过为雇主服务进而接触到精英阶层的时尚——例如，女仆和男仆继承了主人的衣服、鞋子和丝带——或者是在遵循流行文化的着装和行为准则时有选择地采纳了高级时尚的某些特征。[34]

有一个例子可以说明普通民众的时尚消费情况。1787 年，在丹麦富宁岛的一个村庄伦达格，一对年轻夫妇来到布拉赫斯堡庄园 [比勒 - 布拉赫（Bille-Brahe）伯爵所在地] 的一个佃农农场工作。年轻的拉斯姆斯（Rasmus）和安妮（Anne）拥有农具、动物、木制家具以及传统的陶罐和碗。此外，他们还拥有大量床单，不仅包括自制的样式，还有一些新奇的样式，如靛蓝色和雪尼尔红色的宽条纹床单。[35] 在日常穿着上，拉斯姆斯和安妮可能看起来是典型的下层阶级男女，尽管具体情况在资料中并未提及。拉斯姆斯可能穿着（粗）亚麻布衬衫、马裤和由家纺土布或麻毛交织面料（linsey-woolsey）制成的无袖马甲，戴一顶带流苏的针织帽，脚上穿着木屐。安妮可能穿着衬衫、胸甲、披巾和裙子，最上面的那条裙子是用漂亮的麻毛交织面料制成的。她也可能会穿着福尼安木屐艰难前行。然而，如果富尼亚农民服饰一般适用于这里的话，那么她的帽子可能有丝带，在帽子下面会露出蕾丝，而且帽子上可能经常有用银线和金线绣的美丽图案。[36] 拉斯姆斯和安妮以及无数像他们一样的人的情况表明，对外表和地位的关注、现代器物的吸引力以及对荣誉的渴望并不限于城市居民和精英阶层。事实上，现实远非如此。在漫长的 18 世纪，这种关注影响着大部分人的生活，尽管其具体表现因消费者的背景和文化而各不相同。

1800 年左右，埃利亚斯·迈耶（Elias Meyer）在丹麦西兰岛西北部的勒文堡庄园画了一幅表现草地上的农民的画（图 6.6）。现存的描绘 18 世纪农民的画很少，而且通常都是描绘其工作场景的。这幅画也是如此：在某个夏日，人们正在打草，一个小伙子找准时机，和村里的一个年轻姑娘走到了一起，而他们的狗则在一旁盯着他们。

这幅画的风格显然是浪漫主义的，但是画中这对男女的穿着打扮与当时西兰岛地区的现实情况相当接近[37]（对乡村文化的关注是浪漫主义运动的一部分），而且，如果稍稍发挥一点想象力，我们甚至可以把他们看作来自伦达格村的安妮和拉斯姆斯。为了打草，草地上的其他农民和这对年轻男女都没有穿外套，而是穿着轻薄的亚麻布衣服；年轻姑娘穿的围裙可能是用轻薄的羊毛料制成的。由于工作的原因，他们戴着轻巧的系带帽和宽边帽。这样的场景引发了 20 世纪 80 年代英国艺术史上的争论，即托马斯·庚斯博罗（Thomas

图 6.6 《西兰岛勒文堡庄园草地上的农民》(*Peasants at the Meadows on the Estate of Løvenborg in Zealand*), 埃利亚斯·迈耶, 大约 1800 年。National Museum of Denmark, Modern Collections.

Gainsborough) 在打干草的场景中所描绘的衣着时尚的农场女孩是否真的能穿着如此时尚,抑或这只是艺术家的幻想,忽视了作品应有的真实性。对此的普遍结论是,农场工人很可能接触到了当时的时尚,但也许不是通过日常劳作实现的。[38]

流浪者的服饰

然而,并不是每个人都有自己的固定居所,生活在某个城镇、村庄或庄园里。有一群也许占总人口10%的人，他们四处流浪，生活在街头，为其他群体所不容。他们的穿着和普通大众相差无几，只不过可能比大部分人更衣衫褴褛；他们也不是都有鞋子穿，当然更没有18世纪的身份标志——假发。流浪者和吉卜赛人一样，在穿着打扮上带有明显的异国情调，如大耳环、头巾，女性则穿着鲜艳的裙子，上面缀有荷叶边——考虑到他们居无定所的生活方式和时而遭受当地居民的虐待，将之与衣衫褴褛的打扮联系起来的情况也就能够被理解了。[39]

另一些人如在夜间活动的人，则处在更加边缘化的位置。在那个没有电灯的时代，对大多数人来说，夜晚的黑暗意味着焦虑和恐惧。城镇（在夜晚）加强戒备，并确实封锁了一些地方。火灾、盗贼和潜行在夜间的人都威胁着镇上本分的居民，而居民们最担心的就是这些在夜间出没的人：从文化和法律上讲他们是"不老实的"人，如镇上的刽子手、吉卜赛人和流浪者。女巫们邪恶的仪式就在午夜举行。城镇的垃圾处理也是由"夜行者"负责，从对他们的称呼就可以看出他们所背负的污名。就像女巫一样，他们被认为在不恰当的时间做着"不体面的"工作。而在农村，人们只担心精灵和狼人等超自然生物的出没。[40]

在整个中世纪的欧洲大部分地区，这些社会边缘人的服饰通常带有特殊的标志。例如，城镇中的刽子手通常会穿上鲜艳的衣服；有时他们的妻子还必须戴着与妓女一样的头饰。穷人则有不同的标志，这些标志甚至被写进法律，从丹麦洛兰岛上的布尔索（Bursø）医院（救济院）外墙的这幅幸存的砂岩图就可以看出（他们的装束）（图6.7）。

这座救济院建于1703年，这幅画可能是同一时期的作品。这位女乞丐穿

图 6.7　从丹麦洛兰岛的布尔索救济院移走的乞丐妇女雕像，大约 1703 年，砂岩。中世纪和文艺复兴时期。National Museum of Denmark.

着与她的身份相对应的服饰；衣服的布料应该是一种家纺羊毛料，颜色可能是深棕色、灰色或黑色。她左侧的十字架是乞丐的标志，代表她是被本地权威机构承认的乞丐，这些权威通常是指当地的领主或庄园主，以及教区牧师。

　　她乞讨得来的钱可以给医院带来一定的收益；否则，她会被移交给教区基金会或大庄园。然而到了近代早期，这些传统开始消失，在 18 世纪，它们似乎已经彻底消失了。似乎就像在启蒙运动中禁奢令越来越被视为过时和难以为继一样，通过服饰上的明显标志来污名化某些群体也逐渐站不住脚了。

结　语

　　本章中几乎所有例子都来自丹麦王国，在近代早期包括丹麦和挪威王国、石勒苏益格公国和荷尔斯泰因公国，以及北大西洋的冰岛、法罗群岛和格陵兰岛。在中国的商行、印度的殖民据点——泰米尔的特兰奎巴尔（Tranquebar）和孟加拉地区的弗雷德里克斯纳戈尔［Frederiksnagore，今塞兰坡（Serampore）］——非洲黄金海岸（今加纳的一部分）的港口，以及在西印度群岛的圣托马斯岛、圣约翰岛和圣克罗伊岛（今美属维尔京群岛）的殖民地，它们共同构成了一个中等规模的斯堪的纳维亚—欧洲公国的形象，与阿尔卑斯山以北和俄罗斯大平原以西的许多其他公国一样。然而，前面所讨论的地位与服饰之间的关系以类似的方式在整个启蒙时代的欧洲传播开来，并在某种程度上传到了其殖民地，这里所讨论的大部分内容原则上也适用于阿尔卑斯山以北的欧洲以及南欧和东欧（尽管在奥斯曼帝国统治下的东南欧受影响程度相对较低）。

　　近代早期的欧洲非常热衷于通过外表反映社会地位，在这个社会中，不同的社会地位，对这种地位的展示，以及对这种地位在文化、社会、法律和最终的经济实力上的反映都是非常重要的。"地位"源于拉丁语，意思是站立——地位的象征是传达或假装占据某种社会地位的外在标志。显然，对于社会的最高层来说，情况正是如此；然而，他们关注的不仅仅是表明自己的身份地位。在 18 世纪的漫长岁月中，即将崛起的资产阶级也忙于确认自己的社会地位，或者用他们自己的话说，是渴望属于他们的荣誉。农民也有地位方面的考虑，尽管这一点常常被遗忘。我们看到了点缀着靛蓝色和雪尼尔红色条纹的床单，并在他们的服装中发现了对丝绸和棉布的使用。在居住场所中，空闲空间和装饰性家具等也成为标志这部分人社会地位的例子 [41]，就像精英们在他们的庄园和城堡中所做的那样。

近代早期对地位的关注导致了各种仪式、典礼以及将社会地位和外表的关系加以固定（或试图固定）的制度的产生。位阶表和禁奢令是这些手段中最常见的，欧洲的君主专制国家试图通过这些手段将外表与地位绑定起来。然而，尽管在这方面做了细致的工作和努力，但除了传达某种社会理念外，它们从未取得过真正的成功。随着早期现代性的衰落，这种理念在启蒙运动的影响下发生了变化。对于正在崛起的资产阶级来说，地位不再是有身份的人的专利，它开始被认为取决于人的内在品质，而这些品质则是通过特定行为表达出来的。这种观念所引起的关注之深，以至于荣誉及其表现被当作适合出现在百科全书中的条目，而它们也正是从这一时期开始出现的。显然，即使禁奢令和位阶表已经让位于崇尚美德的民主思想，将服饰、外表和社会地位联系起来的机制也仍未消失。相反，它只是换了不同的方式来表达，通过时尚性——与所有当时出现的新商品和想法挂钩——与克制和个人的礼节相结合。同样，在流行文化中，社会地位在某些商品、愿景和行为所产生的复杂的共同作用下，以类似的方式被解读和表现出来，而时尚在其中则扮演了至关重要的角色。

第七章　民　族

芭芭拉·拉西奇

在 1680 年的《风流信使》（*Mercure Galant*）中曾有人写道："现在人们只穿印度印花布做的衣服；而这些衣服做得非常好，没有什么比这种衣服更能修饰人的外表了。"一个世纪后，《新时尚杂志》（*Magasin des Modes Nouvelles*）在讨论当时的时尚时说："没有人能够否认，法国女士们影响了几乎所有其他国家的时尚；尽管如此，但我们必须承认，这些几乎都是某种复现，她们自己的时尚不正是从波兰、英国、土耳其和中国借鉴而来的吗，在不到两年的时间里？"[1]

这两段来自当时最有影响力、阅读量最大的法国杂志的引文，证明了时尚与异国情调和差异化的长期交融。对近代早期的法国时尚的理解，不能脱离欧洲与世界其他地区之间的全球商业贸易网络。欧洲对进口奢侈品的依赖，从瓷器、漆器到咖啡，一直是学者们广泛研究的对象。正如马克赛因·伯格（Maxine Berg）所指出的："在 18 世纪，奢侈品和工业消费品在全球范围内的交易，不仅提供了用于制造新商品的劳动力和原材料，还催生了塑造该时期产品开发的设计、时尚和精心的营销手段。正是由于在更大范围内被消费，消费品才在当时的全球经济中逐渐成形。"[2]

17 世纪东方强大的商业利益团体的发展以及欧亚贸易的活跃和成功，给欧洲带来了大量稀有而珍贵的商品。英国东印度公司在向欧洲传播和进口奢侈品的过程中发挥了关键作用。它成立于 1600 年，意在与印度次大陆进行贸易，被认为是推广东方奢侈品的主要代理人。在一家荷兰特许公司成立两年后的 1614 年，丹麦东印度公司成立。它的法国同行，1664 年成立的法国东印度公司，也进口了包括香料、瓷器和纺织品在内的大量贵重物品。学者弗朗索瓦·夏彭捷（François Charpentier）受让 - 巴普蒂斯特·柯尔贝尔（Jean-Baptiste Colbert）[1] 委托，撰写了一本旨在为公司吸引股东的小册子，他毫不含糊地肯定了这些进口商品作为必要奢侈品的地位，并指出，"进口的所有这些东西现在已经成为不可或缺的必需品"。[3]

因此，在印度和中国建立的一些特许公司和贸易站为欧洲进口大量印度纺织品提供了便利。在欧洲商人到来之前，印度的印花棉布从科罗曼德海岸出口至他国已经几个世纪了，已知最早记录纺织品贸易的文献可以追溯到 5 世纪。而到了 17 世纪末，它们占到了东印度公司全部出口贸易商品的 70%。[4]

棉花成为"特许公司在亚洲和欧洲之间交易的最重要的商品"。[5] 虽然薄纱

[1] 让 - 巴普蒂斯特·柯尔贝尔是法国政治家、国务活动家。他长期担任财政大臣和海军国务大臣，是路易十四时代法国最著名的伟大人物之一。——译注

和白棉布构成了这类进口商品的主要部分，但它们并不如被称为"印度印花布（Indiennes）"的那种色彩鲜艳的印花布受欢迎。正如贝弗利·莱米尔和乔治·里耶洛（Giorgio Riello）所说，这些印花布是"出现在西方市场上的最具革命性的商品之一"，也是"进入欧洲的最重要的亚洲进口商品之一"。[6]

这些进口纺织品通过手绘或木刻方式制作，通常以色彩鲜艳的枝蔓和蜿蜒重复的花卉图案为特征，它们很快就迷住了欧洲人[7]。其精美的设计被广泛用于家居装饰，通常在小房间或卧室里被用作挂饰装点墙壁或床。印花棉布也几乎立即被用于制作服饰。从连衣裙到马甲、衬裙、夹克，再到草帽的衬里（图7.1），印花布的流行，使得巴黎有影响力的杂志和潮流创造者——《风流信使》——在1681年写道："现在所有衣服都是用印度印花布制作的。"[8]

印花布的吸引力可以从实用的角度来解释：它穿起来很舒服，而且有一个很大的优点是可清洗。[9]然而，它们在穿着上的舒适度不应削弱其在美学上对

图 7.1　编织草帽，英格兰或荷兰，约 1700 年。©Victoria and Albert Museum, London.

人们产生的吸引力。它们不易褪色的特性和设计上的多样性，大大增加了它们的受欢迎程度。印刷工艺使人们能够创造出多种样式和图案，从而使棉布完全能够配合不断变化的时尚。[10]

一般而言，印花棉布是符合欧洲人品味的。例如，印度消费者喜欢深色底、浅色花，而欧洲人则喜欢印在浅色或白色底上的花。[11]商人们从未忘记取悦欧洲客户的重要性。正如奥利弗·拉沃（Olivier Raveux）所认为的，"英国东印度公司在这一发展中发挥了重要作用。早在1643年，该公司的伦敦董事就决定采取新的纺织品采购政策，要求他们的代理商送来的织物图案更符合英国消费者的口味"。[12]当时法国的时尚风格也影响了这些印花布的设计，例如，让·贝兰（Jean Berain）创造的受欢迎的奇异图案以印刷品的形式东渡，我们可以在18世纪早期科罗曼德海岸制作的印花挂饰上找到它们的踪迹，尽管该图案在欧洲的稀有性表明它在欧洲较少受到青睐。[13]以欧洲丝绸上的精致图案为基础的印花布更受（欧洲人）欢迎。

带刺绣和手绘图案的丝绸也被大量出口。它们构成了中国出口商品的主要品类之一。17世纪，在威尼斯、里昂和图尔等经济发达的制造中心的支持下，欧洲的丝绸工业得以成功建立，可以说其削弱了从中国进口这类商品的影响和必要性。事实上，正如莱斯利·米勒（Lesley Miller）所指出的那样，在18世纪末，法国才是将丝绸出口"至奥斯曼帝国、黎凡特和安的列斯群岛"的国家。[14]尽管如此，中国丝绸还是成为其在欧洲的竞品的合适替代品，人们对它的喜爱仍贯穿整个18世纪，如1763年休伯特·德鲁埃（Hubert Drouais）所画的蓬巴杜夫人（Madame de Pompadour）的肖像中，她穿着一件彩绘的中国丝绸做的法式长袍（图7.2）。[15]这件长袍上的图案，与其说是中国传统丝绸绘画艺术的延伸，不如说是对印度印花布上流行的花卉图案的巧妙改造。[16]

异国的印花棉布和手绘棉布大受欢迎，以至于法国在 17 世纪 60 年代开始生产替代品。[17] 因此，到了 17 世纪中叶，"印度印花布"一词既表示真正的、不易褪色的亚洲纺织品，也表示法国仿制品。那些彩色的印花棉布由于被认为是对法国丝绸和羊毛纺织业的威胁，因此受到了严格的法律约束。1686 年，在法国，丝绸和印花布被禁止进口，其仿制品——那种手绘的印度印花布——的制作也被禁止。皇室颁布条令为这一决定辩护，提到"数百万人离开了国家（……），在法国长期发展的丝绸、羊毛、亚麻工业大幅减产（……），因此法

图 7.2 《蓬巴杜夫人在她的绣架旁》(*Madame de Pompadour at her Tambour Frame*)，休伯特·德鲁埃，1763—1764 年。Photo：DEA PICTURE LIBRARY/ Getty Images.

国失去了大量因失业而不得不离开国家的工人"。[18] 这一说法暗示"人才流失"严重阻碍了法国在奢侈品生产上保持领先地位的野心。最终,这种极端的贸易保护主义甚至蔓延到了邻国,在西班牙(1713 年)和英国(1721 年的全面禁令)也实施了(类似法律)[19]。

外贸商人和店主原本要在 1687 年 12 月 31 日之前处理掉他们的印花布库存,后来这一期限被延长到 1688 年 12 月 31 日。他们还被要求销毁他们所有的印花模板。那些不服从命令的人受到严厉的谴责,并被处以巨额罚款。不过也有一些例外,例如,1695 年 1 月 22 日,法国东印度公司被允许将价值 15 万里弗的印花布带回船上,期限为三年,但只能在国外销售[20]。

法律上存在的一系列漏洞,使得那些不在中央政府严密管控下的城市和地区,如马赛、鲁昂、南特和巴黎的兵工厂,可以继续生产印度印花布[21]。尽管有这些自由的飞地,走私活动仍很猖獗。不足为奇的是,法国社会的最上层也有违抗命令的行为,人们议论纷纷,富人和有身份的人使用手绘面料是被默许的:"人们不会拦下马车里的公爵夫人,也不会拦下收税员的妻子。即使我们成功阻止了他们在外面穿这些手绘面料的衣服,我们也无法阻止他们在家里这么穿,更无法阻止他们用这种布料来装饰他们在乡下和城市的居所。"[22] 格林男爵任性地说道,国王的情妇蓬巴杜夫人自己也公然无视禁令,用走私的布料装饰她在贝尔维尤的居所。[23] 印度印花布在社会最上层中的公然使用、秘密工厂的存在和猖獗的走私活动都促使禁令在 1759 年 9 月 5 日最终被解除。[24]

到 18 世纪初,印度印花布和中国丝绸已经在西欧的服饰和室内装饰领域确立了稳固地位,但对它们的普遍消费不应仅仅被看作反映了面料上的流行时尚。印度印花布上的花卉图案对欧洲人的吸引力,与他们对花卉和异国植物的普遍爱好交织在一起。这种兴趣在众多的异国花园中有所体现，如杜乐丽宫（Tuileries Palace）或后来的凡尔赛宫（Versailles）、罗宫（Het Loo）和汉普顿宫（Hampton Court）的花园。当时出版的花卉图集，如克里斯平·凡·德·帕斯（Crispijn van de Passe）的颇具影响力的《花卉园艺》（*Hortus Floridus*，1614 年）和尼古拉·德·波伊（Nicolas de Poilly）的《花卉图谱》（*Livre de Plusieurs Paniers de Fleurs*，1680 年），也确认了人们对异国植物的兴趣已经超出了植物学领域，其在艺术和装饰领域被广泛变现，从让－巴蒂斯特·蒙诺耶(Jean-Baptiste Monnoyer)的彩色油画到扬·凡·梅克伦（Jan van Mekeren）工艺精湛的镶嵌画（图 7.3）。

图 7.3　一束用蓝丝带系着的洋甘菊、玫瑰、橙花和康乃馨，让－巴蒂斯特·蒙诺耶，17 世纪 90 年代。Photo：Fine Art Images/Heritage Images/Getty Images.

重要的是，外部事件也激发了异国情调对欧洲人的吸引力。一方面，1680 年访问凡尔赛的第一个暹罗 [2] 使团为公众带来了绘有鲜花的纺织品，这对这类纺织品的广受欢迎起了极大的推动作用。另一方面，《风流信使》充分记录下 1686—1687 年随着第二个暹罗使团到来而引发的"暹罗狂潮"，以及由此引发的暹罗服饰的流行，尼古拉斯·阿诺特（Nicolas Arnoult）的画就是一个例子，画中的年轻女子穿着所谓"暹罗"布料的条纹外衣。[25]（图 7.4）

在服饰和室内装潢领域中东方和异国纺织品的广泛出现以及对它们的大量需求，也需要放在法国礼仪文化和东方主义小说日益流行的大背景下加以理解。因此，维克多·雨果（Victor Hugo）所说的"路易十四的统治是希腊化的，而现在的我们是东方化的"确实是被误读了。[26] 法国和东方世界在商业、文化和政治方面存在广泛的交流，如果把法国的智识生活看作一个未受到这些交流影响的孤立实体，就会产生误解。法国与东方世界的交流不仅仅是物质上的。最近的研究表明，东方学在 17 世纪末的文学界已占据重要地位。众所周知，在让-巴普蒂斯特·柯尔贝尔雄心勃勃的收藏计划的推动下，法国国家图书馆极大地扩展了对东方文献的收藏，从而为下一世纪的法国东方学研究奠定了基础。[27] 几年后，1697 年，巴特勒米·德·赫贝罗（Barthelemy d'Herbelot）的《东方图书馆》（*Bibliothèque Orientale*）是对东方学知识进行整理和传播的系统性尝试，它标志着发源自法国与东方关系的知识探索达到了顶峰。[28]《东方图书馆》所涵盖的大量知识证明了 17 世纪法国的东方学学者搜集和编写的文献所具有的重要性。[29] 早在 1641 年，德·斯库代里女士（Mademoiselle

---

[2]　暹罗：古代时中国对东南亚国家泰国的称谓。——译注

图7.4 《穿着盛装的优雅女性》(*Femme de qualité, en habit d'esté,détoffe Siamoise*)，尼古拉斯·阿诺特，摘自《法国宫廷时尚汇编》(*Recueil des modes de la cour de France*)，1687年。Image courtesy of Los Angeles County Museum of Art.

de Scudéry）就出版了以虚构的东方为背景的小说《易卜拉欣或杰出的巴萨》(*Ibrahim ou l'Illustre Bassa*)。安托万·加朗（Antoine Gallant）在1704年将《一千零一夜》(*Thousand and One Nights*) 翻译成法文，它可以说是当时最受欢迎的东方主义小说。它牢牢地巩固了东方在法国的奇幻和娱乐领域的地位，加朗对这些阿拉伯故事的生动翻译抓住了大众的想象。

印度印花布和它们的欧洲复制品不仅可以作欧式剪裁，还可以被用在那些形式上受到外国服饰启发的物品上。随着巴洛克风格的衰落和洛可可风格的兴起，晨袍（the banyan）成为时尚的城市男性衣橱中的主流单品。[30] 它源自古吉拉特语"vāniyo"，指的是商人阶层，后来被用来指代来自古吉拉特邦的印度商人或孟加拉地区的欧洲企业雇用的商人，继而用于指代被认为是这些男人所穿着的那类服装。[31] 如图 7.5 所示，真正欧式服装的样式，实际上是在 17 世纪初由荷兰东印度公司进口到西方的日本和服的基础上设计的。

这种晨袍通常由丝绸或印花布制成，可以像和服一样裹在身上穿。它们有时靠腰带固定在腰部，但也有一些用类似纽扣的物件来固定外套的款式。作为居家服装，它们通常是在家中非正式地招待客人时穿的，例如，在一些需要打扮的重要仪式上。此时，豪华的长袍可以衬托一系列珍贵的配饰，这些珍奇物件通常会在盥洗室的桌子上被醒目地展示出来。

图 7.5　印度出口西方市场的晨袍，1700—1750 年。Image courtesy of Los Angeles County Museum of Art.

晨袍的流行在 18 世纪达到顶峰，但它们在 17 世纪就已经非常流行了。莫里哀（Molière）的戏剧《伪君子》（*The Bourgeois Gentilhomme*）于 1670 年完成并于当年首次上演。这是一部尖锐的讽刺剧，剧中嘲笑了虚荣心强的主角——暴发户朱尔丹先生在社交场上的自命不凡，也证明了长袍在男装中的地位。主人公渴望超越他卑微的中产阶级地位，他自豪地提到他穿着一件用印度印花布做的衣服："我请人做了这件用印度印花布做的衣服。我的裁缝告诉我，有教养的人早上都会穿这种衣服。"[32] 对晨袍的喜好最终渗透到社会各阶层中，一方面，普通的中产阶级家庭也能买得起一件这种充满异国情调的衣服，尽管是用较便宜的印花或手绘的低品质棉布如士麦那产的布料来制作的。另一方面，富有的客户可以通过购买市场上的高端奢侈品、享用波斯棉布和高级的印度棉布带来的顺滑质感，宣示他们所占据的特权地位。[33]

晨袍的生产和消费涉及多种多样的面料及其颜色，可以是色彩绚丽的锦缎或低调的单色丝绸。正如勒米尔（Lemire）所说，当肖像画中出现晨袍时，晨袍往往象征着成功和博学的男子气概。[34] 1726 年，夏尔丹（J. S. Chardin）在一幅随笔画中描绘了一只收藏古董的猴子，它身穿亮橙色丝绸晨袍，满不在乎地打量着它收藏的奖牌，显然这幅画是在嘲笑这些收藏家的自负的追求和他们所穿的这类服装。卡尔·范·卢于 1767 年画的狄德罗肖像中狄德罗所穿丝绸长袍证明了这种联想仍然有效，虽然长袍的颜色有些暗淡，也没有任何花纹。[35]

但问题是，这些长袍在多大程度上确实被视为具有异国情调？晨袍的受欢迎程度体现在其出现于一些当时的时装插图里。在法国，少数出版商和印刷品销售商主导了这类图像的市场，其中博纳特（Bonnart）家族专门生产和分销时装插图和年鉴。这些印刷品的生产成本低、传播范围广，其样式简洁明了，主要是在相对简单但优雅大方的环境中展示单个人物。尼古拉斯·博纳特（Nicolas Bonnart）大约在 1676 年出版的一幅画里展示了一个穿着"晨袍（Robe de Chambre）"或"亚美尼亚长袍（à l'armenien）"的男人，画上附带的文字明确赞扬了长袍的舒适度和时尚性（图 7.6）。

然而，这种长袍的名称与实际的亚美尼亚时尚没什么关系，更有可能是由于亚美尼亚商人经手并控制了很大一部分用于欧洲市场的手绘和印花棉布，而这些棉布又被用作制造长袍的面料，才使得语言上出现了这种变化。[36]不过，"亚

图 7.6 《穿晨袍的男人》（*Homme en Robe de Chambre*），尼古拉斯·博纳特，摘自《法国宫廷时尚汇编》，1676 年。Image courtesy of Los Angeles County Museum of Art.

美尼亚长袍"这个名称并没有被系统地保留下来，1780 年出版的《时尚图集》(*Galerie des Modes*) 里的一张插图将一种类似长袍的袖子称作"印度宝塔 (en Pagoda)"，从而使这种服装的地理起源进一步向东转移。[37] 在 18 世纪早期，"en pagoda" 一词在 18 世纪早期经常在法语中使用，到了 18 世纪 70 年代，它被用来指代任何喇叭状的东西。[38]

在 18 世纪，哲学家让-雅克·卢梭可以说是所谓亚美尼亚长袍的最著名的消费者。虽然这巩固了这种服装在学术界的地位，使其作为思想者制服的身份合法化，但让-雅克·卢梭对它的喜好在一定程度上是出于实用的考量。因饱受泌尿系统问题带来的痛苦，这种长袍的宽松剪裁减轻了让-雅克·卢梭在身体上的一些不适，也便于他接受治疗。1762 年，让-雅克·卢梭在莫蒂尔住下时，他大部分时间都穿着这种长袍，塔拉瓦尔 (Taraval)、画家拉姆塞 (Ramsay) 和利奥塔 (Liotard) 为穿着这件衣服的他留下了著名的画像。让-雅克·卢梭的信件中多次提到他对面料的选择，其似乎是出于实际的考虑："我希望背景不是白色且容易被弄脏的，要有非藤蔓植物的图案，（……）较之好品味，我更倾向好品质。"[39] 然而，让-雅克·卢梭并非不考虑审美问题，在另一封写给女裁缝德鲁兹夫人 (Madame de Luze) 的信中，他用俏皮的语气评论了一件赏心悦目的衣服："我穿着这件美丽的丁香色长袍，看起来就像一个来自泰弗里斯或埃里温的英俊男子，我认为它非常适合我。"[40] 重要的是，鉴于让-雅克·卢梭要把这种长袍作为他的主要服装，他非常渴望这种长袍足够正式，可以在家以外的公共场合穿，特别是在教堂。考虑到这一点，他要求为他的礼服加上合适的丝绸镶边。[41] 也就是说，医学上的考量只是为让-雅克·卢梭选择服装提供了部分依据：这些长袍与他对欧洲文明的批评交织在一起。对他来说，时尚"败坏了美德，掩盖了罪恶"，因此他对服装的要求也不过是在表面上传达了他的进步思想（尽管他经常参与长袍的细节设计，而这也说明了他对时尚的抗拒并非发自真心）。[42] 让－雅克·卢梭对穿着经过修饰和改造的服饰的坚持，也突显了它们在应用上的一个重要方面，即作为主要的私人、居家服装。正如玛德琳·德尔皮埃尔（Madeleine Delpierre）所指出的那样，东方或异国情调的服装确实大多是先在家里非正式地穿着的。[43] 例如，蓬巴杜夫人拥有几条宽大的、收拢在脚踝处的东方长裤，即"sirwals"，她喜欢在家里穿它们，仅委托卡尔·范·卢（Carle Van Loo）将她穿着这些长裤的样子画下来，并将其融入一个精心布置的、异国情调的虚构场景；这是她的贝尔维尤城堡（Chateau of Bellevue）的门头装饰之一，后面会讨论。

异国时尚不仅直接表现在大量的居家服饰上，还表现在其他方面，而时尚和民族性之间的联系应该在奢侈品生产与消费的大背景下得到理解。人们日常穿的异国服饰在很大程度上具有私密性，它与家居装饰中的异国元素相呼应。洛可可风格的出现则预示着异国情调的装饰品的流行，许多装饰品的主题是以图画的形式表现外国服饰。到了 18 世纪 40 年代，这些装饰品已然无处不在。虽说设计它们的主要灵感来源地是中国和日本，但是在对东方进行审美和物质消费的同时，18 世纪中叶又出现了一种对土耳其风格的追捧潮流，这种时尚一直持续到新古典主义时期，尤以众多的土耳其风格卧室为代表。

对土耳其风格装饰品的推崇，需要在一个更广泛的文化框架内理解。安托万·加朗的《一千零一夜》在 1704 年至 1717 年分几卷出版，加之 1721 年土耳其大使访问巴黎，这些极大地推动了（欧洲人）理想化的中东文化的普及。土耳其风格广受欢迎，已经渗透到法国艺术的各个方面，勒海（Le Hay）

的《黎凡特各民族特征画像集锦》（*Recueil de Cent Estampes Representant Differentes Nations du Levant*，1714 年）的出版就是证明。这些中国风（Chinoiseries）和土耳其风格（Turqueries）与真正的东方或中东风格相去甚远，它们是设计师丰富想象力的产物，并且真实的和想象中的异国特征被混合在一起。它们所要达到的首要目标是美观，而科学或考古学上的准确性则可以忽略不计。

从陶瓷到家具，这些装饰品渗透到物质文化的各个方面，从皇家工场到小作坊都以同样的热情回应公众这股对欧洲商品化和标准化异国情调的需求。安托万·华托（Antoine Watteau）于 1708 年至 1715 年在穆埃特城堡绘制的东方人物，被认为是首次大规模地将中国风格融入家居装饰方案中的作品之一。[44] 尽管这些作品已不复存在，我们仍可以通过米歇尔·奥贝尔（Michel Aubert）于 1731 年出版的一系列版画了解它们。这些作品展示了一系列身着异国服饰的欧洲和东方人物形象，他们被小心翼翼地安插在一个装饰性的怪异结构中。[45] 艺术家弗朗索瓦·布歇（François Boucher）在 1765 年晋升为国王画师（Peintre du Roi），他通常被认为是洛可可风格的代表人物，也是新风景画派（Goût Pittoresque）中最为积极倡导中国风的大师。他创作的大量作品被广泛地应用于装饰艺术中。正如佩林·斯坦恩（Perrin Stein）所说，他以之前的印刷品为来源，成功地将它们改造为当时的洛可可风格。布歇的设计被复制到精致的塞夫勒瓷器和大幅豪华挂毯上，他的设计可能包括复杂的人物场景，其中包含各式各样身着异国服饰的人物，例如他于 1742 年为在博韦生产的中国风挂毯（Tenture Chinoise）所做的设计。

尼古拉·朗克雷（Nicolas Lancret）在巴黎布隆内酒店（Hotel de

Boullongne）沙龙的镶板上描绘了一个包着头巾、身着绘有阿拉伯花纹的土耳其服装的男人，他可能是在 1728—1729 年完成的，这标志着奥斯曼帝国的人物首次出现在室内装饰时尚中。近 20 年后，克里斯托夫·胡埃（Christophe Huet）创作了一幅更大、更复杂的野餐画，展示了一群身着土耳其服装的男女在打猎后享受美食的场景，这证明了异域主题的绘画在室内装饰领域的持续流行。奥斯曼帝国主题经常出现在瓷器中。在法国之外，代尔夫特早在 1700 年就开始生产绘有青花半身像的花托，而迈森瓷器厂则在 1725 年开始生产身穿"土耳其式"服饰的彩绘瓷器人物像。几年后，该厂制作了"土耳其乐师"的人物形象，它直接还原了乔治·弗里德里希·施密特（Georg Friedrich Schmidt）根据尼古拉斯·朗克雷特（Nicolas Lancret）画的土耳其音乐家所做的版画（图 7.7）。

图 7.7 土耳其乐师，迈森瓷器厂，1744 年。©Victoria and Albert Museum, London.

虽然对异国人物的刻画包含了对其服装的刻画，但这些并不是对真正东方服饰的准确、真实的再现，它们往往是幻想的混合，即将想象中的外国服装与当代装饰元素混合在一起。一个例子是安布罗斯－尼古拉斯·库西内（Ambroise-Nicolas Cousinet）的镀金银雕像，雕像表现的是一位土耳其女士在跳舞，她衣服上的垂纬更像是来自当时奢华的家居用品，而不是服装。这并不是说所有的描绘都是完全不真实的，有一些人物形象是根据出版的原始民族志印刷品中的形象复制的，旨在提供关于外国时尚的视觉概览。迈森出品的、1741 年由约翰·约阿希姆·坎德勒（Johann Joachim Kändler）设计的苏丹瓷器，其灵感来自查尔斯·德·费里奥尔（Charles de Ferriol）的《黎凡特集锦》（*Recueil de Cent Estampes*）中的一个人物，而切尔西的"黎凡特女士"在很大程度上得益于同一卷中的那幅《公寓中的希腊小姐》（*a Greek Lady in her Apartment*）。费里奥尔的《黎凡特集锦》可以说是对 18 世纪的艺术家最有影响的印刷品之一。这些版画来自艺术家让－巴蒂斯特·范穆尔（Jean-Baptiste Vanmour）在 1707 年和 1708 年创作的画作，他曾在 1699 年随法国大使夏尔·德·费里奥尔（Charles de Ferriol）前往君士坦丁堡旅行。后者委托他画下该城市的居民，这些画作随后在雅克·勒·海（Jacques le Hay）的主持下于 1714 年进行了刻版。

　　土耳其风格和中国风并不局限于表现单一人物，它们可以被包含在更大、更复杂的场景中，成为室内或室外庆典及娱乐活动的主题。1737 年，与布歇同时代的卡尔·范·卢创作了两幅画，描绘了苏丹及其后妃们所在的那个陌生而奢华的世界。他创作的《苏丹为情妇举办音乐会》（*Grand Turk Giving a Concert*）与其同年的补充画作《苏丹命人将情妇绘于沙龙》（*Grand Turk having his Mistress Painted at the Salon*）一起，有力地反驳了当时文学作品中把后宫作为男性利用权威压制女性的场所这种表达，而表现出了一个女人所具有的"无与伦比的力量"。[46]卡尔·范·卢的画位于一个不明确的仿古典空间中，空间由雄伟的圆柱支撑起来，其中放置了明显西式的家具，它赋予服装以调和与传递文化认同的重要意义。作为唯一可见的异质性标志，服饰指出了主人公的奥斯曼帝国成员身份，除此之外，这些人在其他方面都具有明显的欧洲特征。虽然卡尔·范·卢描绘的头巾、长袍和毛皮可能是其从绘有外国服装的版画得来的信息，但艺术家还是自由地发挥了他的想象力，把一个穿着亨利四世时期特有的开衩式长袖束腰外衣的人画了进去。显然，这里对时间和空间的挪用并不被认为是矛盾的，而是一种使二者相互加强表现效果的技巧。卡尔·范·卢的土耳其风格绘画以印刷品的形式被广泛传播，可以说为法国公众熟悉异国服饰做出了贡献。

虽然直到 18 世纪下半叶，东方服饰和配饰都主要是在家里穿，但在作为精心设计的东方题材小说中的道具时，它们也可以在公共场合穿着，其中一些有着明确的商业利益考量。成立于 1686 年的巴黎普罗科普咖啡馆（The Café Procope）是该市最早售卖咖啡的公共场所之一，它充分利用了这种饮料的异国情调，雇用了一队穿着东方服饰的服务员——被误认为是亚美尼亚人——为顾客服务。在豪华的大理石、镀金器具和瓷器之间，都市游客只要舒服地坐在椅子上，就能在沉浸于自己的东方幻想的同时享受身穿异国服饰的和蔼可亲的服务员的招待。[47]作为商业驱动力，服装在这种情况下是异国情调表演的一部分，用于增强顾客所体验到的时空变幻和随之而来的惊奇。

剧院和舞台也是传播异国时尚的重要媒介。表达遥远海岸和陌生习俗的戏剧确实是早期现代法国文学中反复出现的主题。莫里哀（Moliere）创作于1670 年的《伪君子》中出现的土耳其插曲，据说是受到傲慢的土耳其特使苏莱曼·阿加·穆特费里卡（Suleiman Agha Muteferrika）一次近期来访的启发，这部剧是最早将奥斯曼帝国的时尚搬上法国舞台的作品之一。该剧由让-巴蒂斯特·卢利（Jean-Baptiste Lully）创作背景音乐，由亨利·吉塞（Henri Gissey）设计华丽服饰，后者任职于内阁，负责安排所有宫廷盛典。吉赛争取到旅行家洛朗·达尔维（Laurent d'Arvieux）的帮助，在前往黎凡特的旅行中获得了关于奥斯曼帝国服饰的第一手资料。一幅现存的描绘卢利身着便服的水彩画意图表现当时奥斯曼帝国的时尚，而这种华丽显然是画作所预期达到的效果。[48] 整个 18 世纪，相当数量的戏剧和芭蕾舞剧的存在让公众维持着对东方世界的兴趣。伏尔泰在他的悲剧《扎伊尔》（Zaïre，1732 年首次演出）中呼吁宗教宽容，其背景是十字军东征时期的耶路撒冷。其剧中大量使用的"土耳其式"服装加强了这种时间和地理上的迁移效果，休伯特·弗朗索瓦·格拉维洛（Hubert François Gravelot）的插图就证明了这一点。在该剧首演40 多年后，法国演员亨利-路易斯·凯恩（Henri-Louis Cain，艺名"列肯"）被西蒙-贝尔纳·勒诺（Simon-Bernard Lenoir）誉为《扎伊尔》的苏丹（他最受欢迎的角色之一），在该剧中他身穿貂皮大衣，外披黄色锦缎长袍，头上戴着珠光宝气的头巾。尽管画家伊丽莎白·维热-勒布伦说这种装饰使他"看起来很可笑"，但它证明了土耳其服饰在舞台上的持续流行，以及公众希望继续感受到剧情和道具的一致性。[49]

查尔斯·西蒙·法瓦特（Charles Simon Favart）于 1761 年首次创作的流行剧目《索利曼二世》(Soliman II ou les Trois Sultanes，又名《三个苏丹》）

在服装的还原度上达到了新的高度。该剧展示了大量奢华的异国服装，大大提高了该剧所营造的土耳其故事背景的可信度，同时在服装上也有了新的突破，据说用到了在君士坦丁堡制作的真正的土耳其服装。法瓦特赞扬了他妻子的远见卓识（她在剧中扮演女主角），指出是她发起了这一变革，"敢于牺牲人物的统一性来保证人物的真实性"。[50] 正如法瓦特在回忆录中所指出的，这场在服装上倡导贴近现实的运动似乎也影响了其他表演者。就法瓦特妻子所扮演的苏丹王妃所穿的"得体而丰满"的服装而言，它并未得到一致认可，这表明，公众一方面渴望看到可信的舞台布置，另一方面也依然迷恋那种能把自己和台上角色联系起来的传统戏装，二者之间存在某种冲突。[51]

　　公开穿着受外国时尚影响的服装并不仅仅是演员和舞台表演者的特权。除了戏剧之外，皇家庆典活动也是公开穿戴异国服饰的场合。1662 年 6 月，为庆祝王储的诞生，在法国杜伊勒里宫的院子里举行了一场壮观的旋转木马表演，1299 名骑马的参与者身穿他国代表服饰，献上了一场精心编排好的奢华演出。这一精心设计的表演代表了当时法国对世界部分国家的统治。参加旋转木马是社会上流人士才有的特权，1662 年的表演由代表太阳的国王本人领衔，他打扮成罗马皇帝，带领一支罗马士兵组成的军队。另外四个方阵分别代表美国、波斯、印度和土耳其，表演者都穿着这些国家的相应服装。它们由亨利·吉斯（Henri Gissey）设计，灵感来自 16 世纪的版画和世界服装图鉴，如分别于 1562 年、1575 年和 1577 年首次出版的弗朗索瓦·德斯普雷兹（François Desprez）的《欧亚非服装集锦》（*Recueil de la diversité des habits qui sont en présent en usage tant es pays d'Europe, Asie, Affrique*）、梅尔基奥尔·洛克（Melchior Lorck）的《土耳其书》（*Turkish*

Book）和亚伯拉罕·德·布劳内（Abraham de Bruyn）的《飞扬的诗意》（*Omnium Poene Gentium Imagines*）。[52]

查尔斯·佩罗（Charles Perrault）在他的《王室成员年度珠宝图鉴》（*Course de testes et de bagues faites par le Roy et par les princes et seigneurs de la Cour en l'année M.DC.LXII*）中记录了由以赛亚·西尔维斯特（Israel Silvestre）绘制、吉斯设计的异国服饰，并对其加以详细描述。然而，它们只是近似地呈现了真实的异国历史服饰。被任命为土耳其军队领袖的孔德亲王（The Prince de Condé）戴着银色的头巾，上面饰有钻石和月牙形绿松石，还有显眼的非土耳其的白色、蓝色和黑色的鸵鸟羽毛。他的服装也同样华丽，他身穿深红色加银色的背心，垂纬镶有钻石和绿松石，袖子上还绣有一串银色的月牙形图案。[53] 在他的临时军事领导下的这支模拟土耳其军队成员身着相应服装，其上也有月牙形装饰——这是奥斯曼帝国的明确象征。[54]

化装舞会是另一个穿着异国服饰的理想场合。例如，1745 年在凡尔赛宫举行的庆祝王储结婚的假面舞会上就出现了许多异国服饰。雕刻家科钦（Cochin）的作品就清楚地记录了两个站在紫杉树旁的中式装扮的人物和镜厅（Galerie des Glaces）右侧的几个戴头巾的男人。

异国服饰的流行在当时的肖像画中得到了充分体现。罗莎巴·卡里拉（Rosalba Carriera）的粉彩画中，一位名叫菲丽西塔·萨托里（Felicita Sartori）的女士戴着珠光宝气的头巾和看起来是丝绸质地的卡迪披肩（kurdi），里面套着恩塔里马甲（entari），搭配一个恰到好处的面具，精妙地传达出这身装扮既精致又时髦的特性。让－艾蒂安·利奥塔（Jean-Étienne Liotard）在为玛丽－特蕾莎皇后画像时也采用了类似的手法：皇后身穿红色长袍和白鼬皮披肩（这无疑也是为了强调她在皇室的地位），右手特意拿着一个狂欢节面具。虽然这套服装的灵感来自利奥塔早先在君士坦丁堡画的一幅粉彩画，但它只是对真正的土耳其服装的一种模仿，因为它的束胸上身使整体剪裁带有明显的欧洲特色。[55] 利奥塔的肖像不应仅仅被解读为宫廷娱乐活动的记录。正如米歇尔·约南（Michel Yonan）所言，这幅画说明了玛丽亚·特蕾莎在帝国所拥有的权力，并有效地把东方伊斯兰国家弱化为"简单、肤浅和没有威胁的存在"。[56]

虽然整个 18 世纪都流行描绘土耳其化装舞会［从让 - 巴蒂斯特·格吕兹（Jean-Baptiste Greuze）创作于 1790 年的肖像画可以看出这点，他描绘了一位身着精心制作的服装——类似奥斯曼帝国服装的女士，她戴着珍珠头巾，穿着毛皮镶边的长袍，腰间系着丝绸腰带］，但如果认为所有土耳其风格肖像都必然是对节庆上化装舞会的再现，那则是错误的（图 7.8）。

图 7.8 《身着土耳其服装的女士 》（*Lady in Turkish Costume*），让 - 巴蒂斯特·格吕兹，1790年。Image courtesy of Los Angeles County Museum of Art.

相当数量的肖像画还描绘了身着真实奥斯曼帝国服饰的模特，因为一些西方旅行者委托画师创作这种肖像画作为他们在黎凡特旅行的纪念品。这些肖像画通常由欧洲艺术家或接受过画室临摹训练的本地画家绘制，充分体现了西方绘画的构图特点。画家让－巴蒂斯特·范穆尔和让－艾蒂安·利奥塔被认为是这些欧洲艺术家中最受人尊敬的。前者在君士坦丁堡一直待到1737年去世，并因其对外国使节的描绘和关于使节们的外交活动的绘画记录而闻名。他为英国驻君士坦丁堡大使的妻子玛丽·沃特利·蒙塔古女士（Lady Mary Wortley Montagu）画了一幅肖像，这位女士在金色长袍外穿了一件白鼬皮镶边披肩，长袍的一角塞于腰带内，露出下面的罩衫，这表明她的打扮采用了当时土耳其女性喜欢的样式。[57]蒙塔古的影响力不应被忽视，她的肖像和描述奥斯曼帝国服饰及习俗的信件都以印刷品的形式被广泛传播，极大地推动了土耳其时尚在英国的流行。[58]

让－马克·纳蒂埃（Jean-Marc Nattier）的肖像画《作为苏丹王妃的玛丽－安妮·德·波旁》（*Marie-Anne de Bourbon as a Sultana*）的构图与画中人摆出的姿态，让这幅东方主义肖像画跻身正式肖像画的公认谱系。作为对当时时尚的反映，画中奥斯曼风格的场景——其中描绘的黑人仆人和色彩丰富的土耳其地毯（尽管是在一个明显仿古典的场景中）给人以联想——在此也成为克莱蒙小姐（Mademoiselle de Clermont，即玛丽－安妮·德·波旁）衣不蔽体的理由。显然，在这里，这位衣着暴露的"浴中苏丹王妃"被认为是传统的"沐浴中的维纳斯或狄安娜"的合适替代品。

几年后，在洛可可风格的衰落期，卡勒·凡·卢（Carle Van Loo）就不再停留在用想象中的人物虚构差异性了。他的作品涵盖了肖像领域，他以蓬巴杜夫人的贝尔维尤城堡（Château de Bellevue）为背景所画的《作为苏丹王妃形象的蓬巴杜夫人》（*Madame de Pompadour as a Sultana*，1752 年）就是一个例子。蓬巴杜夫人坐在豪华的地毯上，被厚重的窗帘包围，画面中的她正在享用来自东方世界的异域产品：咖啡和烟草。她的着装与欧洲风格相去甚远，头巾、阔腿裤、卡夫坦长袍（kaftan）和卡迪披肩（kurdi）都让人联想到神秘的东方世界。虽然传言蓬巴杜夫人拥有相当数量的阔腿裤用于居家穿着，但没有记录表明她接受了更多奥斯曼帝国时尚。我们在这里看到的是，肖像画使画中人能够穿上只有在化装舞会上才被暂时接受的服装，尽管是间接实现的。这幅画作为"土耳其房间"中一系列门头画的一部分，一直是学者们广泛研究的对象。[59] 它于 1753 年在沙龙上展出，体现了这位王室女主人的尊崇地位，同时也明确了她对国王的顺从以及她较之宫廷中其他女性的优越地位。因此，范·卢对地理和文化的挪用既是对当时艺术风尚的回应，也是为推广自己而精心制作的作品。

正如伊丽莎白·维热－勒布伦在画中展示了优雅的社交场景，整个 18 世纪的肖像画都持续对异国服饰加以描绘。伊丽莎白·维热－勒布伦为阿格索·德·弗雷内斯夫人（Madame d'Aguesseau de Fresnes）画的肖像显示，它至少受到了三种外国风格的影响（图 7.9）。

她的头巾反映了土耳其时尚，飘逸的白色和金色长袍暗示了其与古希腊—罗马服饰的渊源，而她的红色天鹅绒披风（redingote）以及腰带上突出的玮致活（Wedgwood）浮雕，显然参考了当时英国的时尚品位。[60] 当时化装舞会服装和时尚服装之间的界限已经变得越发模糊，虽然范·卢和纳迪埃（Nattier）将舞台服装作为他们艺术创作的道具，但伊丽莎白·维热－勒布伦

图 7.9 《阿格索·德·弗雷内斯夫人》(*Madame d'Aguesseau de Fresnes*)，伊丽莎白·维热－勒布伦，1789 年。Image courtesy of the National Gallery of Art, Washington.

和她同行所描绘的服饰反映出当时的时尚。事实上，在 18 世纪的最后 30 年，将异国服饰用于日常穿着的各种创造活动及消费急速增加，1786 年的《时尚衣橱》(*Cabinet des Modes*) 里写道："法国女性，特别是在首都的那些女性，她们居于时尚潮流的中心，知道如何模仿和改造所有国家的服装。在法式和波兰式服装之后，我们看到了一连串的利未式、英国式和土耳其式的服装。一位美丽的女士在剧院或沙龙里穿着后面那些异域服饰，会比君士坦丁堡后宫里的格鲁吉亚或切尔克斯女人收获更确定且愉悦的胜利。即使是苏丹王妃也会嫉妒她的优雅、她的风度和她得到的赞美。"[61]

正如金伯利·克里斯曼－坎贝尔（Kimberly Chrisman-Cambell）所说，直到 18 世纪 70 年代，女性时尚还主要由两类服饰主导：一种是背部有宽松带褶织物（也被称为华托褶 [plis à la Watteau]）从肩部垂下的法式长袍（robe à la française），另一种是上身紧贴身体的英式长袍（robe à l'anglaise）。为了顺应时尚潮流，这两种类型的衣服都在镶边、面料和配饰上进行了适当调整，以跟上潮流。然而，18 世纪 70 年代也见证了大量不同构造的服饰的大量涌现，如波兰式长袍（Polonaise）、利未式长袍（Lévite）、切尔克斯式长袍（Circassienne）、土耳其式长袍和苏丹王妃式长袍。波兰式长袍有一件贴身的、带有骨架的上衣；裙子的下摆通过身后的细绳提起，通常系在三个垫子上；长袍套在一条圆形衬裙上，衬裙的下摆带一圈褶皱且刚好位于脚踝上方。土耳其式长袍和切尔克斯式长袍是波兰式长袍的变种：前者后面有一条拖尾裙，而后者的裙摆是圆形的。不过，两者都配有一件短袖的罩衫，露出里面长袍的袖子。利未式长袍的样式则更为随意，包括一个大披肩领和一条松散地系在腰间的长围巾（图 7.10）。[62]

图 7.10 穿利未式长袍的女人，摘自《法国时尚与服饰图集》，Charles Emmanuel Patas, Esnauts and Rapilly, 1780 年。Rijksmuseum, Amsterdam.

简而言之，当时的女性消费者在选择服饰时面临着更多选择，而其中大部分服饰都是受异国风格影响的 [63]。需要重申的是，这些对异国服饰的再现没有达到真实的还原效果：它们往往只包含了一些有"异国"特色的细节如腰带、条纹或头巾，就被认为足以传达异国情调了。

关键是，这种对异国情调的商品化在很大程度上是建立在明确且有创造性的语义指称基础上的。这些服饰潮流的一个重要特点是，它们倾向于将各自的地理起源加以融合和混杂，并采用不同的、有时又可互换的名称。例如，1787 年，《新潮流杂志》（*Magasin des Modes Nouvelles*）指出，"中式（à la Chinoise）"帽子与前一期出现的"土耳其软帽（Bonnet à la Turque）"没什么差别。[64] 尽管有些服装在结构、镶边或配饰上并没有明显区别，但它们因名称和指代方式的不同而被认为是新兴的或不同的时尚。变幻莫测的时尚由此被一种不可忽视的语义流动性支撑。时装插图充分体现了这种互换性：1779 年出版的《法国时尚与服饰图集》中，对一幅画的说明是这样的，"土耳其式长袍或切尔克斯式长袍，但与其他（长袍）不同；它有一个利未式长袍的领子，（……）这件衣服去年 7 月在巴黎皇宫首次展出时吸引了大众的目光"。[65] 这件衣服混合了不少于三种类型服装的元素——它们都一样流行——而它的终极胜利则是由它在剧院舞台上的成功带来的，这种成功直白地表明，作为道具的服饰抢了台上女演员的风头，但同时也可能指的是这种时尚曾经一度只限于戏剧舞台和化装舞会中。

像《新潮流杂志》这样的时尚杂志是创造这些术语的幕后推手。孟德斯鸠意识到时尚本身的短暂性并留意到城市消费者对新鲜感的追逐，早在 1721 年就在他的《波斯人信札》（*Lettres Persanes*）中说："一个女人离开巴黎去乡下待了 6 个月，回来时就像离开了 30 年一样古板"，杂志紧随时尚变化，并同时鼓动人们对时尚进行消费。18 世纪末的法国时尚杂志迎合了从贵族到女佣的各个阶层，乃至泛欧洲的不同受众。为了能贴近广大读者并给他们启发，《时尚图集》不仅小心翼翼地收录了奢华的服饰，还收录了更多普通人能够负担的时装案例。有一幅画展示了一位"身份尊贵的人"家中的家庭教师，这人身着简单的条纹波兰式长袍，它显示了异国时尚是如何渗透社会各阶层的。它们不再只是富有的精英阶层的专属，更多人体验到了经由服装带来的时尚旅行。

1788 年 7 月，蒂普－萨希布苏丹的大使抵达巴黎，让巴黎社会一下子看到了真实和想象中的亚洲服饰。正如马丁（Martin）所解释的那样，在他们抵达后，印刷公司夏洛尔（Chéreau）和朱贝尔（Joubert）立即出版了一份印刷品，描绘了虚构的大使们所穿的服装，它们让人想起范穆尔（Vanmour）在《黎凡特地区不同民族代表的百幅作品集》（*Recueil de cent estampes représentant différentes nations du Levant*）中所描绘的那些服装。而由于大使们渴望体验巴黎文化，这也确保了他们能够接触到更大范围的民众，当时的媒体也时常对他们的外表和行踪评头论足。[66]《新潮流杂志》对大使团的到来表示热烈欢迎，几天后，该杂志登载了两款名为"提普赛义卜式外衣（à la Tipu Saib）"和"印度式鲁丹郭特（redingote à l'indienne）"的新衣服，公开宣称它们与土耳其式、英式甚至法式服装的差别不大，它们实际上都是英式服装。[67]

异国情调的称呼不仅用于服装，一些售卖这些服装的商店也有类似的名称。格利夫人（Madame Gely）的店面被称为"三个苏丹王妃（Aux Trois

Sultanes)", 丝绸商人朱宾（Jubin）和诺曼 (Le Normandz) 将他们在巴黎的商店分别称为"三个中国人（Aux Trois Mandarins）"和"大土耳其"（Au Grand Turc)"。至于罗丝·贝尔坦（Rose Bertin），由于她和法国王室的亲密关系以及王后玛丽·安托瓦内特的鼎力赞助，可以说她是 18 世纪末法国所有服装制造商中最有声望的，她在首都中心的皇宫附近开设的商店被称为"大莫卧儿（Au Grand Mogol）"。这种做法让人想起其他奢侈品商人在相关行业的商业策略，即强调时尚和家具之间的相互作用：商人格兰奇（Grancher）在他的家乡敦刻尔克拥有名为"东方明珠（La Perle d'Orien）"的商店；1739 年，商人格尔桑（Gersaint）将他的商店名称从"大摩纳克（Au Grand Monarque)"改为"宝塔（A la Pagode）"，以表明他日益专注于奢侈品交易和进口亚洲物品（如东方漆器和陶瓷器）。[68] 然而，对这些商店所售商品的描述往往是抽象的："印度式"或"波斯式"这样的统称被广泛使用，而它们同样可以指其他外国进口产品或法国自产产品。这些商店有意模糊了真正的进口产品和本土制造、被西方化了的异国情调产品之间的界限，从而激发了这两类产品的吸引力。这些商店既处在本土的边缘，又是充满异国情调的异托邦，它们所带来的短暂时空变化，使得消费者的欲望和移情幻想可以在这里得到投射和呈现。

称谓在事实上进一步说明了时尚服饰和家具之间的相互作用："土耳其式"和"波兰式"这两个名称不仅用于服饰领域，而且被广泛用于指称特定类型的豪华且时尚的四柱床。《新潮流杂志》加强了这两类商品之间的联系，在同一期杂志中展示了一张"波兰式"的床——"一张有教养的、尊贵的人会选择的唯一样式的床"，以及一张"土耳其卡拉科式（caracos à la Turque）"的床。[69]

如果认为异国时尚的吸引力仅仅在于它们能够满足消费者的猎奇心理，那就错了。正如艾琳·里贝罗（Aileen Ribeiro）和克里斯曼·坎贝尔（Chrisman Campbell）所指出的，利未式或切尔克斯式长袍的吸引力在于，它们的剪裁在人们看来更自由、更随意。它们更轻盈、更宽松，被认为更容易穿戴，尽管它们狭小的上衣证明它们并未能将女性的身体从紧身胸衣的禁锢中解放出来。这些服饰实际在很大程度上保留了西方服饰的廓形，事实上，法式长袍和波兰式长袍在结构上没有什么区别。毋宁说，这类服饰与东方世界（其中居住着身处华丽后宫的神秘苏丹王妃）之间的联系让它们显得性感、富于情欲色彩，而这大大增加了它们的吸引力。时装插图迅速在上述联系上做文章，有时还让女性摆出具有暗示性的姿势来表现这种联想。此外，通过使用具有异国情调的鹦鹉或俏皮的猴子这类适当的道具，还可以进一步强化这类服饰所暗示的物理和地理意义上的迁移。

异族时尚的兴起，也应被视为一种策略，即转移对女性在着装上的轻浮和过度关注细节的批评，如《时尚信使》（*Courier de la Mode*）的编辑布迪埃·德·维尔默特（Boudier de Villemert）就曾表达过类似的批评。例如，在《女性之友》（*l'Ami des Femmes*）一文中，他感叹道，"女性的想象力不断地被投入到关于珠宝和服装的细节上。她们的大脑被这些东西的色彩占据，以至于没有空间去思考那些更值得她们关注的事物。女性的思想几乎没有触及事物本质的表面，而只是搭在了覆盖它们的帏帐上"。[70] 他的观点得到了许多同时代人的响应，其中最引人注目的是让－雅克·卢梭，他公开批评并谴责围绕时尚的商业文化对社会的腐化。[71] 在他看来，女性乃至整个社会都因前者对奢侈的新鲜玩意的痴迷而走向堕落。与此相悖，这位哲学家主张通过低调的田园牧歌式的时尚和朴实的穿着，来培养得体的举止。

当然，计划把《时尚图集》中描绘的利未式和切尔克斯式服装改造成符合让－雅克·卢梭标准的时尚是无稽之谈。严格的卢梭主义服饰可能只包括简单的白色棉布和一顶草帽，比如伊丽莎白·维热－勒布伦在 1783 年为王后玛丽·安托瓦内特画的那幅臭名昭著的肖像。众所周知，王后那简单的田园装束及其在宫廷所产生的影响，招致了广泛的谴责，说她此举意在毁掉法国的时装业。同样，异族时尚也受到了这样一番审查，作家皮埃尔·让－巴蒂斯特·努格雷特（Pierre Jean-Baptiste Nougaret）在 1781 年回忆说，一位布料商印制了一本小册子，谴责"波兰式长袍和利未式长袍的幼稚形状，其导致了生产华丽、优雅和完美手工纺织品的工厂的衰落，而我们的工厂正是以这些纺织品闻名世界的"。[72] 事实上，《风格衣橱》（*Cabinet des Modes*）热衷于支持本国的时尚产业，并经常提及其页面上描述的商品来自法国。"我们不想误导订户。几乎所有这些马甲都来自里昂的制造商。我们必须承认，它们非常讨人喜欢。"[73]《新潮流杂志》公开宣称采取类似的爱国策略，它于 1787 年指出，"经由不同国家的王室、法庭，西班牙、波兰、土耳其、英国、瑞典、意大利、德国等国为我们带来了新的服饰，时尚也变成了一个更加爱国的'好公民'，留在法国境内游历各个省份"。[74]

《时尚图集》中所描述的有着外国名字的服饰远不止这么简单，哪怕其被认为是对国家财政的明显威胁。奢侈、珍贵、转瞬即逝，用大量的饰物和丝带进行点缀，这些服饰是巴黎人反复无常的喜好的缩影，正如克里斯曼·坎贝尔（Chrisman Campbell）所言，一些"亚洲式"的服饰由于里衬露在外面，实际上比法式和英式的同类服饰需要更多的布料。[75]

然而，这些服饰的名称与民族特色有助于倡导一种更质朴、更田园、更简单的生活方式，这些都充分反映在当时的时装插图中。事实上，《时尚图集》出版的这幅画很有意义，画中的年轻时髦女子身着精致的利未式长袍，在家庭教师的注视下自豪地给她的孩子喂奶。为了避免歧义，配文详细说明了人物的身份，并指出婴儿是装在一个小桶里带到母亲身边的，以便母亲在散步途中喂奶。这里的信息很明确：时尚和母亲的本能并不相互排斥，而且借由法国制造的便利产品可以同时满足二者，即一个可移动的摇篮和一件剪裁适合母乳喂养的衣服。在让-雅克·卢梭大力提倡母乳喂养的时代，它被认为是有益于整个社会产生良性互动的源泉，这幅图所描绘的母性图景确认了服饰与更朴素的生活方式的兼容，也为时装商人、百货公司和布料商等法国繁荣经济的中流砥柱提供了持续支持。[76]

伴随着这股趋向自然的潮流，让-雅克·卢梭的追随者们越来越多地谴责紧身衣，他们认为表现自然的体形是一种美德。[77]虽然"异国时尚"在整个18世纪70—80年代盛行，但在法国大革命之前的10年，真正大获成功的无疑是王后玛丽·安托瓦内特在伊丽莎白·维热-勒布伦作于1783年的那幅臭名昭著的画像中所穿的那种罩裙。正如里贝罗所言，这种衣服对后来的时尚产生了深远的影响。[78]它可能来自法属西印度群岛人穿的简易克里奥尔棉布裙，并在18世纪70年代被带到欧洲，它是拿破仑时期新古典主义长裙的前身。利未式、波兰式和切尔克斯式长袍都成为旧制度时期的遗物，并很快被无内衬和高腰的白色麦斯林纱长袍取代，后者在世人眼中指涉着那个悠远的古典世界，并被认为是适应当时政治发展的、恰当的服饰搭配。与当时对母职的关注相一致，简洁的新古典主义服装也因其解放了母亲身体特别是乳房的设计而广受赞誉，玛格丽特·杰拉德（Marguerite Gerard）的 1804 年的画作《哺乳中的母亲》（*Mère Nourrice*）就从视觉上提供了最佳例证。

然而，如果认为这种时尚只被当作古典时代的余音，那就错了。"希腊风格（à la Grecque）"一词的广泛使用符合法国大革命前的服饰名称的传统，它强调的是空间而非时间的转移。此外，长袍通常由进口的印度（有时是英国）薄纱制成，并且正好与同样是进口货的羊绒披肩搭配。不足为奇的是，外国面料的使用再次被一些法国制造商视为一种威胁，促使法国时尚期刊《小丑》（*L'Arlequin*）引用古典时代的先例为这种进口活动辩护，"雅典的富裕阶层女性喜欢波斯的布料"。[79] 尽管拿破仑（Napoleon）大力主张促进法国制造业的发展，但他还是采取了干预措施，坚持在宫廷中只穿法国面料，而从现存的账单来看，王后约瑟芬（Joséphine）和她的女儿霍坦斯（Hortense）从未彻底地践行这种爱国主义立场。[80] 因此，18 世纪末对古典化服饰的接纳，并不表示完全脱离了"漫长的 18 世纪"早期的异国时尚，而是把这种迷恋通过其他对象加以延续。

第八章　视觉表现

克里斯蒂安·哈克

引言　作为镜像的印刷品

旁观者先生是 18 世纪最著名的报纸《旁观者》（*Spectator*）的虚拟编辑，他毫无疑问是视觉感官的坚定支持者，"视觉是我们所有感官中最完美、最令人愉悦的"，他如此大肆宣扬道，因为它不仅"使我们的头脑中充盈着最丰富的观念"，而且能"从距离对象最远处与之进行交流"。[1]旁观者先生能透过他的眼睛，对所到之处的一切事物进行观察，并与之保持一定距离。漫游伦敦时，他甚至热衷于游走在城市中最黑暗的角落。"我（无所事事，只能观察）看到了这个熙熙攘攘的城市中的每个教区、每条街道和小巷。"[2]他秉持着一种中立姿态，观察三教九流各色人等和他们丰富多样的穿着，例如，各式各样光顾咖啡馆的人，"有些人打扮正式得如同要出席下议院会议[1]"，而"有些人则穿着睡袍，像是准备随便打发一个晚上"，还有些人"戴着同性恋风格的帽子，穿着拖鞋，搭配围巾和一件色彩绚烂的礼服"。³

当然，旁观者先生把他对伦敦人及其穿着的观察分享给报纸的读者，他寄希望于把知识"从衣橱、图书馆、学校和大学中带出来，在俱乐部、集会，下午茶会和咖啡馆里广为传播"。⁴借助印刷品的帮助，知识得以在公共领域内传播。更确切地说，《旁观者》使得对社会的了解成为社会本身的构成部分。尤尔根·哈贝马斯(Jürgen Habermas)在分析公共领域的出现时特别指出："透过《塔特勒》《旁观者》和《卫报》(Guardian)，公众得以反观自己。"⁵虽然哈贝马斯可能没有在如此实际的层面思考该问题，但毫无疑问，镜子是检查一个人时尚装扮的绝对必需品，而《旁观者》确实在更严肃的意义上反映了当时的时尚。⁶虽然"旁观者先生"似乎对自己双眼所看到的一切颇为满意，但他对以视觉，即图画的形式呈现他的观察结果没什么兴趣。"旁观者先生"毕竟是个作家，他把自己所看到的东西写成文字，而后再将这些观察结果印刷出来。

《伦敦间谍》(London Spy)是18世纪初流行的另一份杂志，尽管它现在基本上被遗忘了，但它曾敏锐地观察到图像印刷品在公共领域中的传播，这些图像印刷品既是对文字印刷品的补充，同时也和它们竞争：⁷"我们绕着保罗城外闲逛时，来到了一家画廊，那里有许多低俗印刷品[2]正对着教堂，这场景就像描绘诗人彼得罗·阿雷蒂诺（Pietro Aretino）的雕塑所塑造的那个博学的

---

[1] 英国下议院所在地为威斯敏斯特。——译注
[2] 这种印刷品是那个时期的一种著名的情色作品，描绘对象通常是色情雕塑，并搭配有文艺复兴时期诗人彼得罗·阿雷蒂诺的诗。——译注

浪荡子那样[8]。我观察到，盯着这些低俗雕刻师作品的人比我在附近所有书商的摊位上看到的读布道文的人都要多。"[9]在此，"凝视"图片被表现为与"阅读"文本完全对立的行为，将圣经中的基督教文化（圣保罗教堂的场景）与资本主义市场文化（画廊的场景）进行比较：一个是虔诚却不流行的（布道），而另一个则是受欢迎却"低俗"的。当心平气和的"旁观者先生"把自己塑造成通过自己双眼进行有理有据的观察，并将之转化为富含信息量的文字的形象时，我们看到的却是公众沉浸在欣赏奇观的乐趣中。在理性的理解——对视觉世界的解读，和沉迷于对奇观的凝视之间，似乎只有极细的一条界线，正如我们将看到的，时尚就承担着高风险游走在这条界线上。

在 18 世纪早期，对时尚的描绘还很罕见。然而，在 1744 年，成功的出版商约翰·鲍尔斯（John Bowles）提供了一些印有穿着时尚的男性和女性的印刷品（图 8.1）。[10]事实上，至少在英国，这些可能是第一批为展示时尚而对

图 8.1 休伯特·弗朗索瓦·格弗路（Hubert François Gravelot）创作，路易·特鲁希（Louis Truchy）雕刻，约翰·鲍尔斯印刷（1744年）。©Trustees of the British Museum.

服饰进行的描绘。消费者会如何看待这个全新的事物？它能提供关于社会的信息吗？印刷品是如此新奇和迷人，那么它本身是否成了一个令人向往的奇观？它的读者是否会被说服去追随一种时尚，成为消费者？读者又是否会对这种奢华的展示感到不满？他／她到底变成了偷窥者还是成了受害者？

18世纪初，更多人第一次看到反映当代世俗主题的画作。由金属或木质版画制成的印刷品，开始以独立或书籍插画的形式作为消费品交易，[11] 成为"畅销市场上第一种大规模量产的图像形式"，[12] 并成为"当代城市生活中无处不在的特征"。[13] 许多当时流通的图片展示了人们那时的穿着，其不一定是为了描绘某种特定的时尚，更多的是作为反映英国社会生活的副产品。像约翰·鲍尔斯和亨利·奥弗顿（Henry Overton）这样的印刷品出版商开始出版描绘公共场所的作品，例如街道和市场的场景，而其中也常一并展示衣着奢华的人物（图8.2）。到18世纪末，大部分既带有讽刺性又对日常生活进行纯粹奇观化描绘的图像，开始充斥于画商和印刷品仓库（图8.3）。慢慢地，人们所看到的这个世界被复制到印刷品中，提供给好奇的观察者：第一次，人们可以在印刷品这面镜子中真正看到自己所在的世界。

在本章中，笔者并不认为服饰的视觉表达能告诉21世纪的读者18世纪的服饰到底看起来是什么样的。无论这种表现形式揭示了怎样的关于服装的史实，本书其他章节及其作者都更有能力去探索这一话题。[14] 而18世纪的图像在这里被认为是它自己的代理人，而不是一扇可以透过它看到过去的窗口。这些图像对它们所表现的服饰做了什么？它们对当时的观看者产生了什么影响？笔者的观点是，这些图像所做的是把服饰变成了时尚，把旁观者变成了追随者。尽管17世纪对服装的表现在很大程度上是按照学术标准，在搜集了各

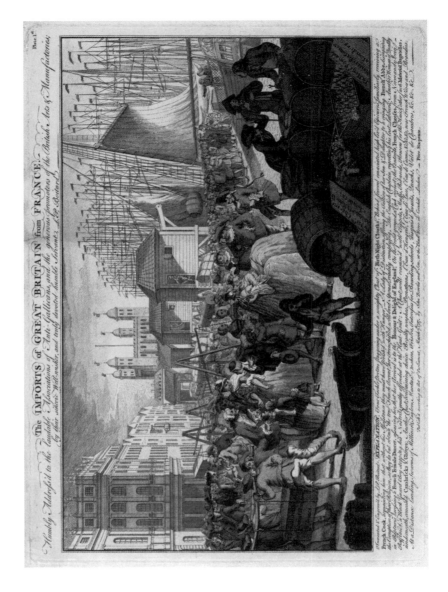

图 8.2 大英帝国从法国进口的货物，插图 1——箱子里塞满了斗篷、围巾、装饰头发用的花朵，其他类似布袋的东西里藏着细薄布和手套——根据1757 年 3 月 7 日《议会法案》，约翰·鲍尔斯父子在伦敦康希尔的黑马出版社出版，价格为 6 便士。路易斯·菲利普·博塔德。©Yale Center for British Art.

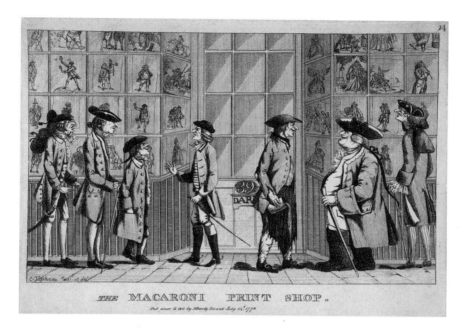

图 8.3 《花花公子印刷店》，爱德华·托普汉姆（1772 年），由马修和玛丽·达利出版。
The Metropolitan Museum of Art, New York.

地区差异的基础上完成的，但到了 18 世纪晚期，杂志则首先将时尚当作一个不断随着时间变化的事物加以表达。介于服装插图的远观视角和时尚杂志的诱惑力之间的，是霍加斯（Hogarth）和其他人的讽刺性版画以及流行小说的插图。所有这些都将在下文论及。

　　这里所理解的"时尚"，并不是指"对穿着得体的一般兴趣"，也就是说，其不是对服装的任何内在品质的关注，"而是对按照当时流行的风格来打扮的关注"。出于个人原因选择某种服饰的理由可能多种多样，但时尚首先是一种社会现象："'临时'一词意味着服饰的风格会发生变化，而且变化得很快，以至于如何始终穿着入时成了一个问题。因此，想成为时尚达人就必须时刻观察别人的穿着，以此确定自己的穿着。"[15]

重要的是，这种"观察"在我们所关注的这一历史阶段发生了重大转变。正如艾琳·里贝罗（Aileen Ribeiro）所言，直到 17 世纪，"没有任何东西可以替代实地观察时尚人士的穿着[16]"。如果你想知道什么是时尚，你必须去看时尚的人。因此，时尚在很大程度上被限制在交互的群体中。然而，从 17 世纪末开始，对他人的观察不再意味着直接观察自己的同僚、村民或社交圈群体并以此决定如何穿着。取而代之的是，由于流通的印刷品对时尚加以呈现，故而出现了基于媒介和想象的时尚圈。

不同于直接的感知，这种基于媒介的表述使得观察者和被观察者在物理空间上的同时在场变得没有必要；对图像的观看几乎成了一种反社会的活动，因为它使观察者不需要参与所观察的事物。[17] 虽然图像使得对不在场的人的观察就像其在场一样，但被看的人不能看到观察者：观察者在观察他人的同时并不会被看到。因此，（图像作为）媒介提供了一个有距离的观察视角，基于该视角，人们得以搜集所处世界的视觉信息，同时并不需要成为其中的一部分。不过，保持一定距离的观察者同时也获得了更强的沉浸感；当面盯着别人的衣着可能会很尴尬，而媒介使得观察者可以毫无顾忌地"偷窥"。但是，当大众传播媒介将观察者从参与交互的情境中解放出来时，大众传播媒介同时也使观察者成为社会的一部分，尽管这是另一层面上的。J. 保罗·亨特（J. Paul Hunter）在谈到 18 世纪的印刷革命时指出[18]："确实，虽然一千个读者从他们自己的衣橱出发，看向同一面作为'镜子'的印刷品，但他们每个人的凝视都是独立的。"一张印刷的图片保证了个体观察的多样性，许多人（至少潜在地）可以同时看向同一个图像。就此而言，印刷品——"镜子"表演了一个近乎神奇的把戏：虽然是个体看向了镜子，但镜子所映照出的是全社会。在印刷品的"镜子"里观察时尚成为一种社会化实践：如果其他人看到我所看到的东西，他们可能会根据这些图像来评判我。

从细节到恋物：服装的启蒙作用

然而，上文所描述的（服装的）社会化影响，并不是视觉表达的结果，也不是图像本身作用的结果。相反，服装的视觉表达只有作为特定媒体装置的一部分时，才能产生镜子的神奇作用；图像所发挥的作用取决于其传播的技术形式，也取决于它所嵌入的话语和它所面对的特定社会群体。

整个 17 世纪，随着印刷品的普及，那种想要了解自己所生活的世界的渴望越发表现为想要更多地消费对于这个世界的描述。蒂莫西·克莱顿（Timothy Clayton）在《1688—1802 年英国印刷品》（*The English Print, 1688—1802*）中关于大英帝国的研究里强调，"印刷品对传播（……）知识的重要性得到了广泛的重视"，因为印刷品是"传递视觉信息的主要媒介"。[19] 众所周知，根据约翰·洛克（John Locke）等启蒙思想家的观点，新知识首先要通过视觉获得：如果我们要从习俗和传统的桎梏中解脱出来，我们就必须睁开双眼，通过自己而不是古代的权威来观察我们周围的世界。然而，启蒙时代的观察方式意味着一种非常具体的模式。洛克著名的暗箱隐喻（camera obscura）成为启蒙运动中描述人类观察能力的核心概念，它首先提出了观察者和被观察者之间的安全距离：事实上，它可以说把观察者变成了"主体"，把被观察者"客体化"了。[20] "（通过该过程）得到的是客体性（objectivity）这一概念，对事物而言，它仅与自身有关，而不关涉其对主体。"[21] 由此，世界成为视觉信息的可靠来源，而作为媒介的印刷品只负责为好奇的观察者"传递"这些信息，并无其他作用。

当启蒙时代的科学家和哲学家们专注于解开自然之谜时，当时的地图册和旅行书也试图描绘生活在这个世界中的人类。新的旅行记者"坚持真实地报道'事实'。在适当的情况下，他们称自己为'目击者'"。[22] 比起其他活动，人们更应该走向世界，用自己的眼睛去观察，并对自己的观察结果进行如实报道。当谈到观察生活在这个世界上的人时，人们的穿着打扮吸引了许多旅行者的注意。多萝西·卡林顿（Dorothy Carrington）的《旅行者之眼》（*The Traveller's Eye*，1949 年），其标题贴切、图文并茂，充分证实了服装对旅行者的吸引力，以及服装在他们的报道中的核心地位。在印刷品中描绘各式服装，对出版商和雕刻师而言是一项挑战，但它们也是其手艺和在市场上受欢迎程度的一种证明。[23]

卡罗勒斯·阿拉德（Carolus Allard）在 17 世纪末的代表作《人类世界的城镇和服装》（*Orbis Habitabilis Oppida et Vestitus*）（阿姆斯特丹，约 1695 年），遵循了文艺复兴时期的传统，将地形与所描述地区的居民的服装相结合（图 8.4）。该书将服装严格置于特定的、可识别的场合，并采用科学的、经验主义的框架，从而使它不同于早期的服饰书籍传统。这种描述的结果是对服装的固化。"在地图上，习性（habit）是民族性格、阶级地位、性别和情感关系的一成不变的代名词。"[24] 在这里，服装被认为是一个人地位的标志：人们的穿着不是观察他人的结果，而显然是由其所处的特定地区、自身性别和社会地位决定的。看着这些服饰的图像——它们隶属于一本内含大约 100 张图片的昂贵大部头——观察者能够了解到一个对自己没什么影响的视觉世界。

图 8.4　摘自《人类世界的城镇和服装》，卡罗勒斯·阿拉德，第 11 页。
©The British Library Board.

　　然而，描绘地区性服饰的作品在受教育程度不高的受众中流行和畅销时，传递信息的诉求显然被削弱了。这种流行的一个很好的例子是大幅报纸印刷品《世界上大多数国家的习俗》（*A Description of the Habits of the Most Countries of the World*，1739 年至 1740 年 1 月大雾降临时印于泰晤士河上）（图 8.5），它最初发表在安沙姆（Ansham）和约翰·丘吉尔（John Churchill）的《旅行文集》（*Collection of Voyages*，1732 年）中，并多次再版。泰晤士河上的霜冻是其主要卖点，购买这幅（盗版）印刷品可能是为了纪念该事件，也可能是出于它作为一种视觉奇观的价值。与阿拉尔（Allard）的做法一致，该印刷品正好展示了一男一女——在普遍的异性关系中 [25]——作为每

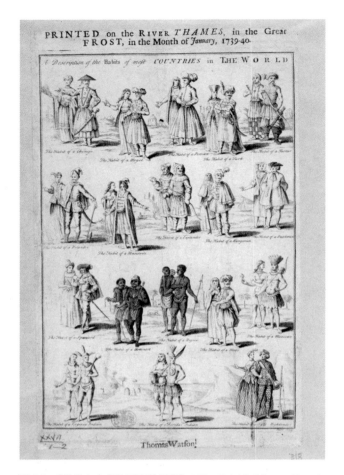

图 8.5 《世界上大多数国家的习俗》©The British Library Board.

个地区的代表。描绘的重点是像"中国帽子"或"土耳其头巾"这样的稀奇物件；虽然只有少数中国人戴帽子，尤其是这样的帽子，但这样的物品有助于标记那些显而易见的差异，从而确立一种明显的、有代表性的民族服饰。"中国人的习俗"并不是指"许多不同的中国人中某一个人的习惯"，而是宣称"这就是中国人的穿着"——任何时候、任何地方、任何（中国）人（都是如此）。然而，作为如此引人瞩目的物品，这里所描绘的服饰在当时引发了全新的、充

图 8.6 "旧斗篷、西装或大衣",摘自《伦敦城的吆喝声》,共 74 张实景铜版画,
由约翰·萨维奇(John Savage)根据马塞勒斯·拉隆的画作雕刻,约 1687 年。
Courtesy of the Lewis Walpole Library, Yale University.

满异国情调的时尚潮流。[26] 观察者似乎仍不像一开始看起来的那样不为所动:
他 / 她被图片吸引,进而想购买;他 / 她被服饰吸引,进而想要模仿。

在整个 18 世纪,对服装的描绘成为社会整体发展的一部分,它意在记录
国家和地区的差异;事实上,只有现在,地区性的风格才得以被辨识,民族服
饰才确立起来。[27] 更重要的是,差异成为与视角有关的问题。阿拉尔在世界
的不同地区发现了许多不同类型的人,就像温塞斯劳斯·霍勒(Wenceslaus

Hollar）在英格兰不同地区的发现一样，他在《英国女性的习俗》（*Ornatus Muliebris Anglicanus*, 1640 年）中进行了生动描绘（图 8.7），而马塞勒斯·拉隆（Marcellus Laroon）在《伦敦城的吆喝声》（*The Cryes of the City of London*: *Drawn after the Life*）中对伦敦街头商贩的描绘，也反映出他所观察到的诸多差异。（图 8.6）但是，即使差异变得越来越精细，它们仍然几乎只是空间上的；如果差异在时间维度上被感知，那也只是在历史的维度上。

关于服装的知识在本质上是学术性的，是一种基本稳定的、可见的、对特定地位的标志。不断变化的时尚使人们能够持续地观察他人，这一点并不重要。有启发性的描述使读者能够了解他人的穿着；然而，能使人们看向世界的描绘，不一定会促使人们进行自我反思。在这里，印刷品更多地被看作了解世界的窗口，而不是反映社会的镜子。

不过，霍勒的《英国女性的习俗》的副标题为"英国女性的一些习俗：这些时代中的贵族到平民女性"，这也揭示了这种表面上的服饰描绘的客体性所存在的局限，即使对更高雅的受众而言也是如此（图 8.7）。霍勒使描述更贴近潜在的观察者，即这些人可能正是被描绘的世界中的一部分；而当他试图进行更真实的描述时，他的图像也变得更加具体，以至于他对服饰的刻画本身开始被关注，甚至超越了它所处的传递信息的背景。马德琳·金斯伯格（Madeleine Ginsburg）写道："霍勒的女性肖像，有一种令人感动的、深情款款的现实主义。"[28] 特别是他对手帕、围巾和面具以及每件衣服的褶皱的细致展示，呈现出一种近乎恋物癖的特质，这不一定是性的意义上的，而是这个词的原始内涵：被描绘的对象不再是被动的观察对象，而是它们自己的代理人，引诱观察者在欣赏中迷失自我，他们只是（饱含欲望地）凝视，而不是

图 8.7　左图《带着暖手筒站在两级台阶上的女士》，出自霍勒的《英国女性的习俗》插图 7；右图《拿着扇子带着镜子的女人》，出自霍勒的《英国女性的习俗》插图 10。Both images courtesy of Wenceslaus Hollar Digital Collection, University of Toronto.

为了图像所能提供的信息的价值去观看它们。本应给读者带来启发的印刷品媒介，现在被用来做相反的事情：这种媒介所带来的孤立、无交互的观察方式，促成了一种持续的情绪性凝视，没有它们，个人就无法成为一个观察者。而作为一种对商品的迷恋，该物品甚至可能使观察者购买类似的物品。保持一定距离的客观的观察者有可能被服饰所营造出的奇观影响，正如经验主义所主张的那样，随着观看距离的缩短，观察者面临的忽视大局的风险就增大了。

从文字到图像：小说插图

　　小说是 18 世纪最成功的新兴媒介之一。人们想更多地了解他们所处的时代，而大规模印刷的小说以通俗易懂的文体讲述着关于当下日常生活的新（虚构）故事。以塞缪尔·理查德森（Samuel Richardson）的《帕梅拉》（*Pamela*，1740 年）为例，该书在出版方面取得了空前的成功，导致"以市场为导向的低级趣味的印刷品大量出现，（它们）不受传统价值、礼仪或品味的约束"。[29] 阅读《帕梅拉》在当时成了一种时尚，而主要的原因就是文中充满了对服饰的描述，笔者在其他地方已经指出过这一点。[30] 在《帕梅拉》和其他各种小说中，服饰不再被视作经由其他社会或地区的人们的穿着而传达出的某种异国情调，而是日常生活的重要组成部分，对下层至上层社会群体，尤其是中产阶级，都是如此。事实上，通过阅读《帕梅拉》，人们可以极大地了解服饰的社会意涵与性意涵，不仅是他人的服饰，也可以反思自己的服饰。当时，"帕梅拉主义者"和"反帕梅拉主义者"争论的焦点是，对他人着装得体与否的审视是否已成为一种新的实现社会流动的途径，还是说其不过是将虚伪上升到了一个新高度。

　　不过，更重要的是，《帕梅拉》并不只是一种文本现象。一些改编的戏剧和歌剧作品开始出现在伦敦的舞台上，表现各种场景的蜡像展出了一年多，描述《帕梅拉》故事中关键场景的扇子也开始销售。[31] 例如，理查德森自己出版的《帕梅拉》第 6 版就采用了休伯特·格拉维洛（Hubert Gravelot）和弗朗西斯·海曼（Francis Hayman）的版画作品。这些视觉表达都紧扣文本。别的不说，大多数插图都突出了小说中视觉符号的重要性，衣服可能是其中最重要的。几乎所有当时的印刷品都聚焦于小说主角帕梅拉的各种穿着打扮（和没穿衣服）的状态。虽然小说中包含令人难以置信的关于道德和美德的长篇大论，但印刷品毫无顾忌地呈现出世俗化。理查德森本人对大多数（印刷品）描绘的重点是什么非常清楚，也非常警惕。[32]

描绘"帕梅拉"的图画很快就独立于《帕梅拉》这本小说出版了，并得到了广泛传播，例如安托万·伯努瓦（Antoine Benoist）和路易·特鲁希（Louis Truchy）根据约瑟夫·海莫尔（Joseph Highmor）的一系列画作所创作的版画。这些复制的图像对书中的一个中心场景进行了相当真实的刻画（图 8.8）。正如服装历史学家安妮·巴克（Anne Buck）所指出的，在这幅画中，帕梅

图 8.8 "在一些自由被剥夺后，B 先生在避暑别墅对帕梅拉进行了劝诫。杰维斯太太刚离开帕梅拉，就透过窗户看到了了。"约瑟夫·海莫尔于 1745 年创作的绘画作品，路易·特鲁希制成版画。©Yale Center for British Art.

拉穿的是她的主人从已故母亲（帕梅拉之前的女主人）的衣柜里拿给她的衣服，与文本中描述的完全一样[33]："我的主人（……）给了我一套老太太的斗篷、半打直筒连衣裙，以及六条精美的手帕，还有三条老太太的坎布里克围裙和四条荷兰围裙（……）。他给了我两套上好的佛兰德斯漆面头巾、三双上好的丝绸鞋，其中两双几乎没怎么穿过，尺码也正好适合我；（……）"[34]然而，与理查德森自己委托人画的插图不同，这些图片首先呈现的是一种视觉奇观。帕梅拉的衣着占据了绝对的中心位置；离开的杰维斯夫人所代表的故事情节则隐退到背景中，几乎难以被人发觉——事实上，文字说明必须重新交代这一场景的背景，以确保其在更完整的叙事中的位置。

我们究竟是理解了一件衣服还是真的看到它，这很重要吗？把对帕梅拉裙子的（图像）描绘与文字描述相比较，我们不能否认前者更加具体：书面文字永远无法做到还原裙子的每一个褶皱或者 B 先生外套上纽扣的准确位置。文字所能做的全部，只是命名相关对象。在这个意义上，图像比文字的功能要丰富得多。例如，人们可能会发现复制（图像）描绘的衣服比复制（文字）叙述的衣服更容易。然而，这样的比较忽略了一个事实：阅读不仅仅是对编码信息的解码，在脑海中浮现画面是阅读的关键组成部分。通俗文学往往通过引入一个广为人知的商品社会，就得以实现视觉化而无须借助文字叙述。"18 世纪早期的读者能够看到——补充、扩展、发挥——那些本地、即时的共享文化，一个有所意指的共同视觉景观的细节。"[35]可以预见，在 18 世纪中期，《帕梅拉》的读者会对衬裙有某种先在的、个人的经验，就好像这些（服饰）是当时所流行的。在读者的脑海中，帕梅拉的服饰和路易·特鲁希的印刷品一样细致，甚至更细致——它甚至可能有背面的样子，还可能包含了触觉或嗅觉的特性。

然而，关于帕梅拉服饰的文字和图片描述之间最重要的区别在于它们各自所采用的视角。正如上文所引述的，小说告诉我们如下信息："他给了我两套上好的佛兰德斯漆面头巾，三双上好的丝绸鞋，其中两双几乎没怎么穿过，尺码也正好适合我。"图片只是让我们直接看着帕梅拉，而在文本中，我们是通过帕梅拉的眼睛和她一起看。在一个例子中，我们和帕梅拉一起看着她的衣橱；在另一个例子中，我们看着帕梅拉穿着这些衣服。文本展现了帕梅拉与她的衣服之间所存在的主客关系：这些衣服是给她的，她认为这些衣服适合她。在文本中，事物的存在首先与观察者有关：读者被迫对这种关系进行评价，毕竟这不是他／她自己所处的关系。文本要求个体挪用，而图像似乎提供了一个完整的、有根据的、没有任何主观色彩的形象。

对帕梅拉的冒险进行的视觉化处理，是许多批评家对《帕梅拉》持严重保留态度的原因。总的来说，这些图片似乎增加了文本的观赏价值，以及它所具有的诱惑力和情欲意味。[36] 其不再是传递来自遥远世界的信息，而只是一些图片，里面是穿着时尚、与读者生活在同一世界的人。甚至比起小说文本，这些图片令人们更专注于所描绘的对象，使它们在某种程度上独立于叙述者和叙述背景而存在。这些对象构筑了一种自在的现实：一些被很多人看到，但尚未被任何人挪用、仍然等待被占有的社会存在物。

从霍加斯到漫画：讽刺作品及其批评者

在小说出现的同时，霍加斯开始出售他画的版画，这些版画所展示的也是普通人的穿着。正如小说所做的，霍加斯的一系列画作描绘了个人的生活故事，并通过对服装的选择来指示可能存在的不同职业之间的差异。正如艾琳·里贝罗（Aileen Ribeiro）所说："没有其他艺术家能像他那样熟练地向我们展示所有社会阶层的人的穿着，更别说刻画出他们的穿着方式和个中内涵。"[37] 然而，尽管他们对服饰感兴趣，霍加斯仍然要确保其"现代道德主体"不被时尚诱惑，而是与后者保持距离，坚守道德立场。事实上，在霍加斯的画中，远距离的观察和由时尚带来的正面感受之间的冲突本身就成为焦点。问题是：谁在主导？是观察者还是被观察者，是旁观者还是图上所绘的衣服？

霍加斯的版画在商业上非常成功，不久就出现了许多盗版。[38] "购买几幅版画，"克莱顿认为，"完全在一般'中产阶级'家庭的（购买力）范围之内。"[39] 更重要的是，"在咖啡馆和商店橱窗里看版画的人比实际购买和拥有（它）的人多得多。"[40] 这里，观察者和被观察者距离越来越近：看画的人有可能来自与画中人相同的社会和地域。事实上，这可以说是第一面真正意义上被放置在公众面前的视觉镜子。

当看到《一个妓女的历程》（A Harlot's Progress）的第一幅版画（图 8.9），当时的观者就清楚地知道故事发生在哪里：贝尔旅馆也是齐普赛街的一家著名的酒吧，图中的行李上有一个标签（挂在一只鹅的脖子上），写着伦敦"泰姆斯街"。霍加斯的图片随处可见众所周知的地标，对它们的引用在地理上有助于读者确定事件的位置。此外，读者也能因此知道事件发生的确切时间：尼德姆修女和弗朗西斯·查特里斯上校的形象可以被看作现实生活中的人物，霍加斯所画的主题正反映了当时的情形。在这里，观察者能够看到不同服饰所传达出的非常具体的意义，这正是经由它们各自的主人精心挑选所实现的。年轻姑娘穿着有点土气的漂亮裙子出现在城市里，这大概是基于她对什么是适合城市的装扮的观察所选的衣服。然而，如图 8.9 所示，她并不擅长辨别他人的身份：她以为是一个和善的老太太，实际却是一个妓院老板。

像其他 18 世纪的画家和版画家一样，霍加斯也是所谓的线性透视大师。在这种模式下，观察者与画中人保持着安全的距离，同时创造出二者在同一个三维空间中共同存在的错觉。线性透视被认为是客观视角的保证。"透视法（……）不允许艺术家根据奇思妙想或者精神、情感价值的判断来改变他们双眼所看到的东西。因此，透视是客观的。"[41] 所描绘的服饰虽然因与观察者存在于同一时空而更加贴近观察者，但矛盾的是，线性透视同时给了"观察者一种错觉，他可以只观察而不牵涉其中，他可以看到（他人）却不被（他人）看到"。[42] 在这种情况下，对时尚的观察意味着对当时、当地和社会中具体服饰的观察，但同时置身其外；在这里，观察时尚，意味着客观地告诉自己，在

图 8.9 《一个妓女的历程》版画 1，霍加斯（1732 年）。©The Metropolitan Museum of Art, New York.

认识他人方面少了点运气的人会怎么出丑。

当然，霍加斯的画并不只是现实的快照，而是一个精心构建的各种符号的集合，它们持续地指向其他文本和图像，受过教育的读者可以把它们准确"解读"出来。[43] 通过解读莫尔周围的符号——莫尔可能是画中女孩的名字[44]——人们已经可以猜出她在第二幅版画中的未来（图 8.10）：挂在墙上的《圣经·旧约》场景画、戴着与莫尔相同头饰的猴子、破碎的瓷器、面具、镜子等——一切都另有所指："意义成了一桩关乎（破译）文本和语境的事情。（……）读者利用它们在讽刺体裁所设定的更广范围内创造出某种意义。"[45] 查尔斯·兰姆（Charles Lamb）对霍加斯版画的高度赞赏似乎也是基于对这种互动规则的观察。"他的确是以书的形式进行图像描述：它们具有丰富的、充实的、暗示性的文字意义。对于其他人的画，我们只是看，而他的版画，我们却可以

图 8.10 《一个妓女的历程》版画 2，霍加斯（1732 年）。©The Metropolitan Museum of Art, New York.

阅读。"[46] 在画中，莫尔表现得不够谨慎：她屈服于打扮时尚的诱惑，并因此承担了相应后果。

阅读而不"仅仅"是"看"，对于 18 世纪的观察者来说，无论看到的是文字还是图片，这一点似乎都是最重要的。旁观者先生抱怨道："有些普通人有一定的好奇心，却没有反思的能力，他们像旁观者而不是像读者一样阅读我的文章。"[47] 智力上的"反思"是留给读者的（文字和图片都一样），而情感上的好奇则属于旁观者。本·琼森（Ben Jonson）在启蒙运动之初就对文字和图片的任务做出了相当明确的区分："诗歌和图片是性质相似的艺术，"他说，"两者基本都是模仿"。虽然两者都为反映现实提供了一面镜子，但琼森认为这两种"姐妹艺术"之间有明确的等级关系。"然而在这两种艺术中，钢笔[3] 比铅笔[4] 更高贵。因为它能与理智沟通，而另一种则只是与感觉沟通"。图片，"虽然它们寻求更聪慧的头脑，却也破坏了它们的风度"，因为它们"最接近自然"并能"抵达内心最深处的感情"，同时"它们忽视了（文字的权威）"。[48] 看来，图片比文字更不容易控制，至少在它们没有被正确理解的时候。在把看到的东西翻译成文字的过程中，一个（权威的）评价会附加于其所见之物；而对单纯的图片则没有这种评价，由观察者自己决定如何看待它们。

"这位画家，"与霍加斯同时代的一位评论家说，"以其特殊的敏锐度抓住了千千万万的小细节，而这些小细节却被最广大的观者忽视。"为什么呢？因为他的描绘"与（其所代表的）实物太像了"。[49] 不管怎样，图中的裙子很容易被认为是可爱的和招人喜欢的，要求被人看到和喜爱——这抵消了围绕着它

---

[3] 特指书写文字的笔。——译注
[4] 特指绘画所用的笔。——译注

所精心建构的意义。这条裙子确实超越了它的（象征）环境——精心构建的叙事框架、结构性的对立、体裁惯例、象征性的组合，一切都因莫尔的裙子而隐没于黑暗的背景中，这条裙子成了房间里唯一被窗外的光线完全照亮的物体（图 8.10）。当时的观者似乎对这种表现做出了反应。根据乔治·维图（George Vertue）的笔记，"妓女放荡不羁的气质和姣好的面容"尤其受到观者的欣赏。"这种想法让许多人感到兴奋"。"时尚界人士和艺术家"都来到霍加斯的工作室，想一睹这些画，或者不如说是想试试能从它们中发现点什么。"他画得很自然（……），引得每个人都想去看。"[50]

一旦忽视了图像的符号功能，图像就成了支配感官的偶像，阻碍人们进行反思。服饰不再隶属于一套精心构建的道德体系，而是成为欲望的直接对象，甚至比现实中的服饰更令人神往——现实中，灯光总是不够完美，气味可能污浊不堪，恰当的时机或许永远不会出现，被观看的人可能根本不想被观看。为了限制这种脱离意义语境的可能性，18 世纪针对服饰的大多数描述都试图对描述对象施展权威，以避免出现任何模糊性。因此对时尚的描述常常走向怪诞，呈现出时尚的可怕及其骇人后果。（图 8.11）

这样的图像不仅再现了实物，还规定了要如何观看它。它们呈现出一个现实的情境：某种越轨的时尚导致了一个"难题"。解决方案显而易见：摒弃这种骇人的时尚。然而，这种强制性的要求明显也是有问题的：尽管上述情境在总体上被如实描绘，由此在被描绘的世界和观察者的世界之间找到了交集，但讽刺的核心对象（即服饰）似乎偏离了这个交集。因此，上述难题只是"另一个世界里"的难题——不是观察者的难题，不是"我"的难题，不是"我"所面对的时尚。

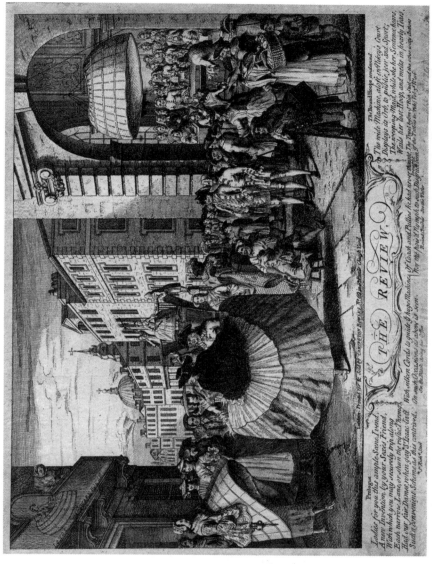

图 8.11 "评论"，约 1750 年由约翰·琼 (John June) 出版，后来由卡林顿·鲍尔斯 (Carington Bowles) 重新出版："The Round Hoops condemn'd: The wide Machine, aloft in Nikey's Court/Displays its Orb, to public jeer and Sport." Courtesy of the Lewis Walpole Library, Yale University.

　　这种漫画的出版在 18 世纪 70 年代的"花花公子"风潮（the macaroni craze）中达到顶峰（图 8.12）。从一开始，关于这类时尚牺牲品的图片很明显就不是以霍加斯的现实主义风格来描绘"当前的时尚"[51]，相反，它们被清楚地标记为"不轨行为"。"正如《花花公子和戏剧杂志》（*The Macaroni and Theatrical Magazine*）在 1772 年的创刊号上所解释的那样，'Macaroni[5] 这个词从此改变了它的含义，其指的是不被寻常的时尚束缚的人'。"[52] 与嘲笑霍加斯版画中的人物相比，嘲笑这种滑稽的人物要容易得多，因为霍加斯版画中的人物形象往往是在"正常的时尚范围内"。"花花公子"显然是"异类"，在性别、性取向和民族归属方面都很可疑。[53]

图 8.12 《花花公子小画像》（*The Miniature Macaroni*），1772 年 9 月 24 日出版。Courtesy of the Lewis Walpole Library, Yale University.

---

[5] 原意为"通心粉"。——译注

活跃于18世纪与19世纪之交的著名漫画家们——詹姆斯·吉尔利(James Gillray)、托马斯·罗兰森（Thomas Rowlandson）、艾萨克·克鲁克尚克(Isaac Cruikshank)——都遵循了这一传统，他们画的都是明显看起来可笑的人物，而不是更普通的时尚(图 8.13)[54]。霍加斯描绘的时尚与现实相差无几，他试图让观察者相信自己可能犯和画中人一样的错误，而漫画家们只表现已经出了问题的时尚，夸大衣服的尺寸和样式。这样的漫画形象很容易让人发笑，因为它们所展示的不是观察者，而是因为太过虚荣或太过愚蠢而穿着不得体的人：一个被时尚诱惑、捕获的时尚受害者。

图 8.13 《过着奢侈生活的人物》(Characters in High Life)，詹姆斯·吉尔利（1795 年），汉娜·汉弗莱（Hannah Humphrey）出版。The Metropolitan Museum of Art, New York.

时尚杂志: 建立一种持续的视觉表达

　　小说和插图以及霍加斯和其他人的版画都旨在描绘当时英国所处的情况,使读者和图像世界更加接近。这些图像理应被它们所刻画的群体消费。这些印刷品也确实成了映照英国大众的一面镜子, 虽然这是一面非常奇特的镜子。然而, "新潮"和"当下"仍然是不稳定的概念。17 世纪和 18 世纪初的大多数印刷品"都是在不寻常的、古怪的、令人费解的情况下创作出来的"[55], 例如, 大多数讽刺图片都是对某些现实中的具体事件的回应, 如"沃波尔下台""南海泡沫""萨切维尔事件"等。另一方面, 报纸也不再等着做出反应, 正如伦纳德·戴维斯 (Lennard Davis) 所指出的: "时效性是借由印刷技术实现的(……), 而只有将持续性和时效性相结合, 新闻报道中的中间过去时 (median past tense) 才得以实现。"[56] 只有报纸、杂志定期出版, "当下"才能在印刷品中持续存在。然而, 当时的大多数报纸都是在不加入图片的情况下制作的: 虽然许多报纸会评论当时的时尚, 但没有一家报纸能够或愿意 (用图片) 展示它们。

　　直到 18 世纪后半叶, 在欧洲才出现了第一部以图片介绍服饰的系列出版物。首次出版于 1750 年的《女士日记 / 女性年鉴》(*The Ladies Diary or The Woman's Almanack*) 是"封面上印有时尚人物版画的口袋书和备忘录"[57] 的滥觞。据贝弗利·莱米尔说, 其中的版画是"英国首套专门为此设计的时尚插图"。[58] 尽管如此, 作为年度产品, 它们往往还是跟不上当时快速变化的时尚。当然, 那时只有少数人能够每月甚至每年都添置新衣服, 即便如此, 大多数人还是已经意识到时尚是不断变化的而不是时不时或每年更新一次——或者说,至少他们已经是这么想的了。[59]

第一本包含时尚版画的英国月刊是《淑女杂志，或美丽女人的休闲伴侣》(*Lady's Magazine or Entertaining Companion for the Fair Sex*)。[60] 在引言中，编辑承诺，"由于时尚的波动性延缓了其传入国内的速度，我们将通过版画向远方的读者介绍女性服饰的每一项创新，无论是头部的遮物，还是身上穿的衣服"。[61] 起初，这类图片只是不定期地出现，从 1780 年起，它们成为大多数杂志的一部分[62]。据约翰·L.内文森（John L. Nevinso）说，这些图片发挥了它们的作用，即非常有效地"传递出关于当前时尚的信息"。[63] 保持时效性确实是它们的价值所在：《淑女杂志，或美丽女人的休闲伴侣》1775 年 5 月号的扉页宣传说，这期杂志里"点缀"着一幅凹版印刷品，上面有两幅"从本月绘制的图画中选出的，穿着最时髦的女士的全身像"。最后，新潮得以成为一个可以定期交付的稳定的东西。

不过，最重要的是，这些杂志所收录的时装插图确立了一种全新的视角，既与小说的视觉化虚构不同，也有别于霍加斯的严格的线性透视视角和漫画的夸张立场。与当时的漫画相比，这些时装插图是写实的，它们展示的是真实的而非虚构的人，但它们没有展示出具体的背景。[64] 对于 1775 年 6 月 1 日出版的一幅印刷品，创作者声称是基于目击者的描述来绘制的，因为它是"根据在拉内拉赫画的写生"制作的（图 8.14）。拉内拉赫位于伦敦的切尔西地区，是当时很受欢迎的休闲娱乐花园，那里确实是研究时尚人士的好地方。然而，这幅印刷品并不是在现场画的草图的再现，它并没有以时尚报道者亲眼所见的方式来展示一个具体的情境。相反，这幅印刷品展示的是在公园里看到的所有时尚女士，脱离了她们原来所处的背景。只有在接下来的一页中，一位女资助

图 8.14 《淑女杂志，或美丽女人的休闲伴侣 》上的版画，两位女士穿着最时髦的衣服。根据 1775 年 5 月在拉内拉赫画的写生制作，由 G.Robinson 于 1775 年 6 月 1 日出版，摘自 1775 年 5 月《淑女杂志》，第 233 页。Courtesy of the Lewis Walpole Library, Yale University.

人 R 写给编辑的附信详细描述了目击者是如何来到拉内拉赫、她在那里究竟看到了什么，以及非常希望杂志能刊登她寄来的画作。不过，《淑女杂志》的编辑还是觉得有必要补充一句："我们已经满足了这位漂亮记者的要求，（……）不过，由于上述信件仍有模糊之处，我们在信中加入了对时尚更通俗易懂的描述，编辑亲笔。"[65] 虽然早在 18 世纪之前就有为特定个体所画的肖像——例如贵族、有影响力的商人或政治家，或者关于著名戏剧明星的版画和绘画，但在"广义的肖像"的意义上，时装插图展示了一个人在某个特定场景中"可能会穿的那种衣服（……）"。[66] 也只有现在，我们才有可能在印刷品的"镜子"里审视别人和自己：这确实是你。

按照法国《时尚图集》[6] 的模式，尼古拉斯·海德霍夫（Nicolaus Heidelhoff）于 1794 年开始出版他的《时尚图集》（*Gallery of Fashion*）（图 8.15），"这是英国第一本完全关于时尚的出版物"。[67] 在第一期的导言中，海德霍夫宣称："《时尚图集》是一部众望所归的作品，现在它带着丰富的选题出现了。它集中了所有最时尚、最优雅的流行服饰。"[68] 它第一次以全彩的形式展示当时的时尚，并且这一点终于成为它自身的目的；不以任何学术、道德或喜剧的名义，没有任何叙事背景，时尚的展示就是为了时尚本身。因此，时尚杂志开始声称对每个人都有用——而不仅仅是对少数可能的贵族订阅者[69]，为所有人提供时尚指南："这个'图集'不仅对关心高级时尚的女士们来说是有趣的，而且对每个关心当前时尚的人来说，它必须被视为不可或缺的。"——谁不会关心呢？更重要的是，时尚成为一个持续发展变化的过程，而不是一个稳定的实体，它在时间中不断前进，可能关涉生活在这个时代的每一个人："这部作品将分 12 个月出版。"

不管个人是否喜欢杂志中所描绘的时尚，随着以海德霍夫为首[70] 的众多杂志广泛而持续地刊登时尚图片，一种现实状况都被确立起来，即人们不得不在其中找到自己的位置。从那时起，时尚无处不在，观察时尚本身也成为遵循时尚规则的一种方式，即使在它偏离了这些规则时也是如此。虽然一个人可以不受某种地域服饰的限制，但其仍无法摆脱所处时代的时尚规范。

最后，图像成为穿着的范例："每个形象都会附上对每件物品的清晰而具体的描述，这样个人就不可能在服装搭配上出错。"[71] 形象的细节和文字的权

---

[6]　此处原文是"Gallerie de Modes"，疑是原文错误，应为前文反复提及的"Galerie des Modes"。——译注

图 8.15　摘自《时尚图集》，1794 年 4 月。©Yale Center for British Art.

威性相互补充，以最佳方式向观察者提供信息，并使其成为自己（！）所观察的世界的一部分。（从现在开始，时尚被认为是只有女性关心的问题。）虽然图像使服饰成为不容置疑的存在，却是文字为服饰赋予了意义。早期服装书的（男性）读者热衷于观赏衣服，而后来的时尚杂志的（女性）读者则被要求跟随潮流。通往经验世界的窗口终于变成了反映社会的镜子。

第九章　文学表现

艾丽西亚·科尔福特

本章旨在揭露一种虚假的生活方式，揭露它的虚伪和矫揉造作，并在我们的衣着、言谈和行为中提倡一种普遍的朴素。

——理查德·斯蒂尔（Richard Steele），《塔特勒》[1]

好了，同一位年轻女士如果看的是《旁观者》而不是这类作品（小说），她会多么骄傲地拿出这本杂志并说出它的名字啊，尽管她不太可能被这本厚厚的出版物——有雅趣的年轻人居然不会对它的内容和文体感到厌恶——的任何部分吸引，毕竟这里面的文章常常讲的是不可能发生的事情、造作的人物和一些根本与活人无关的话题。

——简·奥斯汀（Jane Austen），《诺桑觉寺》（*Northanger Abbey*）[2]

18 世纪的文学对服饰和时尚的文化意义及其物质性做出了跨越文体的回应，它关注到了其在写实（字面）和比喻上的双重功能。举例来说，斯蒂尔和约瑟夫·艾迪森（Joseph Addison）在《塔特勒》和《旁观者》(1709—1714 年)上发表的批判流行服饰的文章与奥斯汀在《诺桑觉寺》(1818 年）中对时尚和服饰的描述有关，而后者的出版已是 100 年后了。当然，《诺桑觉寺》的文化背景与《塔特勒》和《旁观者》已完全不同，但奥斯汀仍回应了这种批判模式，并在其对一位小说女主人公的描述中修正了这种模式，这位女主人公对于服饰和小说都紧随时尚。对年轻女性读者而言，《塔特勒》和《旁观者》的道德正确性（尽管《诺桑觉寺》的叙事人在本章引文中对此提出了质疑）是基于它们对时尚的批判和改革英国人衣着与生活习惯的目标，它们尤其关注那些过度追随时尚的人。

在下文中，笔者将以最具代表性的例子来说明，服饰和时尚在杂志、服饰文化史、戏剧、诗歌、第三人称叙事（it-narratives，从客体角度讲述的故事），以及以丹尼尔·笛福（Daniel Defoe）、伊丽莎·海伍德（Eliza Haywood）到伯尼、奥斯汀为代表的英国小说中是如何被表现的。聚焦于一些作家对那些追随时尚、拒绝时尚或过度沉迷于流行服饰的行为的描绘方式，有助于揭示文学对服饰的表征何以突显文本和服饰之间的复杂关系。本章主要参考英国的事例，但类似的范式也在当时欧洲的其他地方发挥作用。

杂 志

18 世纪早期至中期的杂志为人们了解当时的流行服饰提供了一个窗口，

因为它们非常专注于对主流时尚的批判和控制。从关于服饰的文化重要性的荒诞寓言，到关于如何在看起来时尚与过度时尚之间取得平衡的建议，这些杂志既就时尚消费给予指导，又把自己作为时尚消费的对象。事实上，流行杂志模糊了文本和服饰之间的界限，因为它们已经就各自作为文化商品和时尚对象的市场定位达成了协定。

正如艾琳·麦基（Erin Mackie）所言，"那么，时尚既是对《塔特勒》和《旁观者》所倡导的理性、进步的改革的威胁，又以一种修正的形态成为实现这种改革的一种途径"。[3] 在此基础上，珍妮·巴彻勒（Jennie Batchelor）指出，这种影响是持久的："这种混杂着对赶时髦和流行商品的沉迷与谴责的奇特融合，作为一种遗存，继续地影响着整个 18 世纪的杂志。"[4]《旁观者》第 478 期揭示了这种对流行服饰的投资与节制的奇特融合，讲述者提出要"为时尚建立一个仓库"[5]：

"在公寓里可以摆满架子，架子上的箱子要像图书馆里的书籍一样有规律地摆放。这些箱子要有折叠门，打开后，你会看到一个'娃娃'站在一个底座上，'娃娃'身着某种流行服饰，而底座上则标有服饰流行的时间。"[6]

斯蒂尔将流行服饰与"图书馆里的书籍"联系起来，他对"娃娃"或"时装玩偶"的引用强调了观看流行服饰与阅读期刊中对其的描述之间的区别。他的下述断言又重申了这种区别：时尚博物馆将"成为一个登记处，当后代人读到作者那些晦涩难懂的段落时，可以求助于它以厘清其内涵。由此，我们将来也不必苦苦研习词源，这可能导致以后的人们会以为，法勤盖尔裙撑的存在是因为廉价，而裙褶（Furbeloe）是为了保暖"。[7] 时装玩偶将对时尚的视觉呈现与描述性文字结合，使人们得以从表面上对时装的历史有一个全面的了解（斯蒂尔表示，这种了解是很浅薄的)。

如图 9.1 描绘的时装玩偶细致地展示了宫廷服饰，包括口袋、连指手套和鞋子等时尚配饰。它来自英国，"大约在 1755—1760 年，其身穿背后有袋的丝绸罩袍，配以衬裙和三角胸衣"。[8]

艾迪森为这些时装玩偶所想象的角色及随附的文字描述，在 18 世纪晚期成为现实，当时时装玩偶已被时装插图和时装杂志取代[9]。因此，印刷品对时装的描述与作为物质对象的时装玩偶紧密相连。正如朱莉·帕克（Julie Park）所指出的，"对迅速增长的阅读群体而言，印刷品使观念和信息的客体化与

图 9.1　木制的时装玩偶，穿着服装、戴着配饰，英格兰，1755—1760 年。
©Victoria and Albert Museum, London.

传播更加方便和可能，时装玩偶使女性得以迅速了解时尚观念并尝试模仿它们"。[10] 尼尔·麦肯德里克（Neil McKendrick）对"18 世纪最后 30 年"的时装玩偶、时装插图和时装杂志的描述，聚焦于这些流行服饰的传播方式如何"标志着在经过了本世纪前的快速发展后，时尚的商业化达到了顶峰"。[11] 他解释说，"1771 年，第一份彩色时尚印刷品出现在《淑女杂志，或美丽女人的休闲伴侣》上……这些时装插图实际上是作为商业宣传的广告插图"。[12]

然而，正如珍妮·巴彻勒（Jennie Batchelor）针对《淑女杂志，或美丽女人的休闲伴侣》所指出的那样，该杂志中的"时装插图很少"："以社论的形式而非以杂志创刊号所承诺的版画和报告的形式进行时尚报道的决定，是该杂志不信任直接的时尚报道的最清晰信号。"[13] 这与斯蒂尔的时装娃娃形成了有趣的对比，后者向后代人传达和解释了复杂时尚术语的方式表明文本也需要视觉说明，也跟图像或娃娃一样不易把控。

到了 1816 年，《美丽集锦》（*Belle Assemblée*）杂志将服饰词汇与图像结合起来（图 9.2）。对"巴黎晚礼服"的描述提供了一个典型的时尚杂志表达方式的例子：

> "长度很短的白色软缎圆裙，使其足以露出下面的薄纱衬裙，衬裙上有两道完整的细花边装饰；缎面衣服有四道猩红色天鹅绒镶边；裙子主体设计简洁，在胸部有交叉……袖子很短，末端是与衣领相呼应的褶饰……白色缎面拖鞋以丝带缠绕脚踝；羔羊皮手套。"[14]

时装玩偶和时装插图的历史以及时装杂志对服装的描述共同展示出文本

图 9.2 巴黎晚礼服,《美丽集锦》第 81 期，1816 年 3 月。Photo taken by author with permission of Chawton House Library.

如何激起人们对于图像和实物的联想，并与它们协同发挥作用。

大不列颠的服装和"伦敦城的吆喝声"

在服饰文化史中，因为时装玩偶和时装插图与期刊和报纸中对时尚服饰的描述具有相关性，文本与图像的结合也因此为前者提供了一个背景。拉隆的流行版画《伦敦城的吆喝声》、W. H. 派恩（W. H. Pyne）的《大不列颠服饰》(*The Costume of Great Britain*) 以及霍拉（Wenceslaus Hollar）关于英国女性时尚的蚀刻版画涵括了上层与下层服饰的图像，这些图像带有互文性，并运用了若干种文体与话语。《伦敦城的吆喝声》(*The Costume of Great Britain*,

描绘伦敦小贩售卖商品场景的版画）的体裁可以追溯到 18 世纪，它对伦敦居民日常服饰的表现侧重于人物与他们所售卖的商品之间的关系。拉隆的《伦敦城的吆喝声》提供了描绘伦敦街头流浪者的图像，他们的服装也反映了他们的"职业"。

派恩在他的《大不列颠服饰》（1804 年）中提供了类似的视觉和文本描述。正如在"出版商序言"中所称的，这部作品试图"将所有社会阶层囊括其中，因此，其刻画（对象）包含了从社会阶层中最高级别的公职人员，到最低级别的技工和劳工"。[15] 派恩的版画附有文字，阐述了人物的重要性，有时也关注其历史和文化背景，但通常不涉及服装的细节。克洛伊·威格斯顿·史密斯（Chloe Wigston Smith）认为，派恩的作品虽然"试图描绘一个关于英国人身份的连贯的肖像，却传递出要达成这一目的的困难"，其中"不断变化的服饰图景……和其自身相竞争的艺术传统及文本与图像之间的张力存在联系"。[16] 她继续指出，派恩的"服饰书除了图画之外，还借鉴了时装插图和（拉隆的）城市街头流浪者风格的传统"。[17] 拉迪希（Paula Rea Radisich）同样认为，"洛杉矶县立艺术博物馆收藏的名为《宫廷时装集》（Recueil des modes de la cour）"的图集，包含"190 幅 17 世纪的法国手绘彩色版画"，属于"1703—1704 年出现的一种与现在完全不同的独特风格，它既是艺术，是作为艺术品令收藏家感兴趣的系列版画；同时也是服饰，是一套有历史年代感的法国时尚插画。通过加入街头小贩，编纂者进一步将其发展为一部文化史"。[18]

这类文学作品不仅具有史密斯和拉迪希所指出的互文性，并且其关于性别和阶级的叙述也同样较为模糊。一个例子是拉隆的《伦敦的交际花》（London Curtezan）（图 9.3），画中人的穿着虽表明了她的职业，但同时将她描绘成一个模棱两可的人物。

她拿着一把扇子和一副面具，头戴兜帽，脸上粘有假的美人痣（或贴片）。她的配饰让人们搞不懂她与伦敦上流社会妇女的关系，因为扇子、面具和贴片也都是当时的流行饰品。这位伦敦高级妓女为下述流行说法提供了一个重要的视觉背景，即当仆人、女演员和其他边缘人物佩戴流行配饰时，人们便不清楚这些配饰还是不是上流社会身份的标志了。拉隆的图像在其他方面也具有互文性。他的图像经常被复制，在一个例子中，艺术家约翰·奥弗顿（John Overton）附上了"四幅并非复制自拉隆的图像，（这些图像）将女性描绘成春、夏、秋、冬的象征……而这四个人物可能是受温塞斯劳·霍勒（Wenceslaus

图 9.3 《伦敦的交际花》，摘自拉隆的《伦敦城的吆喝声》，由坦佩斯·皮尔斯（Tempest Pierce）于 1733 年印刷。Courtesy of the Lewis Walpole Library, Yale University.

Hollar）1644 年首次出版的、广受欢迎的女性全身像的启发，其中的女性代表着四季"。[19]

霍勒在《四季》（*The Four Seasons*）中为英国女性绘制的蚀刻版画侧重于表现城市景观中的服饰。他画中的冬日形象（图 9.4）散发出拉隆的画作《伦敦的交际花》中的气息，因为它强调女性特质以及流行服饰与伦敦景观之间的关系。

这个人物头戴兜帽、戴着面具，拿着袖筒作配件，而拉隆的"交际花"也戴着兜帽、拿着面具，同时也拿着扇子作配饰。"交际花"的形象更容易被观

图 9.4 《冬日》（*Winter*），霍勒，1643—1644 年，蚀刻版画。©The Trustees of the British Museum.

者注意到，因为她是拿着而不是戴着面具，更直接地看着观者，而且比霍勒的《冬日》中的女人的遮挡更少。在这个意义上，霍勒对围巾和面具的描绘则加强了对欲望的表达。《冬日》中的保护性服饰使上流社会的女性形象比更容易接近的艺伎更令人向往，尽管她是以相似的方式被其配饰塑造的（特别是通过出现的面具）。奥弗顿将霍勒的版画纳入他自己版本的拉隆的"流浪者"中，这也加强了时尚和城市景观之间的隐含联系，因为它存在于两个文本中。戈弗雷（R. T. Godfrey）描述了霍勒的蚀刻版画是如何突显人物与城市之间的关系的："她身着华贵的皮草，站在康希尔大街的伦敦景色前，她右边是皇家交易所的塔楼。"[20] 版画的背景也暗示了这位穿着时尚的女性与她身后的皇家交易所的联系。

戏剧与剧场

18 世纪的舞台上，对时装的表现也使人们关注商业文化中的性别建构。涉及服饰的内容，形成了将服装和流行文学当作时尚消费品的观念；这与女性在社会中的角色类似，她们也被置于市场中，（作为商品）在男人之间交换。从复辟时期到 19 世纪初的英国戏剧，它们对服饰的表现方式与霍勒和拉隆描绘袖筒和面具的方式相似。

在《村妇》（*The Country Wife*，1675 年）中，威彻利（Wycherley）将妇女表现为商品，并利用新交易所这一背景来明确这种关联。玛格丽·平奇威孚（Margery Pinchwife）决心出现在公众面前，她缠着丈夫，直到他终于想出了一个可以让她露面的方案："所以，这是我的方案。我会给她穿上我们打算带给她哥哥的套装……来吧，给她打扮起来。一副面具！不，一个戴着面具的女人，就像一道盖起来的菜，引得男人好奇，激发他们的食欲；而如果不戴面具，则会令他反胃。"[21] 他们来到新交易所，那里有"一个位于斯特兰德、出售时髦商品的百货商场。它建于1608—1609年，在王朝复辟后广受欢迎"。[22] 玛格丽·平奇威孚到达新交易所后，也试图购买剧本和诗集，此举也提醒了观者们文学在时尚消费品交易中的地位。[23] 这种比较在后面更加明显，当斯帕克携未婚妻艾丽西亚公开亮相时，受到了玛格丽·平奇威孚的质疑，斯帕克回应道："那又怎样呢？或许我就是乐见这一点（她的亮相），正如我穿上漂亮衣服的第一天就在戏院里展示，并在穷鬼们面前数钱。"[24] 当玛格丽·平奇威孚和艾丽西亚在交易所的环境中被展示时，都变得更有吸引力，更平易近人。

女性的衣着和她们在市场中的地位之间的关系也表现为这样一种观念，即仆人的衣着或朴素的、下层阶级的衣着可能为其提供一种伪装，使她们获得行动的自由，这是戈德史密斯（Goldsmith）的戏剧《屈身求爱》（*She Stoops to Conquer*，1773年）中的一个情节。哈德卡索小姐冒充酒吧女招待，设法怂恿马洛（他只和"最狂野"的女人调情）注意到她。据她的女仆说，她穿的是"每位小姐在乡下穿的衣服"，但马洛误以为这是仆人的衣服。哈德卡索小姐默认了这个误会，这样她就更容易接近马洛。她这样向她的女仆解释她的决定："首先，我会被人看到，这对一个在（婚姻）市场上亮相的女孩来说，会得到不小的好处……但我的主要目的是让我中意的先生卸下防备，我就像传奇故事中的一个隐身斗士，在我发起战斗之前先估量好巨人的力量。"[25] 哈德卡索小姐的打扮是为了引发（对她身份的）误读，以便她可以更近距离地了解马洛。她使用了一个浪漫的比喻，使人们注意到她的穿着和容貌是通过文本建构的，就像浪漫关系一样可以被操控，以此在婚姻市场上获得信息和经济上的稳定。

同时，弗朗西斯·伯尼（Frances Burney）在剧本《才女》（*The Witlings*，1778—1780 年）中，以当时流行的幽默方式，在直接的对比中描绘了时装。伯尼在一家女帽店里打开了她的剧本，在那里的"柜台上摆满了帽子、丝带、扇子和纸板盒"。[26] 婚礼准备工作正在进行中，而这一景象加深了作为商品的时装与在婚姻市场和非法性交易市场上作为类似商品的女性之间的联系。克洛伊·威格斯顿·史密斯（Chloe Wigston Smith）在阅读罗伯特·戴顿（Robert Dighton）的《清晨漫步》（*A Morning Ramble; or; The Milliner's Shop*）（图 9.5）时指出，"像女演员和仆人一样，女帽匠同样被看作上流社会男人的性猎物"。[27]

图 9.5 《清晨漫步》，罗伯特·戴顿，1782 年。Courtesy of the Lewis Walpole Library, Yale University.

有趣的是，伯尼笔下的博福特和监察官进入女帽店，也等于进入了一个女性化的空间，两人就这个空间会不会吞噬自己的问题产生了冲突。吞噬的暴力表现在监察官提出的一个比喻中，在该比喻中，衣服被比作被禁锢的武器：

"你会用什么武器留住我？你会像一位女士对待她的麻雀一样，用一条丝带把我绑在你的小手指上吗，或是用布鲁塞尔蕾丝勾引我？你会用帽子筑起防御工事，还是用裙褶拦住我？你会用宽边绒球向我开火，还是用扇子阻挡我撤退？"[28]

监察官不愿意被牵扯进商品的制作或购买中，他把女帽店这一不正当的女性空间转变成了尚武的男性空间。而他是通过对语言的运用——通过隐喻——而不是针线做到这一点的。他从禁锢的意象（捆绳和网）过渡到围困的意象（防御工事和路障），再过渡到武器的意象（枪和剑）。因此，他暗示奢华和铺张对男性气质而言是危险的，也将导致烦琐的语言表达（如上文对隐喻的夸张解读）。

诗　歌

在 18 世纪的许多诗歌中，也出现了利用服装来掩饰身份或在性别化的身体中建立性别化行为的理念。约翰·盖伊（John Gay）的《琐事：穿行于伦敦街头的艺术》(*Trivia: Or, The Art of Walking the Streets of London*, 1716 年) 描绘了在城市景观中保护行人不受季节影响的服饰，他对工人阶级的英雄主义式描述使人想起拉隆的《伦敦城的吆喝声》和霍勒的人格化风格的《四季》。

特别值得注意的是盖伊对冬天的描写，他在书中讨论了以木套鞋为代表的保护性鞋类，并将女性的劳动、健康和美德浪漫化。他关注木套鞋，揭示了围绕它诞生和发展的英雄传说："噢，缪斯！别忘了赞美木套鞋！这类女性的服饰将使歌谣焕发容光。"[29] 盖伊接着讲述了帕蒂的故事，一个被火神伏尔甘追求的农村挤奶女工，火神用他发明的木套鞋保护她免受寒冬的影响。他把帕蒂描绘成一个浪漫的、田园牧歌式的人物："乳白色的重担在她头上'冒着烟'。她蹒跚独行，深一脚浅一脚地走在一条泥泞的小路上。"[30] 这一景象和保护帕蒂不被冻脚的需要，都表明她是一个被性别化了的人物。

> 她的肺不再被风寒折磨，
>
> 她的脸颊重新绽放出光彩。
>
> 上帝获得了他的衣服，尽管不够顺畅，
>
> 但对女性美德的恩典终将流传。[31]

挤奶女工"通常被描绘为具有健康、自然和富有生机的性能力的代表"，然而，"这种刻板印象与另一种同样普遍的刻板印象相对应，即性无能的贵族，他们的性能力被浮华的城市生活削弱"。[32] 帕蒂，作为一个农村人物和神的情妇，当她献身一位恩赐于她的强大人物时，她的社会地位也变得复杂起来。

根据穿着者的社会阶层的不同，木套鞋在外观和材料上也有相应的变化。正如普拉特（Pratt）和伍利（Woolley）在讨论金属套鞋时指出的，"上流社会的贵妇有时会找到使用它们[1]的场合，但它们的功能性外观使其通常与下层阶级和乡村人群联系在一起"。[33] 尽管如此，它们还是具有一定的装饰性。（图9.6）

因此，铁制套鞋与中下层阶级相对应，而皮制套鞋或木屐与上层阶级相对应，这种联系似乎也是相对灵活的，正如在盖伊的作品里帕蒂的身份也是灵活的。

图9.6　一双带木质鞋底和铁环的木套鞋，大不列颠，17世纪20—30年代。©Victoria and Albert Museum, London.

-----

[1]　金属套鞋。——译注

在盖伊的晚期诗歌里，他在描绘一位卖苹果的小贩朵儿时，强化了女性劳动者和商品之间的密切关系。朵儿是伦敦蔬果商贩的文学肖像，她出现在拉隆的《伦敦城的吆喝声》中。（图 9.7）

正如谢斯格林（Shesgreen）所解释的那样，这个蔬果商"卖的是暖和的炖梨这种冬天的食物""她的衣服是一件整洁、朴素的冬装"。[34] 她还穿着套鞋，这就使得拉隆的这幅版画与盖伊的苹果小贩和他早期描写的挤奶女工帕蒂相互联系起来。盖伊提醒他的读者关注女性的劳动、健康和商品之间的联系，比如他把帕蒂和朵儿与伦敦交际花的不健康的性形象相对照。

盖伊笔下的妓女用服装掩饰自己的身份，展示出不正当的性形象，也表明

图 9.7 《热烘烘的大梨子哟！》（*Hott Bak'd Wardens Hott*），摘自拉隆的《伦敦城的吆喝声》，1733 年由坦佩斯·皮尔斯印刷。Courtesy of the Lewis Walpole Library, Yale University.

了自己去过哪些地方：

> 她驯顺的身形不受坚硬胸甲的阻挡；
>
> 在灯下，她那俗丽的丝带闪闪发光，
>
> 修整过的曼图亚，配上邋遢的模样；
>
> 拖脏了的衬裙展示着她去过的地方，
>
> 凹陷的双颊泛着狡黠的红晕。
>
> 她身披斗篷，在酒馆门口徘徊，
>
> 或将带瘀青的双眼藏在头巾下。
>
> 不，她是身着贵格会成员罩袍的异教徒，
>
> 在德鲁里巷蹒跚而行。
>
> 她披着纱网兜突然冲出，以狡黠的目光伏击你，
>
> 她挥舞着鞭子或摆出惯常的姿态。
>
> 她的扇子轻拂过你的脸颊……[35]

　　妓女的服饰显示了她的败坏的品德，而这也是她的客人被她吸引的缘由。她把自己伪装成一个贵格会成员，在纱网兜下，以"狡黠的目光"[36]惊吓毫无防备的受害者。然而，她的伪装并未完全掩盖她身体上的不健康的特征：她的丝带很俗气，她一副"邋遢的模样"，她的脸颊凹陷、眼睛带淤青。不仅如此，她的兜帽还成为一种武器——便于发动"伏击"，这是另一种关于服装的隐喻，即将女性的服装与配饰和武器联系起来。她还利用代表其他身份的服装——如贵格会成员罩袍——来愚弄她的受害者，这种方式与戈德史密斯笔下的哈德卡

索小姐如出一辙。

与盖伊诗中表现服饰的方式不同，简·科利尔（Jane Collier）和安娜·莱蒂亚·巴博德（Anna Laetitia Barbauld）等女诗人在描写洗衣服等体力劳动时，加深了女性的工作与其穿着打扮之间的联系。科利尔和巴博德描绘了更真实的女性劳动者形象，由此证明了服装和时尚在文学中的作用既是实用的、现实的，也是象征性的。她们将对服装符号化的评论体现在对洗衣日的叙述中，特别是对（清洗）服饰所需的现实劳动的描绘。两位诗人通过对洗衣日的重要性的阐释，不仅在家务层面，更在更广范围内使人们关注女性所付出的劳动。

科利尔在《女性劳动：一封给斯蒂芬·达克先生的信》（*The Woman's Labour. An Epistle to Mr. Stephen Duck*，1739 年）中回应了达克在"《打谷者的劳动》（*The Thresher's Labour*）中对农村女性无所事事的批评"[37]，科利尔强调时尚对洗衣这种劳动的影响：

> 我们面前有成堆的细麻布，
>
> （处理它们）需要我们投入力气和耐心；
>
> 我们的小姐们所穿的麻纱和棉布，
>
> 那些昂贵、精美且珍贵的蕾丝和镶边，
>
> 清洗它们需要最高超的技巧和小心谨慎；
>
> 同理还有那些荷兰衬衫、荷叶边和流苏，
>
> 这些我们的祖先未曾见过的时尚。[38]

科利尔的抱怨直指"我们的小姐们"的流行服饰，这与作为一个被雇佣的

洗衣妇所处的下层地位形成对比。尽管所有阶层都穿亚麻布，但"蕾丝和镶边"以及"荷叶边和流苏"增加了清洗这些亚麻布的困难，它们使得这项工作"费时费力且价格不菲"。[39] 科利尔的社会评论还指出，洗衣女工的劳动量与工资不成正比，"我们所承受的痛苦，使我们对未来毫无期待 / 等着我们的，只有衰老和贫穷"。[40]

安娜·莱蒂亚·巴博德（Anna Laetitia Barbauld）在她的《洗衣日》（*Washing-Day*，1797 年）中提供了一种不同的视角，她用"家庭缪斯"来描述她童年记忆中的一天：

> 来吧，缪斯，来歌唱这可怕的洗衣日。
>
> 你们这些困在婚姻枷锁中的人，
>
> 带着卑微的灵魂，你们清楚地知道这一天
>
> 经过了平顺的一周，
>
> 很快就会到来……[41]

当科利尔用她自己的方式回应达克对劳动的描述时，巴博德引用弥尔顿（Milton）的无韵抑扬格五步格律诗中的缪斯，以更严肃的方式将家务劳动与日常诗歌相提并论。她利用洗衣日的短暂性，将男性的科学劳动和女性更平凡的劳动与创作诗词这种天马行空的工作进行了对比：

> 每双手都投入清洗、漂洗、拧干中，
>
> 每双手都在折叠、上浆、拍打、熨烫、编织。

随后我坐下来，仔细思索

洗衣服到底是什么。

有时，我用管子对着碗吹气消遣，

看着那些漂浮的泡沫；

我会小小地幻想着看到了孟格菲气球（Montgolfier），那种丝质的球，

乘着它穿行在云端——

如此接近，接近（地面上）嬉戏的儿童和劳作的男人。

大地、空气、天空和海洋，都有自己的气泡，

而最重要的，诗歌也是其中之一。[42]

巴博德抓住了洗衣的本质，它是一项短暂而重复的工作，但劳动强度要超过"儿童的嬉戏"和"男人的劳作"，而后两者都涉及想象与"气泡"。当她把洗衣和诗歌一同作为劳动展现出来时，衣服在她笔下重新成为诗歌的隐喻，因为这两种劳动都具有重复性且各自产生了不同的"气泡"——洗衣日的肥皂泡和诗歌中作为比喻的气泡。

第三人称视角

18 世纪中后期流行的"第三人称叙事"方式，也充斥着对穿着快速流变这一本质特征的表现。"第三人称视角"（这一术语被现代评论家用来定义小说的某种类型）是指从物品的视角讲故事，而该物品通常是某种几经易手的商品，因此，它们背后的故事也常常是对当时社会的讽刺，或具有明确的道德说教

意义。[43] 在这一类型的故事中，服饰代表自己发声，讲述其被生产和消费的故事。大衣、马甲、衬裙、鞋子和扇子成为故事的焦点，而这种叙事手法往往能够把公众、文学文本与叙事对象联系起来。克里斯蒂娜·鲁普顿（Christina Lupton）指出，"第三人称视角可能会讽刺这种不断出现的循环，即作者所参与的不过是关于文字的物质经济活动罢了"。[44] 邦妮·布莱克韦尔（Bonnie Blackwell）认为，这些故事的流行是为了回应早期小说对主观性的关注，它们提供了一种与（这类）小说不同的主体性："这些小说不强调每个人物死亡的独特性，而关注一个无生命的物体，恰恰是因为它的存在时间远远超过了曾拥有过它的主人们的寿命。"[45] 她进而指出，这种叙事方式对使用所造成的物品磨损的刻画，也使物品与女性联系起来。"从根本上说，物品作为叙事者，既是女性自性成熟后其'市场价值'的不断贬值的见证者，也是对这一现象的比喻。"[46] 然而，这些故事在"文学"层面也发挥了作用，它们详细地表现了所有权对服装的影响。在这些故事中，衣服被弄脏、遗失、送出，或（它们）不再时髦、被重新设计和改造，由此它们也呈现出一幅关于18世纪中后期服装市场中的衣物周转画面。

由匿名作者创作的《由女式拖鞋和其他鞋子自己所写的历史和冒险》（*History and Adventures of a Lady's Slippers and Shoes. Written by Themselves*，1754年）就是个很好的例子，它说明了时装在这一小说类型中的呈现方式。在拖鞋和其他鞋子"讲"的故事里，它们与主人的道德品行联系在一起，同时，它们作为服饰，其寿命也是有限的。当叙述者把它们现在的磨损状态与曾经的崭新状态相比较时，又把它们与女性联系起来："曾经华丽的它们所散发出的光芒，穿破了当下它们头上所笼罩的破败不堪的乌云；就像在一位迟暮的美人，即使她被花白的头发和皱纹所困，仍然可以从一些印记中一窥她曾经的绰约风姿，而时间带给她的只有令人唏嘘的变化。"[47] 在故事的最后，拖鞋用一个关于衣服腐化的说明作为它们流通过程的总结："我现在的全部期望……是被扔到公路上，或被丢进地窖里；在那里……发霉，直到化去最后一缕碎片。唉，其他鞋子同情地答道，同样的悲惨结局也在等着我。"[48]

拖鞋和鞋子的衰变反映的是人类的衰老和名声的败坏，（文本表明）这种衰败往往伴随着时尚的自我展示，正如克里斯蒂娜·鲁普顿所观察到的，"衣服也有身体，它们会像女人一样迅速老去并失去光泽"。[49] 如图 9.8 所示的穆勒鞋所呈现的状态，展示出故事中的那双拖鞋可能经受的磨损；它是一只经过了长期穿着、已经磨损的、属于女性的花缎穆勒鞋（约 1650—1700 年）。尽管如此，它还是比它主人多存在了几百年时间，这表明这些故事也夸大了服装的无常，为的是使人们更关注人类的脆弱。

拖鞋和其他鞋子传达出服饰的种种现实和虚幻的力量，而这些均是关于

图 9.8　女式里昂花缎穆勒鞋，1650—1700 年，鞋子收藏。Northampton Museums and Art Gallery.

18 世纪的服饰剪裁和时尚生活的。F.A. 加尔索（F.A.de Garsault）在他的《鞋匠的艺术》（*Art du cordonnier*，1767 年）中解释说，拖鞋是一种非常简单的鞋子，"它既没有拼接的鞋舌，也没有鞋帮，因此鞋跟总是没有遮盖的。"[50] 拖鞋在文本中的经历反映了它们在现实生活中可能经历的各种事件和情况，例如，它们或曾"陷入泥潭，被人群踩在脚下，虽然我的女主人哭了……但她再也看不到我了，而她只能穿着白色长筒袜蹒跚前进"。[51] 拖鞋和其他鞋子在旧衣服的穿着中也有所体现，它们的出现，既是对仆人的讽刺，也是与性交易相联系的一种隐喻。拖鞋几乎立即被交给了仆人，这重现了当时把仆人当作消费者的普遍的表达方式，他们模仿主人的时尚，很大程度上是因为他们收到了主人不要的衣服。在回应拖鞋关于它的女主人如何在它第一次粘上轻微污渍后就把它送给女仆的叙述时，其他鞋子感叹道："那些荡妇都打扮得像她们的女主人一样。"[52]

与此同时，这些鞋子被卖给了"一个妓院的老妇人，她也是年轻小伙子们和已婚男人寻欢作乐的最得力助手之一。她很快就把我们修补得漂漂亮亮，使我们重获原有的荣光"。[53] 这些鞋子表明，就像穿着它们的妓女一样，尽管已经被长期穿着过，但经过修补，它们依然呈现出时髦的样子——和当时的许多文学作品的情节一样（如女帽匠的商店），作者明确将这种服装交易与性交易联系起来。这些鞋子还使它们的一位主人在一次蒙面舞会上陷入尴尬境地，"她毫无防备地告诉（一位身着黑色外衣的人），她的脚被我们（鞋）挤得很痛，她只能跛着走路。而这位年轻人提出在一间休息室等她，在那里她可以换掉我们"。[54] 这段描述将时髦的鞋子的危险与伪装的危险结合起来；这也是物品的特性推动故事发展的情节，文本也因此成为物品使用周期的产物。服装市场的种种现象——比如突然的大甩卖或从一个主人到另一个主人的转移——
也很容易在某种具象层面上被解读。正如克洛伊·维格斯顿·史密斯（Chloe
Wigston Smith）所说，"物品在物理意义上的损毁，推动了故事情节的发展，
也暗示了物品的材料与叙事形式之间的张力"。[55] 服饰作为时尚物品，其衰败
使文本得以产生，与此同时，关于它们的文字描写往往会产生寓意，揭示出
18 世纪的生活中性与性别的真相。

小　说

对流行服饰的描写也是 18 世纪小说的一个主要部分，小说家们用它们建
构起一套服装与身份的关系的理论。笔者在本节将要讨论的小说把对服饰的现
实描写与其象征作用相结合，这使得理解它的立场变得复杂，并将我们带回斯
蒂尔所想象的展示了时尚表达的互文性的博物馆。那种认为最得体的服饰是最
合时宜、最自然的服饰的观点，出现在《塔特勒》和《旁观者》中，也出现在
盖伊的诗歌中，并在《屈身求爱》（She Stoops to Conquer）中被视为一种问
题意识，进而在这一时期的小说中形成了一种流行的观点，即将（服装）视为
某种伪装，以消解把它看作更"自然"的（现象）的观点。在笛福的《罗克萨娜》
（Roxana, 1724 年）、海伍德的《芳托米娜》（Fantomina, 1725 年）和塞缪尔·理
查德森的《帕梅拉》中，都描绘了通过适度的伪装而获得权力的人物，尽管这
种权力是有限的。弗朗西斯·布鲁克（Frances Brooke）的《艾米莉·蒙塔古
的历史》（The History of Emily Montague, 1769 年）把服饰这一意象作为
民族和宗教意义上的他者的隐喻，并将"自然"的理想与英国的女性气质联系

起来。相比之下，弗朗西斯·伯尼在《卡米拉》（*Camilla*，1796 年）中对购物的描写则是为了试探女性与作为她们购物对象的物品之间的一致性的限度，而亨利·菲尔丁在《汤姆·琼斯》（*Tom Jones*，1749 年）中则让物品与附加于它们的文本共同扮演了缺席的爱侣这一性别身份。物品与文本的这种相互依存的关系，为理解文学史中服饰表现的局限性和可能性提供了一个框架。

在小说《罗克萨娜》的序言中，笛福把这本小说的叙事形容为一件合身或不合身的衣服，而笛福笔下的"讲述者"恳请读者：如果故事令读者不满，请责备他 [2] 和"他糟糕的表现"，因为他一直在"用他的话来描述，是用比这位小姐所穿的更差劲的斗篷来装点这个故事，并准备把它呈现于世人面前"。⁵⁶ 然而，这些"更差劲的斗篷"代表了罗克萨娜在小说中用服饰对她身份做出的掩饰，所以讲述者的比喻强调的是这种身份的转变，而不是其文本的通俗易懂。当她和她的贵格会女房东住在一起时，罗克萨娜利用了恰当的贵格会成员身份作为伪装，以避免见到她那无人认领的孩子们："我在那里待了一段时间后，假装非常喜欢贵格会的衣服⋯⋯但我真正的目的是，看看它是否能作为我的伪装。"⁵⁷

海伍德笔下的芳托米娜也试图通过转变身份，装扮成仆人来拴住她的情人波普莱西尔，"她头戴一顶圆耳帽，身穿一条红色短衬裙，还有一件灰色小外套⋯⋯这下没人能认得出她来了，甚至把她当作任何与她本身的外表身份不同的人。"⁵⁸ 芳托米娜的伪装达到了预期效果，波普莱西尔"一看到她就情不自禁"，利用她穿的短衬裙之便，抓住了"她那双漂亮的腿"⁵⁹。这个场景既

---

[2]　"他"指该"讲述者"。——译注

现实又夸张；它根据对女仆的容易接近、质朴的刻板印象，加之对芳托米娜服饰以及（当时的）文化服饰的写实描述，对身份和外表的不稳定性加以评判。海伍德特别指出，芳托米娜头上的"圆耳帽"，是"18 世纪 30 年代流行的帽子……这种帽子有点像童帽，沿着脸部线条绕到耳朵处或耳朵下面，将花边固定在帽子顶部或系在下巴下"。[60]

这种类型的衣服也出现在《帕梅拉》中，当女主人公怀着即将回到自己乡下父母家的期待，梳妆打扮时，她想着，"我穿上新衣服，尽可能把自己打扮得漂漂亮亮，戴上我的圆耳帽……穿上我的家纺长袍和衬裙，配上纯皮鞋子"。[61] 一幅根据约瑟夫·海默（Joseph Highmore）所画的帕梅拉装扮后的雕版画（图 9.9），直观地展示了她的乡村服饰。

图 9.9 塞缪尔·理查德森的《帕梅拉》的插图，纪尧姆·菲利普·贝努瓦（Guillaume Philippe Benoist）创作，源自约瑟夫·海莫尔（Joseph Highmore），1762 年。©Yale Center for British Art.

这种打扮招致了 B 先生（对帕梅拉）的骚扰——"他强吻了我，而我无能为力"，帕梅拉也对一项针对她的伪装的指控做出了回应："自从我的好夫人，也就是你的母亲，把我从我贫穷的父母身边带走后，我确实一直在伪装……她仁慈地给了我许多衣服和其他好处。而现在，我很快又要回到我贫穷的父母身边，我……买了更适合我身份的衣服。"[62] 帕梅拉将她关于身份的表述框定在她服饰的灵活性中，从而扭转了笛福在《罗克萨娜》的序言中运用的关于伪装的叙述方式；帕梅拉作为伪装穿上的"更差劲的斗篷"，实际上比她作为小姐的女仆所穿的"华丽的斗篷"，更能体现她的真实身份。这是一种复杂的伪装，穿上它，帕梅拉便与她的下层阶级身份拉开了距离，但事实证明，她穿上女主人的衣服也毫无违和感，尽管她声称自从离开父母后就一直在伪装。这与化装舞会所暗含的出格的刺激和伪装相似，在小说中，它同时也意在揭开（伪装下的）"真实"身份。这一结果也印证了特里·卡塞尔（Terry Castle）的论点："化装舞会本身就是伪装。表面上的欢乐场景，实际上是一处陷阱——一个充斥着控制、失衡和性威胁的地方。"[63]

在弗朗西斯·布鲁克的《艾米莉·蒙塔古的历史》中有一篇有关化装舞会主题的文章，乔·斯纳德（Joe Snader）指出："小说中，在塑造英国人自我形象这一动力的驱使下，他者形象的出现只是因为其有助于刻画一个活跃的、离经叛道的、擅长伪装的英国人。"[64]《艾米莉·蒙塔古的历史》中一个类似的他者化时刻是将宗教机构置于英国女性的隐喻性服装之中："我去过（天主教）弥撒、（英国国教）教堂，也去过长老会：最后我对它们的形象有了自己的想法。天主教堂像一个打扮用力过猛的阔太太；长老会像一个粗鲁、笨拙的乡下姑娘；国教教堂像一个衣着优雅的高贵女人，'整洁中透着素雅'。"[65] 这种文字上的比较是基于对不同服饰的刻板印象，而正是这些刻板印象，把女性塑造为不同理想型的代表，然后体现在她们的自我塑造中；最好的服饰是不会引发人们关注其建构性本质的，而最好的宗教也是如此。对这三座教堂的描述也让读者想起了购物，或是为了决定消费场所而进行的观光；宗教身份和女性商品之间的这种隐秘联系，代表了那个时代作为商品的女性和作为购物者的女性之间的复杂关系。

在伯尼的《卡米拉》中，一次尴尬的购物提供了一个有关购物的公共性的例子，并批评了仅根据外表评价女性的行为。卡米拉和一位被称作"米廷夫人"的人一起进入商店，米廷夫人想一个个地逛完南安普敦的所有商店，"她们可以看到所有最好玩的东西，而不需要花钱买任何东西"。[66]然而，卡米拉吸引了太多人的注意，她们走后，留下仍盯着她们看的店主，他们"在整条商业街上"站成一排，围观卡米拉和米廷夫人的"奇怪行为"。[67]这是因为卡米拉的"身材和外貌并未迎合这种好奇心泛滥的放纵的凝视"。[68]事实上，她根本没有参与购物行为，而是显得"心不在焉又全神贯注"，因此她被猜测为要么是小偷，要么是"头脑不正常"的人，这表明卡米拉并未正常地购物，因为她没有与陈列的商品有任何互动。[69]伊丽莎白·科瓦莱斯基-华莱士（Elizabeth Kowaleski-Wallace）认为，"故事的最初表明，卡米拉在商店里发现她与包围着自己的商品产生了联系"，而伯尼在小说中反对这种简单化的联系，坚持认为"是某种关键的品质……赋予了卡米拉一种'本能的力量'来战胜"那些骚扰她的店主。[70]伯尼赋予卡米拉这种力量，是为了批评那种把女性与作为对象的服饰相对比，从而用她们来建构关于美德的抽象观念的观点，这似乎是伯尼拒绝将卡米拉与她周围的商品简单地联系起来的原因。相反，卡米拉说明了店主们（他们应该能理解商品）不能只通过观察一个女人购物的方式来了解她，尽管"她的脸似乎表明了她的纯洁性"。[71] 在这个时刻，伯尼没有把卡米拉与展示的物品相提并论，而是反驳了仅凭外表就能真实地了解女人的观点。

这种无法准确理解（女人）的情况让我们回到了 18 世纪文学中在描述服饰和时尚时，象征性、字面表达和文本等不同层面的共同作用。亨利·菲尔丁的《汤姆·琼斯》中，汤姆发现了他的爱人索菲亚·韦斯顿留下的饰物；其中一个是她的暖手筒，另一个是她的口袋书。在这两种物品上都附有文字，说明它们是索菲亚的财物。汤姆购买这些物品的行为使索菲亚与她的饰物联系在了一起，并预示着这两个人物的浪漫结合。当他找到暖手筒时，叙述者告诉我们，"他即时看到并阅读了钉在（暖手筒）上的纸上的'索菲亚·韦斯顿'的字样"。[72] 当他找到口袋书时，他看到"在第一页上有'索菲亚·韦斯顿'的字样，这是她亲手写的。他读到这个名字的同时，也亲吻了这字迹"。[73] 后来，在汤姆"带着他的两个床伴——口袋书和暖手筒——去休息"[74] 时，显然他是把这些物品当作性消费的对象。苏菲·吉（Sophie Gee）在这种比喻和具象的结合中看到了人们在阅读小说时发生的同样的转变："故事赋予日常物品以意义和重要性。尽管这些物品——扇子、暖手筒、索菲亚的信——能引起共鸣，但它们也是遗留物。像圣物一样，它们存在于其象征意义之后，相比之下，它们较为平凡且微不足道。"[75]

与斯蒂尔将图像和文字结合起来以赋予服装恰当的历史意义的时尚博物馆的提议不同，汤姆理解和使用索菲亚个人财物的能力取决于他阅读标签的能力。那么，在标签和手工制品的这种互动中，会发生什么？物品是否比文字更容易成为遗留物？这一部分是一个策展问题，正如琳达·鲍姆加滕（Linda

Baumgarten）所解释的，"太多衣服已经失去了它们的历史……其作为实物证据，本身已经被侵蚀。学者们将对古董服装本身的研究与从文字材料（如标签、订单、日记、广告和商人的记录）中获得的信息结合起来。他们将服装与绘画、印刷品中的描绘进行比较。"[76] 与此同时，文学在与残留物品的碰撞中，创造并记录服饰。文学文本也受到时尚潮流和消费市场的影响，文本和服饰在修辞上的联系，确保了（服装）作为实物永远为文学提供具象的背景，即使这种文学似乎只能反映当下的短暂现实。正如丹尼尔·罗奇（Daniel Roche）所观察到的，"18 世纪的小说既提供了关于道德状况的描写，也通过社会风俗、惯例和日用品对社会生活的塑造，展现了理解它们之间关系的可能性"。[77]

在《诺桑觉寺》中，亨利·蒂尔尼关于记日记和薄纱的讨论，表现了小说和日常穿着之间的一种尴尬关系。在亨利声称确切地知道凯瑟琳在日记中会如何评价他之后，凯瑟琳反驳道："但是，也许我没有写日记。"[78] 亨利在他的叙述中复制了日记和时尚杂志里的语言，并问凯瑟琳："如果不持续写日记，如何记录你的各种服饰，又如何描述你肤色的不同状态和头发的卷曲程度的种种变化？"[79] 在把记日记和写信以及对时尚和服饰的兴趣当作"女性所特有的"行为之后，亨利承认，他的说法实际上是错误的，而且"在每一种以品味为基础的能力中，两性表现出同等的卓越程度"。[80] 不仅如此，当他与艾伦夫人谈到薄纱的话题时，他还承认自己也对时尚和服饰感兴趣："但是你知道的，夫人，薄纱总会有一些用处，莫兰小姐会用它来做手帕、帽子或披风——不能说薄纱是没用的。"[81] 由此看出，奥斯汀在 18 世纪的作品中总结了描绘物质文明时存在的问题：文本真实记录了服饰，但它并不稳定，因为（这种记录）参差不齐，又受制于审美和基于具象或刻板印象的建构方式；同时，服饰缺乏稳定的状态，它会随着时尚产业以及生产者和消费者的想象力而变化，这意味着服饰在 18 世纪的文学中与互文的媒介共同出现，使得它总是趋向于"某种解释"。18 世纪文学中的服饰在本质上具有物质性、具象性、象征性、文本性、图像性和短暂性。

原书注释

Introduction

1. Aileen Ribeiro, *The Art of Dress. Fashion in England and France 1750 to 1820* (New Haven and London: Yale University Press, 1995).
2. On collectors, see Valerie Cumming, *Understanding Fashion History* (New York and Hollywood: Costume and Fashion Press, 2004), 46–81.
3. H. Taine, *Extraits* from Corr. November 23, 1855, author's translation. "Expositions sur la Gravure de Mode," Bibliothèque Nationale, Galerie Mansart, avril 1961 [unpublished folio of photographs of the exhibit], BN. Est. Ad392, unpaginat(ed.)
4. "Expositions sur la Gravure," unpaginat(ed.)
5. Margaret Maynard, "A Dream of Fair Women: Revival Dress and the Formation of Late Victorian Images of Femininity," *Art History*, 12, September 3 (1989): 322–41.
6. Information courtesy Rebecca Evans.
7. Gerard Vaughan, "Foreword," in *Fashion and Textiles in the International Collections of the National Gallery of Victoria*, (ed.) Robyn Healy (Melbourne: National Gallery of Victoria, 2004), 6.
8. *She Walks in Splendor: Great Costumes 1550–1950. An Exhibition of Costumes, Costume Accessories and Illustration from the Museum's Permanent Collection*, October 3–December 1, 1963, Museum of Fine Arts, Boston (Boston: Museum of Fine Arts, 1963).
9. Ann Ray Martin, "The young pretender: Long ruled by Diana Vreeland, the world of costume—that upstart art—is changing" [Edward Maeder], *Connoisseur,* June (1984): 73.
10. This was the premise of the large EU funded project, *Fashioning the Early Modern: Creativity and Innovation in Europe, 1500–1800*, conducted from 2010 to 2013 under the leadership of Evelyn Welch. See http://www.fashioningtheearlymodern.ac.uk/about/
11. Daniel Roche, *The Culture of Clothing. Dress and fashion in the ancien régime*, trans. Jean Birrell (Cambridge: Cambridge University Press, 1994 [1989]), 97.
12. François Boucher, *A History of Costume in the West,* trans. John Ross, new (ed.) (London: Thames and Hudson, 1987 [1966]).
13. Roche, *The Culture of Clothing*, 136.
14. Farid Chenoune, *A History of Men's Fashion* (Paris: Flammarion, 1993), 17.
15. On the Foundling Hospital see John Styles, *Threads of Feeling*, at http://www.threadsoffeeling.com
16. Wilmarth Sheldon Lewis, "Horace Walpole's Library," in *A Catalogue of Horace Walpole's Library*, Allen T. Hazen, 3 vols (New Haven and London: Yale University Press, 1969), vol. I.
17. Hazen, *A Catalogue of Horace Walpole's Library*, vol. I.
18. Horace Walpole, *Works*, IV. 355, Lewis Walpole Library, Yale University.
19. Philip Dormer Stanhope, Earl of Chesterfield, *Letters written by the late Right Honourable Philip Dormer Stanhope, Earl of Chesterfield, to his son, Philip Stanhope, esq . . .* 2 vols, Horace Walpole's copy, Lewis Walpole Library, Yale University, LWL 49.436.2v. (London: J. Dodsley, 1774), vol. I, 199.
20. Earl of Chesterfield, *Letters*, Letter CXXII, Lewis Walpole Library, Yale University, LWL 49.436.2v.
21. Roche, *The Culture of Clothing*, 11.

22. Jane Bridgeman, "Beauty, Dress and Gender," in *Concepts of Beauty in Renaissance Art*, Francis Ames-Lewis and Mary Rogers (Aldershot: Ashgate, 1998), 44.

23. Jane Bridgeman, "Beauty, Dress and Gender": 46.

24. Hannah Greig, *The Beau Monde: Fashionable Society in Georgian London* (Oxford: Oxford University Press, 2013), 33.

25. Johan Huizinga, Johan, *The Autumn of the Middle Ages*, trans. Rodney J. Payton and Ulrich Mammitzsch (Chicago: University of Chicago Press, 1996 [1921]), 301.

26. Anne Hollander, "The Clothed Image: Picture and Performance," *New Literary History*, 2: 3, Spring (1971): 478.

27. Michael Twyman, *The British Library Guide to Printing: History and Techniques* (Toronto: University of Toronto Press, 1998).

28. M. D'Archenholz (Formerly a Captain in the Service of the King of Prussia), *A Picture of England: Containing a description of the laws, customs, and manners of England . . .* vol. I (London: Edward Jeffery, 1789), 156–7.

29. Mary Webster, *Johan Zoffany, RA* (New Haven and London: Yale University Press, 2011).

30. Martin Myrone, Tate Gallery notes online at www.tate.org.uk/art/artworks/walton-a-girl-buying-a-ballad-t07594 [accessed July 28, 2015].

31. Daniel Roche, *A History of Everyday Things. The birth of consumption in France, 1600–1800,* trans. Brian Pearce (Cambridge: Cambridge University Press, 2000 [1997]), 193–220.

32. Beverly Lemire, "'Men of the World': British Mariners, Consumer Practice, and Material Culture in an Era of Global Trade, c. 1660–1800," *Journal of British Studies*, 54: 2, April (2015): 299.

33. Matthew Craske, *Art in Europe 1700–1830* (Oxford: Oxford University Press, 1997), 161.

34. Ibid., 14.

35. [Sophia S. Banks] A catalog of books etc. in the main house belonging to Sir Joseph Banks, prepared by Sarah Banks, n.d. [being a catalog of books and engravings belonging to Sir Joseph Banks upon his death], BL. 460 d.13. On Sofia Banks see Arlene Leis, "Displaying art and fashion: ladies' pocket-book imagery in the paper collections of Sarah Sophia Banks," *Konsthistorisk tidskrift/Journal of Art History*, 82, 3 (2013): 252–71.

36. Carol Duncan, "Happy Mothers and Other New Ideas in French Art," *The Art Bulletin 55* (1973): 570–83.

37. John Greene and Elizabeth McCrum, "'Small clothes': the evolution of men's nether garments as evidences in *The Belfast Newsletter* Index 1737–1800," in *Eighteenth Century Ireland*, (eds) Alan Harrison and Ian Campbell Ross, vol. 5, 1990, Dublin: 169.

38. René Colas, *Bibliographie Générale du Costume et de la Mode* (Paris: Librairie René Colas, 1933, 3rd publishing, Martino Publishing, 2002), 425.

39. Susan Siegfried, "Portraits of Fantasy, Portraits of Fashion," *Non.site.org*, 14 (December 14, 2014). Available at http://nonsite.org/article/portraits-of-fantasy-portraits-of-fashion [accessed November 30, 2015].

40. Johannes Pietsch, "On Different Types of Women's Dresses in France in the Louis XVI Period," *Fashion Theory*, vol. 17, no. 4, September (2013): 397–416.

41. Kimberly Chrisman-Campbell, *Fashion Victims: Dress at the court of Louis XVI and Marie-Antoinette* (New Haven and London: Yale University Press, 2015), 162–4.

42. Ibid., 192.

43. Craske, *Art in Europe*, 15.

44. Lewis Walpole Library, Yale University, F.J.B. Watson papers on Thomas Patch.

45. Andrea Wulf, *Founding Gardeners. The Revolutionary Generation, Nature, and the Shaping of the American Nation* (New York: Alfred A. Knopf, 2011), 37.

46. Clare le Corbeiller, *European and American Snuff Boxes 1730–1830* (London: Chancellor Press), 13.

47. Hollander, "The Clothed Image": 488.

48. Diary in an unknown name, in *Ladies daily companion for the year of our Lord 1789: embellished with the following copper plates: an elegant representation of the discovery of the Earl of Leicester from the Recess, a lady in the dress of 1788, and four of the most fashionable head dresses* . . . Canterbury: Simmons and Kirkby, Inscribed on the flyleaf: "Given me by the honble Cosmo Gordon, Margate, Novr ye 21st 1788." Lewis Walpole Library, Yale University, LWL MSS Vol. 3.

49. Roche, *A History of Everyday Things*, 245.

50. Ibid., 240.

51. *Letters on the French Nation: by a Sicilian Gentleman, residing at Paris, to his friends in his own Country* . . . (London: T. Lownds, 1749), 53.

52. Hollander, "The Clothed Image": 489.

53. Roche, *A History of Everyday Things*, 234.

54. *Ländliche Eliten. Bäuerlich-burgerliche Eliten un den friesischen Marschen und den angrenzenden Geestgebieten 1650–1850*, collaborative research project supported by the VolkswagenStiftung initiative "Research in Museums" 2010–2013. Conducted at the Carl von Ossietzky-Universität Oldenburg, Institut für Geschichte Geschichte der Frühen Neuzeit, September 20–22, 2012. The work was published, mainly in German, as Dagmar Freist and Frank Schmekel (eds), *Hinter dem Horizont Band 2: Projektion und Distinktion ländlicher Oberschichten im europäischen Vergleich, 17.19. Jahrhundert* (Münster: Aschendorff Verlag, 2013). The English summaries of the proceedings outlined here were first published by me online at: www.fashioningtheearlymodern.ac.uk/wordpress/wp-content/uploads/2011/01/Ländliche-ElitenDF_2.pdf

55. Craig Clunas, "Review Essay. Modernity Global and Local: Consumption and the Rise of the West," *American Historical Review*, December (1999): 1497–511.

56. "Inventaire des marchandises et effets de colporteur [Hubert Jenniard] déclarés par Corentine Penchoat, à Crozon, le 6 Février 1761," Archives départementales du Finistère, 18B, inventaire des pièces de la procedure criminelle instruite à Crozon, le 27.2.1762, cited in Didier Cadiou, "La vie quotidienne dans les paroisses littorales de Camouet, Crozon, Roscankel et Telgnac, d'après les inventaires après décès, mémoire de maîtres dactyl (*maîtrise*)" (Brest: Université Brest, 1990), t. II, 100. Courtesy Philippe Jarnoux.

57. See Jessica Cronshagen, *Einfach vornehm. Die Hausleute der nordwestdeutschen Küstenmarsch in der Frühen Neuzeit* (Göttingen: Wallstein, 2014); Frank Schmekel, "'Glocal Stuff'—Trade and Consumption of an East Frisian Rural Elite (18th Century)," in *Preindustrial Commercial History. Flows and Contacts between Cities in Scandinavia and North Western Europe*, eds. Markus A. Denzel and Christina Dalhede (Stuttgart: Steiner, 2014), 251–68; Frank Schmekel, "Was macht einen Hausmann? Eine ländliche Elite zwischen Status und Praktiken der Legitimation," in (ed.) Dagmar Freist, *Diskurse-Körper-Artefakte. Historische Praxeologie*, transcript, 2015, 287–309. On practices and artifacts see Dagmar Freist, "'Ich will Dir selbst ein Bild von mir entwerfen': Praktiken der Selbst-Bildung im Spannungsfeld ständischer Normen und gesellschaftlicher Dynamik," in *Selbst-Bildungen: soziale und kulturelle Praktiken der Subjektivierung*, (eds) Thomas Alkemeyer, Gunilla Budde, and Dagmar Freist (Bielefeld: Transcript, 2013), 151–74; Dagmar Freist, "Diskurse-Körper-Artefakte. Historische Praxeologie in der *Frühneuzeitforschung—eine Annährung*," in *Diskurse-Körper-Artefakte. Historische Praxeologie*, (ed.) Dagmar Freist (Bielefeld: Transcript 2015), 9–30.

58. Joan W. Scott, "Gender: A Useful Category of Historical Analysis," *The American Historical Review*, 91: 5, December (1986): 1075.

59. Mark S.R. Jenner, "Review Essay: Body, Image, Text in Early Modern Europe," *The Society for the Social History of Medicine*, 12: 1 (1999): 154.

60. James Peller Malcolm, *Anecdotes of the manners and customs of London during the eighteenth century* . . ., London, Longman, Hurst, Rees, and Orme, 1808. no pagination, courtesy Lewis Walpole Library, Yale University.

61. Stéphanie Félicité Bruart de Genlis, *Dictionnaire critique et raisonne . . .*, vol. 1 (Paris: P Mongie, 1818), 79–80.
62. Ibid., 38–9.
63. Cited in Lars E. Troide (ed.), *Horace Walpole's "Miscellany," 1786–1795* (New Haven: Yale University Press, 1978), 128.
64. Cited in Rozsika Parker, *The Subversive Stitch. Embroidery and the making of the feminine* (London: Women's Press, 1984), 33.
65. Sandra M. Gilbert, "Costumes of the Mind: Transvestism as Metaphor in Modern Literature," in *Writing and Sexual Difference*, (ed.) Elizabeth Abel (Brighton: Harvester Press, 1982), 195.
66. Ibid.
67. Virginia Woolf, *Orlando* (London: Wadsworth, 1993 [1928]), 132.

Chapter 1

1. Ellen Andersen, *Danske dragter. Moden i 1700-årene* (København: Nationalmuseet, 1977), 106, fig. 31.
2. In 1996, Christensen stated: "Juel has remained what Germans call a 'Geheimtipp', a little known figure, among a small group of foreign art historians" [author's translation—all quotations from Nordic languages in this chapter are translated by the author], Charlotte Christensen, "Jens Juel og portrætkunsten i det 18. århundrede," in *Hvis engle kunne male . . .*, (ed.) C. Christensen (Frederiksborg: Det Nationalhistoriske Museum, Christian Ejlers' Forlag, 1996), 33.
3. *Den Store Danske Encyklopædi,* vol. 18 (København: Gyldendal, 2000), 197.
4. Christensen, *Hvis engle kunne male . . .,* 53.
5. The different qualities and prices are presented in Amelia Peck, "India Chintz and China Taffaty, East India Company Textiles for the North American Market," in *Interwoven Globe. The Worldwide Textile Trade, 1500–1800* (New York: The Metropolitan Museum of Art, 2013), 114–15.
6. The Old Town, in Danish Den Gamle By, Open Air Museum of Urban History and Culture owns the largest collection of dress and textiles outside the Danish capital, Copenhagen. It is situated in Aarhus, the second largest town of Denmark. www.dengamleby.dk
7. textilnet.dk was from February 2015 available on www.textilnet.dk
8. http://www.textilnet.dk/index.php?title=Abats [accessed June 16, 2015].
9. Bruun Juul, *Naturhistorisk, oeconomisk og technologisk Handels- og Varelexikon.* Bd. 1–3 (København: 1807–12).
10. Ole Jørgen Rawert, *Almindeligt Varelexicon* (København: 1831–4).
11. Florence M. Montgomery, *Textiles in America, 1650–1870* (New York, London: W.W. Norton, 2007). Elisabeth Stavenow-Hidemark, *1700-tals Textil: Anders Berchs samling i Nordiska Museet* (Stockholm: Nordiska Museets förlag, 1990).
12. The French term *abat/abats* translates into terms with connotations of waste which might indicate that the wool used in this fabric was of a very poor quality.
13. Peck, *Interwoven Globe,* 104–19 and 283–4, catalog 108, the Bower Sample Book.
14. Giorgio Riello, *Cotton: The Fabric that Made the Modern World* (Cambridge: Cambridge University Press, 2013), 137–42.
15. Ibid., 195–8.
16. Lise Bender Jørgensen, *North European Textiles until AD 1000* (Århus: Århus University Press, 1992).
17. *Den Store Danske Encyklopædi*, vol. 6 (København: Gyldendal, 1996), 419–20.
18. Tove Engelhardt Mathiassen, "Tekstil-import til Danmark cirka 1750–1850," in *Årbog Den gamle By* (Aarhus: Den Gamle By, 1996), 80.
19. JB, Catalogue 30, Surcoat (*Jinbaori*). *Interwoven Globe,* 177–8.

20. http://www.metmuseum.org/collection/the-collection-online/search/81718?rpp=30&pg=1 &ft=court+dress+wool&deptids=8&when=A.D.+1600-1800&pos=1 (accessed January, 26 2016).

21. http://www.textilnet.dk/index.php?title=Gyldenstykke (accessed June 16, 2015).

22. Erna Lorenzen, "Teater eller virkelighed," in *Årbog, Den gamle By* (Århus: *Den gamle By*, 1960), pp. 40–5.

23. Tove Engelhardt Mathiassen: *Tekstiler i skrøbelighedens museum:* http://blog.dengamleby.dk/ bagfacaden/2013/04/16/tekstiler-i-skrobelighedens-museum/ (accessed March 24, 2014). Here several pictures of this suit are published.

24. In *Fashionable Encounters: Perspectives and Trends in Textile and Dress in the Early Modern Nordic World*, (eds) Marie-Louise Nosch, Maj Ringgaard, Kirsten Toftegaard, Mikkel Venborg Pedersen, Tove Engelhardt Mathiassen (Oxford: Oxbow, 2015). Several chapters discuss these matters in the early modern Nordic societies.

25. Ursula Priestley, *The Fabric of Stuffs* (Norwich: Centre of East Anglian Studies, 1990).

26. www.textilnet.dk/index.php?title=Flandersk_lærred [accessed June 16, 2015].

27. I want to thank John Styles for the information given May 2012.

28. www.textilnet.dk/index.php?title=Chintz [accessed June 16, 2015].

29. Sterm, P., *Textil, praktisk varekundskab: metervarer* (København: Jul. Gjellerups Forlag, 1937), 126.

30. Riello, *Cotton,* 80–2.

31. See also Melinda Watt "Whims and Fancies," in *Interwoven Globe*, 82–103.

32. Peck, ibid., 105.

33. http://www.textilnet.dk/index.php?title=Bæverhår [accessed June 16, 2015].

34. Ann M. Carlos and Frank D. Lewis Trade, "Consumption, and the Native Economy: Lessons from York Factory, Hudson Bay," *Journal of Economic History*, vol. 61, no. 4 (December, 2001): 1037–64.

35. Moesbjerg, M.P., "Hattemagerhuset i Den gamle By," in *Årbog Den gamle By*,(ed.) Peter Holm (Aarhus; *Den gamle By*, 1930–1), 39.

36. For a sustained discussion of mercurial poisoning and the industrial health of hatters, see Alison Matthews David, *Fashion Victims: The Dangers of Dress Past and Present* (London: Bloomsbury, 2015).

37. Moesbjerg, "Hattemagerhuset i Den gamle By," 41–2.

38. Henning Paulsen, *Sophie Brahes regnskabsbog 1627–40* (Jysk Selskab for Historie, Sprog og Litteratur, 1955), 72.

39. Ibid., 74.

40. Ibid., 125.

41. Ibid., 141.

42. Ibid., 198.

43. Annette Hoff, *Karen Rosenkrantz de Lichtenbergs dagbøger og regnskaber* (Horsens: Horsens Museum, Landbohistorisk Selskab 2009), 421.

44. The painting of Leonora Christine is owned by Det Nationalhistoriske Museum at Frederiksborg Castle and is available online: www.kulturarv.dk/kid/VisVaerk. do?vaerkId=96282 [accessed January 26, 2016].

45. http://mothsordbog.dk/ordbog?query=knappe-nål [accessed June 16, 2015].

46. Ole Jørgen Rawert, *Kongeriget Danmarks industrielle Forhold* [1848] (Skippershoved, 1992), 190–2.

47. Available online: http://ordnet.dk/ods/ordbog?query=naalepenge [accessed February 10, 2014].

48. Britta Hammar and Pernilla Rasmussen, *Underkläder. En kulturhistoria* (Stockholm: Signum 2008), 18.

49. The description builds on *Den Store Danske Encyclopædi* vol. 2 (København: Gyldendal, 1995), 336.

50. N. Waugh, *The Cut of Men's Clothes: 1600–1900* (London: Faber & Faber, 1977 [1964]), 17.
51. Andersen, *Danske dragter*, 20.
52. Waugh, *The Cut of Men's Clothes*, 57.
53. Norah Waugh, *Corsets and Crinolines* (New York: Theatre Art Books, 1981 [1954]), 167; Paulsen, *Sophie Brahes regnskabsbog 1627–40*, 107.
54. www.textilnet.dk/index.php?title=Kannevas [accessed June 16, 2015]. Kanivas is a "textile woven of hemp, flax or cotton yarn or in different mixtures of these. Produced in lots of different variations and woven in different techniques among these 'kanevas,' tabby and twill. Is also seen with woven stripes and/or flowers. It was used for among other things clothes (i.e. shirts), fabric for embroidery, furnishing and sails. In the beginning of the 19th century produced especially in England, The Netherlands and Germany." It also means "a tabby weave where all warp and weft threads are doubled or where one switches between single and double threads." Translation from Danish by the author from the Danish textile compendium.
55. Hoff, *Karen Rosenkrantz de Lichtenbergs dagbøger og regnskaber*, 421.
56. Ibid., 281.
57. Andersen, *Danske dragter*, 311.
58. www.textilnet.dk/index.php?title=Trille [accessed June 16, 2015].
59. Hoff, *Karen Rosenkrantz de Lichtenbergs dagbøger og regnskaber*, 310.
60. Ibid., 368.
61. Waugh, *Corsets and Crinolines*, 17–21.
62. Montgomery, *Textiles in America, 1650–1870* (New York, London: W.W. Norton & Company, 2007), 308.
63. Riello, *Cotton*, 182; and Elena Phipps, "Global Colors: Dyes and the Dye Trade," 120–35; Susan Kay-Williams, *The Story of Colour in Textiles* (London: Bloomsbury, 2013), who has a chapter called "Analysis, Understanding and Invention: The 18th Century," 108–25.
64. Phipps, "Global Colors: Dyes and the Dye Trade," 134–5.
65. Ibid., 121.
66. D. Cardon, *Natural Dyes: Sources, Tradition, Technology and Science* (London: Archetype Publications 2007), 348.
67. Phipps, "Global Colors: Dyes and the Dye Trade," 130.
68. Riello, Cotton, 176.
69. Cardon, *Natural Dyes*, 619–35.
70. As note 20, Catalogue 30. Surcoat (Jinbaori). *Interwoven Globe: The Worldwide Textile Trade, 1500–1800* (New York: The Metropolitan Museum of Art, 2013), 177–8.
71. *Den Store Danske Encyklopædi*, vol. 9 (København: Gyldendal, 1997), 59.
72. Available online: www.econlib.org/cgi-bin/searchbooks.pl?searchtype=BookSearchPara&id=hmMPL&query=cloth [accessed March 18, 2014].

Chapter 2

1. Sumptuary laws were enacted in European and Asian societies with increasing frequency in this period. See Alan Hunt, *Governance of Consuming Passions: A History of Sumptuary Law* (Basingstoke: Macmillan, 1996); Donald H. Shively, "Sumptuary Regulation and Status in Early Tokugawa Japan," *Harvard Journal of Asiatic Studies* 25 (1964–5): 123–64. For the introduction of sumptuary laws in medieval Europe see Martha Howell, *Commerce Before Capitalism in Europe, 1300–1600* (Cambridge: Cambridge University Press, 2010), ch. 4.
2. Ina Baghdiantz McCabe, *Orientalism in Early Modern France: Eurasian Trade, Exoticism and the Ancien Regime* (Oxford: Berg Publishers, 2008), 5–6, 101–2; Adam Geczy, *Fashion and Orientalism: Dress, Textiles and Culture from the 17th to the 21st Century* (London: Bloomsbury, 2013), 37.

3. For silk see: Lesley Ellis Miller, "Innovation and Industrial Espionage in Eighteenth-Century France: an Investigation of the Selling of Silk through Samples," *Journal of Design History* 12, no. 3 (1999): 271–92; Luca Mola, *The Silk Industry of Renaissance Venice* (Baltimore: Johns Hopkins University Press, 2000). For cotton see: Giorgio Riello, *Cotton: the Fabric that Made the Modern World* (Cambridge: Cambridge University Press, 2013); Beverly Lemire, *Cotton* (Oxford: Berg Publishers, 2011). For the international textile trade see: Christine Laidlaw, *The British in the Levant: Trade and Perceptions of the Ottoman Empire in the Eighteenth Century* (New York: Tauris Academic Studies, 2010); K.N. Chaudhuri, *The Trading World of Asia and the English East India Company, 1660–1760* (Cambridge: Cambridge University Press, 1978).

4. Ulink Rublack, *Dressing Up: Cultural Identity in Renaissance Europe* (Oxford: Oxford University Press, 2010).

5. Quoted in Catherine Richardson, "Introduction" in Catherine Richardson (ed), *Clothing Culture, 1350–1650* (Aldershot: Ashgate, 2004), 19.

6. Jan de Vries, *The First Modern Economy: Success, Failure, and Perseverance of the Dutch Economy, 1500–1815* (Cambridge: Cambridge University Press, 1997), 507–29.

7. Brian Cowan, *The Social Life of Coffee: The Emergence of the British Coffeehouse* (New Haven: Yale University Press, 2005); Jeremy Caradonna, *The Enlightenment in Practice: Academic Prize Contests and Intellectual Culture in France, 1670–1794* (Ithica, NY: Cornell University Press, 2012); John Robertson, *The Case for the Enlightenment: Scotland and Naples, 1680–1760* (Cambridge: Cambridge University Press, 2005); Martin Fitzpatrick, Peter Jones, Christa Knellwolf, and Iain McCalman (eds), *The Enlightenment World* (New York: Routledge, 2004).

8. Illustrated in the British example by Maxine Berg, *Luxury & Pleasure in Eighteenth-Century Britain* (Oxford: Oxford University Press, 2005).

9. For the impact of Asian silk on medieval Crusaders see: Sarah-Grace Heller, "Fashion in French Crusade Literature: Desiring Infidel Textiles," in *Encountering Medieval Textiles and Dress*, (eds) Désirée G. Koslin and Janet E. Snyder (New York: Palgrave Macmillan, 2002).

10. Maxine Berg, "Manufacturing the Orient: Asian Commodities and European Industry 1500–1800," *Proceedings of the Istituto Internazionale di Storia Economica "F. Datini"* 32 (2001): 519–56.

11. Janet Abu Lughod, *Before European Hegemony: the World System A.D. 1250–1350* (New York: Oxford University Press, 1989), ch. 10; Mary Schoeser, *Silk* (New Haven: Yale University Press, 2007), 35–43.

12. Beverly Lemire and Giorgio Riello, "East and West: Textiles and Fashion in Early Modern Europe," *Journal of Social History* 41, no. 4 (2008): 890–2; Howell, *Commerce Before Capitalism*, 209–11; Evelyn Welch, "New, Old and Second-Hand Culture: The Case of the Renaissance Sleeve," in *Revaluing Renaissance Arts*, (eds) Gabriele Neher and Rupert Shepherd (Aldershot: Ashgate, 2000).

13. Schoeser, *Silk*, 42.

14. Mola, *Silk Industry of Renaissance Venice*, xiii.

15. Ibid., xiii–xv; Hermann Kellenbenz, "The Organization of Industrial Production," in *The Cambridge Economic History of Europe*, (eds) J.H. Clapham, M.M. Postan, E. Power, H. Habakkuk, and E. E. Rich (Cambridge: Cambridge University Press, 1977), vol. 5, 527.

16. A.P. Wadsworth and Julia de Lacy Mann, *The Cotton Trade and Industrial Lancashire, 1600–1780* (Manchester: Manchester University Press, 1931, reprinted 1973), 106.

17. Joan Thirsk, *Alternative Agriculture from the Black Death to the Present* (Oxford: Oxford University Press, 1997), 120–5; Salvatore Ciriacono, "Silk Manufacturing in France and Italy in the XVIIth Century: Two Models Compared," *Journal of European Economic History* 10 no. 1 (1981): 167–72; Karel Davids, *The Rise and Decline of Dutch Technological Leadership* vol. 1 (Leiden: Brill, 2008), 150–3; Kellenbenz, "The Organization of Industrial Production", 521.

18. Kellenbenz, "The Organization of Industrial Production", 521.
19. Kristof Glamann, "The Changing Patterns of Trade," in *The Cambridge Economic History of Europe*, vol. 5, (eds) J.H. Clapham, M.M. Postan, E. Power, H. Habakkuk, and E.E. Rich (Cambridge: Cambridge University Press, 1977), 251.
20. British Library [BL], India Office Records [IOR] /G/12/53, Ship's Diary 1749–51; IOR/G/12/43 Ship's Diary 1736/7. Ships Sussex and Winchester, 66–7; IOR/G/12/16 ff 216–53 Diary & Consultation, 1685–6, 222v, 227v; Berg, *Luxury & Pleasure in Eighteenth-Century Britain*, ch. 2.
21. "*An Act prohibiting the importing of any wines, wooll or silk from the kingdom of France, into the Commonwealth of England or Ireland, or any the dominions thereunto belonging* (1649, 1650); Ciriacono, "Silk Manufacturing in France and Italy", 179.
22. Glamann, "The Changing Patterns of Trade", 250–2; Lemire and Riello, "East and West," 898.
23. Michael Kwass, *Contraband: Louis Mandrin and the Making of a Global Underground* (Cambridge, MA: Harvard University Press, 2014); Lemire, *Cotton*.
24. For the attempted suppression of consumer demand and its unexpected consequences see: Beverly Lemire, *Cotton*, ch. 3; and Riello, *Cotton*, 117–26.
25. Ciriacono, "Silk Manufacturing in France and Italy," 180–1.
26. Lesley Ellis Miller, "Paris-Lyon-Paris: Dialogue in the Design and Distribution of Patterned Silks in the 18th Century," in *Luxury Trade and Consumerism in Ancien Régime Paris,* (eds) Robert Fox and Anthony Turner (Aldershot: Ashgate, 1998); Carolyn Sargentson, *Merchants and Luxury Markets: The Marchands Merciers of Eighteenth-Century Paris* (London: Victoria & Albert Museum, 1996).
27. Quoted in Daryl M. Hafter, *Women at Work in Preindustrial France* (University Park: Pennsylvania State University Press, 2007), 125.
28. Miller, "Paris-Lyon-Paris."
29. Ilja Van Damme, "Middlemen and the Creation of a 'Fashion Revolution': the Experience of Antwerp in the late Seventeenth and Eighteenth Centuries," in *The Force of Fashion in Politics and Society from Early Modern to Contemporary Times,* (ed.) Beverly Lemire (Aldershot: Ashgate, 2009), 21–40; George Unwin, *Samuel Oldknow and the Arkwrights: The Industrial Revolution in Stockport and Marple* (London: Longmans, 1924).
30. A protest by English silk and ribbon weavers charging the smuggling French silk ribbons and lace into England. *The Case of the English Weavers and French Merchants truly Stated* (London, 1670).
31. James Carlile, *The fortune-hunters, or Two fools well met* . . . (London, 1689), Act II, Scene II.
32. Beverly Lemire, *Fashion's Favourite: the Cotton Trade and the Consumer in Britain, 1660–1800* (Oxford: Oxford University Press, 1991), 79–81.
33. Miller, "Innovation and Industrial Espionage."
34. For a discussion of knowledge transfer between Asia and Europe and within Europe see: Riello, *Cotton*, 160–85; Lien Bich Luu, *Immigrants and the Industries of London, 1500–1700* (Aldershot: Ashgate, 2005); J.R. Harris, "Movements of Technology between Britain and Europe in the Eighteenth Century," in *International Technology Transfer: Europe, Japan and the USA, 1700–1914*, (ed.) D.J. Jeremy (Aldershot: Ashgate, 1991).
35. Wadsworth and Mann, *Cotton Trade and Industrial Lancashire*, 304.
36. Carole Shammas, "The Decline of Textile Prices in England and British America Prior to Industrialization," *Economic History Review* 48 no. 3 (1994): 483–507.
37. T. Parke Hughes, *Human-built world: how to think about technology and culture* (Chicago: University of Chicago Press, 2005), 4–5.
38. Beverly Lemire, *Dress, Culture and Commerce: the English Clothing Trade Before the Factory, 1660–1800* (Basingstoke: Macmillan, 1997), 9–41 and "A Question of Trousers: Seafarers, Masculinity and Empire in the Shaping of British Male Dress, c. 1600–1800," *Cultural and Social History* (2016) forthcoming.

39. Clare Crowston, "Engendering the Guilds: Seamstresses, Tailors, and the Clash of Corporate Identities in Old Regime France," *French Historical Studies* 23:2 (2000): 339–71; Lemire, *Dress, Culture and Commerce*, ch. 2.

40. Margaret Spufford, "Fabric for Seventeenth-Century Children and Adolescents' Clothes," *Textile History* 34:1 (2003): 47–63.

41. Massimo Livi-Bacci, *The Population of Europe* (Oxford: Blackwell Publishers, 2000), 6; Paul M. Hohenberg and Lynn Hollen Lees, *The Making of Urban Europe, 1000–1950* (Cambridge, MA: Harvard University Press, 1985), 11.

42. De Vries, *The First Modern Economy*, 509–19.

43. Sargentson, *Merchants and Luxury Markets*; John Benson and Laura Ugolini (eds), *A Nation of Shopkeepers: Five Centuries of British Retailing* (London: Tauris & Co., 2003); Laurence Fontaine, *History of Pedlars in Europe* (Cambridge: Polity Press, 1996).

44. Anne McCants, "Poor Consumers as Global Consumers: the Diffusion of Tea and Coffee Drinking in the Eighteenth Century," *Economic History Review* 61 no.1 (2008): 172–200; Lemire, *Cotton*, ch. 3 and ch. 5, and "'Men of the World': British Mariners, Consumer Practice, and Material Culture in an Era of Global Trade, c. 1660–1800," *Journal of British Studies* 54, no. 2 (2015): 288–319.

45. Mark Overton, Jane Whittle, Darron Dean, and Andrew Hann, *Production and Consumption in English Households 1600–1750* (London: Routledge, 2004), 91; Belén Moreno Claverias, "Luxury, Fashion and Peasantry: The Introduction of New Commodities in Rural Catalan, 1670–1790," in *The Force of Fashion in Politics and Society from Early Modern to Contemporary Times,* (ed.) Beverly Lemire (Aldershot: Ashgate, 2010), 77, 81–2. Also Lorna Weatherill, *Consumer Behaviour and Material Culture in Britain, 1660–1760* (London: Routledge, 1988), 43–69.

46. Overton, Whittle, Dean and Ham, *Production and Consumption in England Households*, 91, 109, Table 5.1 and 5.3.

47. Moreno Claverias, "Luxury, Fashion and Peasantry," 81.

48. Dena Goodman and Kathryn Norberg (eds), *Furnishing the Eighteenth Century: What Furniture Can Tell Us about the European and American Past* (New York: Routledge, 2007), 1–9.

49. Linda Levy Peck, *Consuming Splendor: Society and Culture in Seventeenth-Century England* (Cambridge: Cambridge University Press, 2005), 221–2; Natacha Coquery, "Fashion, Business, Diffusion: An Upholsterer's Shop in Eighteenth-Century Paris," in *Fashioning the Eighteenth Century: What Furniture Can Tell Us about the European and American Past,* (eds) Dena Goodman and Kathryn Norberg, trans. Kathryn Norberg and Dena Goodman (New York: Routledge, 2007), 63.

50. Margaret Ponsonby, *Stories from Home: English Domestic Interiors, 1750–1850* (Aldershot: Ashgate, 2007), 52.

51. Pat Kirkham, *The London Furniture Trade 1700–1870* (London: Furniture History Society, 1988), 4–5; Van Damme, "Middlemen and the Creation of a 'Fashion Revolution'," 21–40.

52. Mary Douglas and Baron Isherwood emphasize the importance of sets of objects that in combination reflect social and cultural priorities in dress or furnishings. *The World of Goods: Towards an Anthropology of Consumption* (London: Routledge, 1979), 69–71.

53. Stana Nenadic, "Middle-Rank Consumers and Domestic Culture in Edinburgh and Glasgow 1720–1849," *Past & Present* 145 (1994): 130–1.

54. Daniel Roche, *The Culture of Clothing: Dress and Fashion in the Ancien Régime*, trans. Jean Birrell, (Cambridge: Cambridge University Press, 1994), 151–83.

55. Roche, *The Culture of Clothing*, 373.

56. Quoted in Roche, *The Culture of Clothing*, 373.

57. Roche, *The Culture of Clothing*, 127, 138.

58. Beverly Lemire, "Transforming Consumer Custom: Linens, Cottons and the English Market, 1660–1800," in *The European Linen Industry in Historical Perspective,* (eds) Brenda Collins and Philip Ollerenshaw (Oxford: Oxford University Press, 2003), 187–207.

59. BL, IOR/E/1/206, Miscellaneous Letters, p. 63, April 17, 1746.

60. For example, Richard Ames, *Sylvia's revenge, or, A satyr against man in answer to the Satyr against woman* (London: 1688), p. 13; Anon. *The Adventures of the Helvetian Hero, with the young Countess of Albania, or, The amours of Armadorus and Vicentina a novel* (London: 1694), 19–20.

Chapter 3

1. Linda Baumgarten, *Eighteenth Century Clothing at Williamsburg* (Williamsburg: The Colonial Williamsburg Foundation, 1986), 13.

2. Aileen Ribeiro, *Fashion and Fiction: Dress in Art and Literature in Stuart England* (New Haven, London: Yale University Press, 2005), 240; *Mémoires de Mme de Motteville* (1621–89), (ed.) M. Petitot (Paris: Foucault, 1824), vol. 5, p. 54.

3. Aileen Ribeiro, *Dress in Eighteenth Century Europe* (New Haven, London: Yale University Press, 2002), 34–5, 222.

4. David Kuchta, *The Three-Piece Suit and Modern Masculinity: England, 1550–1850* (Berkeley, University of California Press, 2002).

5. Giorgio Riello and Peter McNeil, *Shoes: A History from Sandals to Sneakers* (Oxford and New York: Berg, 2006).

6. See chapter 8: "Visual Representations."

7. Daniel Roche, *La culture des apparences* (Paris: Fayard, 1989); John Styles, *The Dress of the People. Every day Fashion in Eighteenth-century England* (New Haven: Yale University Press, 2007).

8. Jean-Claude Bologne, *Histoire de la coquetterie masculine* (Paris, Perrin, 2011), 226.

9. Georges Vigarello, *L'invention de la silhouette du XVIIIe siècle à nos jours* (Paris: Seuil, 2012).

10. See Daniel Roche, *Histoire des choses banales. Naissance de la consommation XVII–XIXe siècle* (Paris, Fayard, 1997), ch. VIII; and Styles, *The Dress of the People,* ch. 7.

11. Lynn Hunt, "Freedom of Dress in Revolutionary France," in *Critical and Primary Sources in Fashion: Renaissance to Present Day*, (ed.) P. McNeil (Oxford and New York: Berg, 2009), vol. 2, 43.

12. Nicole Pellegrin, "Corps du commun, usages communs du corps," in Vigarello, *Histoire du corps: De la Renaissance aux Lumières* (Paris: Seuil, 2005), 165.

13. Georges Vigarello, *Concepts of Cleanliness: Changing attitudes in France Since the Middle Ages* (Cambridge: Cambridge University Press, 1988), 68.

14. Roche, *Histoire des choses banales,* 233.

15. Stéphanie Chaffray, "La mise en scène du corps amérindien: la représentation du vêtement dans les relations de voyage en Nouvelle-France," *Histoire, économie & société,* 4 (2008), 5–32.

16. Roche, *La culture des apparences,* 426.

17. For material approaches to the corset see Jill Sallen, *Corsets. Historical Patterns & Techniques* (London: Batsford, 2008); and Elery Lynn, *Underwear Fashion in Detail* (London: V&A Publishing, 2010).

18. Roche, *La culture des apparences,* 425.

19. Hannah Greigh, "Faction and Fashion: The Politics of Court Dress in Eighteenth-Century England" in *Se vêtir à la cour en Europe 1400–1815,* Isabelle Paresys and Natacha Coquery (Villeneuve d'Ascq: Irhis-Ceges-Centre de recherche du château de Versailles, 2011), 70–1.

20. Susan Vincent, *The Anatomy of Fashion* (Oxford and New York: Berg, 2009), 90; Denis Bruna (dir.), *La mécanique des dessous* (Paris, Les arts décoratifs, 2013), 118–19.

21. Ariane Fennetaux, "Women's Pockets and the Construction of Privacy in the Long Eighteenth Century," *Eighteenth Century Fiction*, vol. 20, no. 3, Spring 2008: 321.

22. Elizabeth Hackspiel-Mikosch, "Uniforms and the Creation of Ideal Masculinity," in *The Men's Fashion Reader*, (eds) Peter McNichol and Vicki Karaminas (New York, Oxford: Berg, 2009), 117–29; and "Mode und Uniform—Mode im Military Style," in *Die Tanzhusaren 1813, 1913, 2013*, Norbert Börste and Georg Eggenstein, exhibition catalog (Krefeld: Museum Burg Linn, 2013), 84–99.

23. Avril Hart and Susan North, *Seventeenth and Eighteenth-century Fashion in Detail* (London, V&A Publishing, 1998), 44; Bruna, *La mécanique des dessous*, 98.

24. See ch. 8, "Visual Representations."

25. Adelheide Rasche and Gundula Wolter (eds), *Ridikül: Mode in der Karikatur* (Berlin: DuMont, 2003); Peter McNeil, "Caricatura e Moda: Storia di una Presa in Giro," in *Storie di Moda/Fashion-able Histories*, (eds) M.G. Muzzarelli and E.T. Brandi (Milano: Bruno Mondadori, 2010), 156–67.

26. Marquis de Dangeau, *Journal de la Cour du Roi Soleil, tome X (1697), Le Mariage* (Paris: Paleo, 2005), 189.

27. Louis de Rouvroy, duc de Saint-Simon, *Mémoires complets et authentiques du duc de Saint-Simon sur le siècle de Louis XIV et la régence*, (ed.) M. Chéruel (Paris: Hachette, 1856), tome 12, ch. 1 (1715).

28. Mme de Genlis, *Dictionnaire critique et raisonné des étiquettes de la cour (. . .)* (Paris: P. Mongié aîné, 1818), vol. 2, article "Parure."

29. Henriette-Lucie Dillon, marquise de La Tour du Pin-Gouvernet, *Journal d'une femme de cinquante ans, 1778–1815* (Paris: Imhaus et Chapelot, 1913), vol. 2, ch. I, para. IV.

30. See some examples in Vincent, *The Anatomy of Fashion*, 76–7.

31. La Tour du Pin, *Journal*, ch. VII, para. IV.

32. Genlis, *Dictionnaire critique et raisonné des étiquettes de la cour (. . .)*.

33. She died in 1683. Charlotte-Elisabeth d'Orléans (1652–1722), *Lettres de Madame, duchesse d'Orléans, née Princesse Palatine*, (ed.) Olivier Amiel (Paris: Mercure de France, 1985), 427.

34. Ibid., 130.

35. Georges Vigarello, *Le corps redressé. Histoire d'un pouvoir pédagogique* (Paris: Delarge, 1978).

36. See chapter 3 of vol. 3 of this series: *Fashion in the Renaissance (1450–1650)*.

37. Vigarello, *Le corps redressé*, 69.

38. *Moi Marie Dubois, gentilhomme vendômois, valet de chambre de Louis XIV*, prés. par François Lebrun (Rennes: Apogée, 1994), 167.

39. Baronne d'Oberkirch, *Mémoires sur la cour de Louis XIV et la société française avant 1789* (Paris: Mercure de France, 1989), 462.

40. Vincent, *The Anatomy of Fashion*, 46.

41. Kimberly Chrisman, "Unhoop the Fair Sex: The Campaign Against the Hoop Petticoat in Eighteenth-Century England," *Eighteenth-Century Studies*, 30–1, Fall 1996: 5–23.

42. Ann Hollander, *Seeing Through Clothes* (Berkeley: University of California Press, 1993), 218.

43. Nolivos de Saint-Cyr, Paul-Antoine-Nicolas (1726–1803), *Tableau du siècle, par un auteur connu (. . .)* (Genève, [s.n.], 1759), 195.

44. Roche, *La culture des apparences*, 440 and 443.

45. Ibid., ch. XV; N. Pellegrin, "L'uniforme de la santé; les médecins et la réforme du costume," *Dix-huitième siècle*, no. 23 (1991): 129–40; Julie Allard, "Perceptions nouvelles du corps et raisons médicales de la mode dans la deuxième moitié du XVIIIe siècle," in *Représentations du corps sous l'Ancien Régime. Discours et pratiques*, (ed.) Isabelle Billaud and Marie-Christine Laperrière (Laval: Cahiers du CIERL, 2007), 13–30.

46. Vigarello, *Le corps redressé*, 96.

47. Emmanuel duc de Croÿ, *Journal de Cour, tome 4 (1768–1773)* (Paris: Paléo, 2005), 279.

48. Letter: November 1, 1770, in Évelyne Lever (pres.), *Marie-Antoinette. Correspondance (1770–1793)* (Paris: Tallandier, 2005), 60–1.
49. Ribeiro, *Dress in Eighteenth Century,* 241.
50. Philippe Perrot, *Le corps féminin. Le travail des apparences, XVIIe–XIXe siècle* (Paris: Seuil, 1991), 179.
51. Allard, "Perceptions nouvelles du corps," 20.
52. Jacques Bonnaud, *Dégradation de l'espèce humaine par l'usage des corps à baleine* (Paris: Herissant, 1770).
53. L.J. Clairian, *Recherches et considérations médicales sur les vêtemens des hommes: particulièrement sur les culotes* (Paris: Aubry, An XI–1803, 2nd (ed.)).
54. Valerie Steele, *The Corset: A Cultural History* (London and New Haven: Yale University Press, 2001), 76.
55. Bonnaud did thus too in *Dégradation de l'espèce humaine,* 197.
56. Ibid., 197.
57. Roche, *La culture des apparences,* 386 and 393.
58. Denis Diderot, *Regrets sur ma vieille robe de chambre (1768),* in *Correspondance littéraire* (s. l., Friedrich Ring, 1772).
59. Bologne, *Histoire de la coquetterie masculine,* 217.
60. Ribeiro, *Dress in Eighteenth Century,* 212.
61. Kuchta, *The Three-Piece Suit and Modern Masculinity,* 121
62. Ibid., 123.
63. Ribeiro, *Dress in Eighteenth Century,* 226–8.
64. Nicole Pellegrin, "Corps du commun," in Vigarello, *Histoire du corps,* 164.

Chapter 4

1. Richard Brathwait, "The English Gentlewoman, Drawne Out to the Full Body" (1631), in *The English Gentleman and English Gentlewoman, Both in one Volume couched* (. . .), 3rd (ed.) (London, 1641), 323–4.
2. "Art. Mode, S.f.," in *Dictionnaire de Trévoux,* Edition Lorraine: Nancy 1738–42, 1301, trans. by the author; original French: Mode, S.f.: Coutume, usage, manière de vivre ou de faire les choses. Ritus, mos, arbitrium, institutum. Toutes les nations ont des modes, des manières de vivre différentes. On ne trouve rien de bien que ce qui est à la mode. Les péchez des Grands deviennent les modes des peuples & la corruption de la Cour devient une politesse dans les Provinces.
3. "Art. Mode, die," in *Oekonomische Encyklopädie oder allgemeines System der Staats- Stadt- Haus- und Landwirthschaft,* (ed.) Johann G. Krünitz (1773–1885), trans. by the author; original German: *Mode, die, die eingeführte Art des Verhaltens im gesellschaftlichen Leben, die Sitte, Gewohnheit; und in engerem Verstande, die veränderliche Art der Kleidung und der Anordnung alles dessen, was zum Schmucke gehört, wofür man ehedem auch das Wort Weise gebrauchte.*
4. Pierre Bourdieu, *Outline of a Theory of Practice* (Cambridge: Cambridge University Press, 1977).
5. Theodore R. Schatzki, "Introduction. Practice Theory," in *The Practice Turn in Contemporary Theory,* (eds) Th. R. Schatzki, K. Knorr Cetina, and E. von Savigny (London and New York: Routledge, 2001), 3.
6. For a similar argument see Susan Vincent, *Dressing the Elite: Clothes in Early Modern England* (Oxford: Berg 2003), 3–4.
7. Martha L. Finch, "'Fashions of Wordly Dames': Separatist Discourse of Dress in Early Modern London, Amsterdam, and Plymouth Colony," *American Society of Church History* 74, no. 3 September (2005): 523.
8. Thomas D. Hamm, *The Quakers in America* (Columbia University Press: New York, 2006), 101.

9. Stephen Greenblatt, *Renaissance Self-Fashioning. From More to Shakespeare* (Chicago and London: The University of Chicago Press, 2005), 2.

10. Niklas Luhmann, *Die Gesellschaft der Gesellschaft* (Frankfurt am Main: Suhrkamp, 1997), 678–743, esp. 733–4.

11. Pierre Bourdieu, "The Social Space and the Genesis of Groups," *Theory and Society* 14 (1985): 723–44; Pierre Bourdieu, "The Forms of Capital," in *Handbook of Theory and Research for the Sociology of Education*, (ed.) J.G. Richardson (New York: Greenwood Press, 1986), 241–58.

12. For a statistical survey of consumer behavior in England, from 1660 to 1760, see Lorna Weatherill, *Consumer Behaviour and Material Culture in Britain, 1660–1760* (London and New York: Routledge, 1988).

13. Dick Hebdige, *Subculture: The Meanings of Style* (London: Routledge, 1979), 16–17.

14. Roze Hentschell, "Moralizing Apparel in Early Modern London: popular Literature, Sermons and Sartorial Display," *Journal of Medieval and Early Modern Studies* 39, no. 3 Fall (2009): 572 ff.

15. Martha L. Finch, "'Fashions of Wordly Dames': Separatist Discourse of Dress in Early Modern London, Amsterdam, and Plymouth Colony," *American Society of Church History* 74, no. 3 September (2005): 494–533.

16. See the detailed case study, ibid.

17. John Styles, *The Dress of the People. Everyday Fashion in Eighteenth-Century England* (New Haven and London: Yale University Press, 2007), 181.

18. Joyce Appleby, "Consumption in early modern social thought," in *Consumption and the World of Goods*, (eds) J. Brewer and R. Porter (London and New York: Routledge, 1993), 162–73.

19. Quoted in John E. Wills, Jr., "European consumption and Asian production in the seventeenth and eighteenth centuries," in *Consumption*: 137.

20. Beverly Lemire and Giorgio Riello, "East and West: Textiles and Fashion in Early Modern Europe," *Journal of Social History* 41, no. 4 (2008): 888.

21. Dagmar Freist, "'Ich will Dir selbst ein Bild von mir entwerfen. Praktiken der Selbst-Bildung im Spannungsfeld ständischer Normen und gesellschaftlicher Dynamik," in *Selbst Bildungen. Soziale und kulturelle Praktiken der Subjektivierung*, (eds) Thomas Alkemeyer, Gunilla Budde, Dagmar Freist (Bielefeld: transcript Verlag, 2013), 160.

22. Beverly Lemire, "Second-hand beaux and 'red-armed Belles': conflict and the creation of fashions in England, c. 1600–1800," *Continuity and Change* 15, no. 3 December (2000): 393.

23. Daniel Roche, *The Culture of Clothing: Dress and Fashion in the Ancien Régime* (Cambridge: Cambridge University Press, 1994), ch. 6.

24. Lemire, "Second-hand beaux and 'red-armed Belles'": 400.

25. Woodruff D. Smith, *Consumption and the Making of Respectability, 1600–1800* (London: Routledge, 2002), 3 and 27f.

26. Styles, *The Dress of the People*, 181.

27. Roche, *The Culture of Clothing*, 51.

28. Styles, *The Dress of the People*, 181.

29. Erin Mackie, *Market à la Mode: Fashion, Commodity and Gender in* The Tatler *and* The Spectator (Baltimore: Johns Hopkins University Press, 1997), 7 and 148.

30. Jessica Munns and Penny Richarrds (eds), *The Clothes that Wear Us. Essays on Dressing and Transgressing in Eighteenth-Century Culture* (Newark and London: Associated University Press, 1999).

31. Carlo Marco Belfanti, "New Approaches to Fashion and Emotion. The Civilization of Fashion: At the Origins of a Western Social Institution," *Journal of Social History*, Winter (2009), 261–83, 362.

32. Roche, *The Culture of Clothing*, 51.

33. Ibid.

34. Lemire, "Second-hand beaux and 'red-armed Belles'": 398.

35. Will Pritchard, "Masks and Faces: Female Legibility in the Restoration Era," *Eighteenth-Century Life* 24, no. 3, Fall (2000): 31–52.

36. Aileen Ribeiro, *Dress and Morality* (London: B.T. Batsford, 1986), 93.

37. Brathwait, *The English Gentlewoman,* 330.

38. Stephen H. Gregg, "'A Truly Christian Hero': Religion, Effeminacy, and the Nation in the Writings of the Societies for the Reformation of Manners," *Eighteenth-century Life* 25, Winter (2001): 17.

39. Cit. in Ribeiro, *Dress and Morality*, 89.

40. Peter McNeil, "'Beyond the horizon of hair': masculinity, nationhood and fashion in the Anglo-French Eighteenth Century," in *Hinter dem Horizont. Projektion und Distinktion ländlicher Oberschichten im euorpäischen Vergleich, 17.–19. Jahrhundert*, (eds) D. Freist and F. Schmekel (Münster: Aschendorff Verlag, 2013), 84.

41. Amelia Rauser, "Hair, Authenticity, and the Self-Made Macaroni," *Eighteenth Century Studies* 38, no. 1, Fall (2004): 101.

42. McNeil, "Beyond the horizon of hair," 85.

43. Rauser, "Hair, Authenticity, and the Self-Made Macaroni," 101–2.

44. Gregg, "A Truly Christian Hero," 17.

45. John Tosh, "The Old Adam and the new Man: Emerging Themes in the History of English Masculinites, 1750–1850," in *English Masculinites 1660–1800*, (eds) T. Hitzchcock and M. Cohen (London and New York: Longman, 1999), 231.

46. Morag Martin, "Doctoring Beauty: The Medical Control of Women's Tilettes in France, 1750–1820," *Medical History* 49 (2005), 352.

47. Ibid., 354, 360.

48. Michael Kwass, "Consumption and the World of Ideas: Consumer Revolution and the Moral Economy oft he Marquis de Mirabeaux," *Eighteenth-century Studies* 37, no. 2, Winter (2004), 195–6.

49. Ibid., 195.

50. Ibid., 196.

51. Mikael Alm, "'Social Imaginary' im Schweden des späten 18. Jahrhunderts," in *Diskurse—Körper—Artefakte. Historische Praxeologie in der Frühneuzeitforschung*, (ed.) D. Freist (Bielefeld: transcript, 2015), 267–86.

52. Friedrich Justin Bertuch and Georg Melchior Kraus (eds), *Das Journal des Luxus und der Moden* (Weimar: 1786–1826), February 1786, 72 ff.; "Art. Kleidung," in *Oekonomische Encyklopädie oder allgemeines System der Staats- Stadt- Haus- und Landwirthschaft*, (ed.) Johann G. Krünitz (1773–1885).

53. Catherine Molineux, "Hogarth's Fashionable Slaves: Moral Corruption in Eighteenth-Century London," *ELH* 72, no. 2, Summer (2005): 496.

54. Graeme Murdock, "Dressed to Repress? Protestant Clerical Dress and the Regulation of Morality in Early Modern Europe," *Fashion Theory* 4, no. 2 (2000): 190.

55. William Keenan, "From Friars to Fornicators: The Eroticization of Sacred Dress," *Fashion Theory* 3, no. 4 (1999): 390.

56. Ribeiro, *Dress and Morality*, 19.

57. Lyndal Roper, *The Holy Household: Women and Morals in Reformation Augsburg* (Oxford: Clarendon Press, 1989).

58. Robert Burton, *The Anatomy of Melancholy* (1621), quoted in Ribeiro, *Dress and Morality*, 74.

59. Ribeiro, *Dress and Morality*, 80.

60. Hartmut Lehmann, "Grenzüberschreitungen und Grenzziehungen im Pietismus," *Pietismus und Neuzeit* 27 (2001): 17.

61. Prominent examples in English literature lived on in the nineteenth century, for instance Charlotte Brontë, *Jane Eyre* (1847), Georg Eliot, *Adam Bede* (1859), and *Middlemarch*

(1871–2). See also Suzanne Keen, "Quaker Dress, Sexuality, and the Domestication of Reform in the Victorian Novel," *Victorian Literature and Culture* 30, no. 1 (2002): 11–236.

62. *Memoir of the life of Elizabeth Fry, with extracts from her letters and journal*, (ed.) [K. Fry and R. E. Cresswell], 2 vols. (1847). Also Francisca de Haan, "Fry, Elizabeth (1780–1845)," *Oxford Dictionary of National Biography* (Oxford: Oxford University Press, 2004); online edn, May 2007: http://www.oxforddnb.com/view/article/10208, [accessed March 18, 2015].

63. Amelia Mott Gummere, *The Quaker: a Study in Costume* (Philadelphia: Ferris and Leach, 1901), 89.

64. Ibid.

65. Thomas Clarkson, "Peculiar Customs," in *A Portraiture of Quakerism*, 3 vols., vol. 2, (ed.) T. Clarkson (1806).

66. Ribeiro, *Dress and Morality*, 103.

67. John Wesley, *A Sermon on Dress* (London, 1817), 6–9.

68. See for instance Gisela Mettele, "Entwürfe des pietistischen Körpers. Die Herrnhuter Brüdergemeine und die Mode im 18. Jahrhundert," in *Das Echo Halles. Kulturelle Wirkungen des Pietismus,* (ed.) R. Lächele (Tübingen: bibliotheca academica Verlag, 2001), 291–314.

69. Gisela Mettele, *Weltbürgertum oder Gottesreich. Die Herrnhuter Brüdergemeine als globale Gemeinschaft 1727–1857* (Göttingen: Vandenhoeck & Ruprecht, 2009), 255–68 and on the role of portraits also Jon Sensbach, *Rebeccas Revival. Creating Black Christianity in the Atlantic World* (Cambridge, MA/London: Harvard University Press, 2005).

70. See for instance Elisabeth Sommer, "Fashion Passion. The Rhetoric of Dress within the Eighteenth-century Moravian Brethren," in *Pious Pursuits: German Moravians in the Atlantic World*, (eds) M. Gillespie and R. Beachy (New York: Berghahn, 2007). For the importance of everyday social practices of Moravians in Surinam and their impact on religious identity see Jessica Cronshagen, "Den Leib besitzen, die Seele umwerben—die Rechtfertigung unfreier Arbeit in den Korrespondenzen der Herrnhuter Surinammission des 18. Jahrhunderts," in *Connecting Worlds and People. Early Modern Diasporas as Translocal Societies*, (eds) D. Freist and S. Lachenicht (Farnham: Ashgate, forthcoming).

71. Woodruff D. Smith, *Consumption and the Making of Respectability, 1600–1800* (London: Routledge, 2002), 121–9.

72. Her correspondences are kept in the High Court of Admirality, London (HCA 30).

73. Mentioned in *"L'art du fabricant d'étoffes de Soie"* (1778).

74. HCA 30/386.

75. HCA 30/374.

76. Doris Garraway, *The Libertine Colony: Creolization in the Early French Caribbean* (Durham/London: Duke University Press, 2005), 120.

77. Ibid., 125.

78. Dagmar Freist, "'Ich schicke Dir etwas Fremdes und nicht Vertrautes': Briefpraktiken als Vergewisserungsstrategie zwischen Raum und Zeit im Kolonialgefüge der Frühen Neuzeit," *Diskurse—Körper—Artefakte*, 373–404.

79. A letter from Jonas Ekmark, Neudietendorf to his brother, Taylor, in Paramaribo (1795) High Court of Admirality (HCA) HCA 30/374, with lists of garments and fabric samples. I would like to thank Jessica Cronshagen who pointed this letter out to me.

80. A letter from Johann Gernot Arnold in Paramaribo, Surinam, to Samuel Liebisch in Herrnhut, HCA 30/374. I would like to thank Jessica Cronshagen who pointed this letter out to me, trans. by the author; original German.

81. Lemire and Riello, "East and West: 888.

82. Piet Visser, "Aspects of social criticism and cultural assimilation: The Mennonite image in literature and self-criticism of literary Mennonites," in *From Martyr to Muppy. A historical introduction to cultural assimilation processes of a religious minority in the*

Netherlands, (eds) A. Hamilton, S. Voolstra, and Piet Visser (Amsterdam: Amsterdam University Press, 1994), 67.

83. Sermon by Jacob Cornelisz, quoted in Mary Sprunger, "Waterlandes and the Dutch Golden Age: A case study on Mennonite involvement in seventeenth-century Dutch trade and industry as one of the earliest examples of socio-economic assimilation," in *From Martyr to Muppy*, 133–4.

84. James Urry, "Wealth and Poverty in the Mennonite Experience: Dilemmas and Challenges," *Journal of Mennonite Studies* 27 (2009): 11–40.

85. Sprunger, "Waterlandes and the Dutch Golden Age."

86. Piet Visser and Mary Sprunger, *Menno Simons: Places, Portraits and Progeny* (Amsterdam: Friesen, 1996).

87. Yme Kuiper and Harm Nijboer, "Between Frugality and Civility: Dutch Mennonites and their Taste for the World of Art in the Eighteenth Century," *Journal of Mennonite Studies* 27 (2009): 75–6.

88. For a detailed description of this portrait see Kuiper and Nijboer, "Between Frugality and Civility," 76.

89. Benjamin Marschke, "Pietism and Politics in Prussia and Beyond," in *A Companion to German Pietism, 1660–1800*, (ed.) Douglas Shantz (Leiden: Brill, 2014), 511.

90. Luise Adelgunde Victorie Gottsched, *Die Pietisterey im Fischbein-Rocke; oder Die Doctormäßige Frau. In einem Lust Spiele vorgestellet* (Rostock, 1736).

91. Ulrike Gleixner, "Gender and Pietism. Self-modelling and Agency," in *A Companion to German Pietism*, 433–4.

92. Christoph Schulte, *Die Jüdische Aufklärung* (München: Beck Verlag, 2002), 17–47.

93. For a good survey see David Cesarani (ed.), *Port Jews: Jewish Communities in Cosmopolitan Maritime Trading Centres, 1550–1950* (London and Portland: Frank Cass Publishers, 2002).

94. Deborah Hertz, "Salonnières and Literary Women in Late Eighteenth Century Berlin," *New German Critique* 14 (1978): 97–108.

95. Roche, *The Culture of Clothing*, 62.

Chapter 5

1. Daniel Roche, *The Culture of Clothing: Dress and Fashion in the "Ancien Régime,"* trans. Jean Birrell (Cambridge: Cambridge University Press,1994), 44.

2. Christopher Breward, *The Culture of Fashion: A New History of Fashionable Dress* (Manchester: Manchester University Press, 1995), 140; Clare A. Lyons, "Mapping an Atlantic sexual culture: homoeroticism in eighteenth-century Philadelphia," *William and Mary Quarterly*, vol. 60, no. 1 (2003): 142; John Styles, *The Dress of the People: Everyday Fashion in Eighteenth-Century England* (New Haven: Yale University Press, 2007), 52.

3. Madeleine Delpierre, *Dress in France in the Eighteenth Century* (New Haven and London: Yale University Press, 1997), 58–68.

4. Kimberly Chrisman, "'Unhoop the Fair Sex': The Campaign Against the Hoop Petticoat in Eighteenth-Century England," *Eighteenth-Century Studies*, vol. 30, no. 1, Fall (1996): 13.

5. Jennifer M. Jones, "Repackaging Rousseau: Femininity and Fashion in Old Regime France," *French Historical Studies*, vol. 18, no. 4 Autumn (1994): 155.

6. Thomas Laqueur, *Making Sex: Body and Gender from the Greeks to Freud* (Cambridge, MA: Harvard University Press, 1990), 149.

7. Ibid., 194.

8. Michael McKeon, "Historicizing patriarchy: the emergence of gender difference in England, 1660–1760," *Eighteenth Century Studies*, vol. 28, no. 3 (1995): 300.

9. Randolph Trumbach, *Sex and the Gender Revolution,* vol. 1, *Heterosexuality and the Third Gender in Enlightenment London* (Chicago: University of Chicago Press, 1998), 9.

10. Chrisman, "Unhoop the Fair Sex": 7.

11. Ibid., 17.

12. David Kunzle, *Fashion and Fetishism: Corsets, Tight Lacing and Other Forms of Body-Sculpture* (Stroud: Sutton, 2004), 65.

13. Delpierre, *Dress in France in the Eighteenth Century*, 29.

14. Michael Kwass, "Big hair: a wig history of consumption in eighteenth-century France," *American Historical Review*, vol. 111, issue 3 (2006): 631; see also Amelia Rauser, "Hair, authenticity, and the self-made macaroni," *Eighteenth-Century Studies*, vol. 38, no. 1 (2004).

15. Kunzle, *Fashion and Fetishism*, 69.

16. Chrisman, "Unhoop the Fair Sex": 21.

17. Aileen Ribeiro, *Dress in Eighteenth-Century Europe, 1715–1789*, revised (ed.) (New Haven: Yale University Press, 2002), 6.

18. Christoph Heyl, "The metamorphosis of the mask in seventeenth- and eighteenth-century London," in *Masquerade and Identities: Essays on Gender, Sexuality and Marginality*, (ed.) Efrat Tseëlon (London: Routledge, 2003), 119.

19. Aileen Ribeiro, *The Art of Dress: Fashion in England and France 1750 to 1820* (New Haven and London: Yale University Press, 1995), 224, and *Dress in Eighteenth-Century Europe, 1715–1789*, 266–72.

20. David Porter, "Monstrous beauty: eighteenth-century fashion and the aesthetics of the Chinese taste," *Eighteenth-Century Studies*, vol. 35, no. 3 (2002): 404.

21. Terry Castle, *Masquerade and Civilization: The Carnivalesque in Eighteenth-Century English Culture and Fiction* (Stanford: Stanford University Press, 1986), 7.

22. Mark Booth, "*Campe-toi!* On the origins and definitions of camp," in *Camp: Queer Aesthetics and the Performing Subject: A Reader*, (ed.) Fabio Cleto (Edinburgh: Edinburgh University Press, 1999) and Pierre Zoberman, "Queer(ing) pleasure: having a gay old time in the culture of early-modern France," in *The Desire of the Analysts*, (eds) Paul Allen Miller and Greg Forter (Albany: State University of New York Press, 2008).

23. Roche, *The Culture of Clothing*, 116.

24. Porter, "Monstrous beauty": 399.

25. Jessica Munns and Penny Richards (eds), *The Clothes that Wear Us. Essays on Dressing and Transgressing in Eighteenth-Century Culture* (Newark and London: University of Delaware Press, 1999), 23.

26. Ribeiro, *Dress in Eighteenth-Century Europe, 1715–1789*, 22.

27. John Carl Flügel, *The Psychology of Clothes* (London: Hogarth Press, 1930).

28. Ribeiro, *Dress in Eighteenth-Century Europe, 1715–1789*, 111.

29. David Kuchta, *The Three-Piece Suit and Modern Masculinity: England, 1550–1850* (Berkeley: University of California Press, 2002), 125.

30. John Harvey, *Men in Black* (London: Reaktion, 1995), 120, and Laura Lunger Knoppers, "The politics of portraiture: Oliver Cromwell and the plain style," *Renaissance Quarterly*, vol. 51, no. 4 (1998): 1289.

31. Aileen Ribeiro, *Fashion and Fiction: Dress in Art and Literature in Stuart England* (New Haven: Yale University Press, 2005), 191.

32. Ibid., 199.

33. Kuchta, *The Three-Piece Suit and Modern Masculinity*, 1.

34. Ibid., 101.

35. Hannah Greig, *The Beau Monde: Fashionable Society in Georgian London* (Oxford: Oxford University Press, 2013), 241.

36. Ibid., 227.

37. Ibid., 234.

38. Overview in Thomas A. King, *The Gendering of Men, 1600–1750*, vol. 2, *Queer Articulations* (Madison: University of Wisconsin Press, 2008), xix–xxii.

39. Ibid., 87, and Erin Mackie, *Rakes, Highwaymen, and Pirates: The Making of the Modern Gentleman in the Eighteenth Century* (Baltimore: Johns Hopkins University Press, 2009), 183.

40. D.A. Coward, "Attitudes to homosexuality in eighteenth-century France," *Journal of European Studies*, 10, no. 40 (1980): 245.

41. Dorothy Noyes, "La maja vestida: dress as resistance to enlightenment in late-18th-century Madrid," *Journal of American Folklore*, vol. 111, no. 40 (1998): 199.

42. Felicity Nussbaum, *The Limits of the Human: Fictions of Anomaly, Race and Gender in the Long Eighteenth Century* (Cambridge: Cambridge University Press, 2003), pp. 72–3.

43. Chrisman-Campbell, Kimberly, "The face of fashion: milliners in eighteenth-century visual culture," *British Journal for Eighteenth-Century Studies*, vol. 25, issue 2 (2002).

44. Randolph Trumbach, "The transformation of sodomy from the Renaissance to the modern world and its general sexual consequences," *Signs*, vol. 37, no. 4 (2012): 540–1.

45. Aaron Santesso, "William Hogarth and the tradition of the sexual scissors," *SEL: Studies in English Literature*, vol. 39, no. 3 (1999): 514.

46. Kristina Straub, "Actors and homophobia," in *Cultural Readings of Restoration and Eighteenth-Century English Theater*, (eds) J. Douglas Cranfield and Deborah C. Payne (Athens, OH: University of Georgia Press, 1995), 273; see also Kristina Straub, *Sexual Suspects: Eighteenth-Century Players and Sexual Ideology* (Princeton: Princeton University Press, 1992).

47. David L. Orvis, "'Old sodom' and 'dear dad': Vanbrugh's celebration of the sodomitical subject in *The Relapse*," *Journal of Homosexuality*, vol. 57, issue 1 (2009).

48. Anon., "News," *Gazetteer and New Daily Advertiser*, October 27, 1764.

49. Tobias Smollett, *The Adventures of Roderick Random*, 2 vols. (London: Osborn, 1748), vol. 1, 306; and, for a discussion of the "over determination" of the longer description of which this is a section, see George Haggerty "Smollett's world of masculine desire" in *The Adventures of Roderick Random, Eighteenth Century*, vol. 53, no. 3 (2012): 318.

50. Randolph Trumbach, "Sodomitical assaults, gender role, and sexual development in eighteenth-century London," *Journal of Homosexuality*, vol. 16, issue 1-2 (1988): 408–9; on mollies see also Castle, *Masquerade and Civilization*, 46; Tanya Cassidy, "People, place, and performance: theoretically revisiting Mother Clap's Molly House," in *Queer People: Negotiations and Expressions of Homosexuality, 1700–1800*, (eds) Chris Mounsey and Caroline Gonda (Lewisburg: Bucknell University Press, 2007); Netta Goldsmith, "London's homosexuals in the eighteenth-century: rhetoric versus practice," in *Queer People: Negotiations and Expressions of Homosexuality, 1700–1800*, (eds) Chris Mounsey and Caroline Gonda (Lewisburg: Bucknell University Press, 2007), p. 186; and Mackie, *Rakes, Highwaymen, and Pirates*, 117.

51. Anon., *Faustina* (1726), attributed to Henry Carey.

52. Susan Staves, "A few kind words for the fop," *Studies in English Literature, 1500–1900*, vol. 22, no. 3 (1982): 428.

53. Philip Carter, *Men and the Emergence of Polite Society, Britain, 1660–1800* (Harlow: Longman, 2001), 156.

54. John Brewer, *The Pleasures of the Imagination: English Culture in the Eighteenth Century* (London: Harper Collins, 1997), 81.

55. Lorna Hutson, "Liking men: Ben Jonson's closet opened," *ELH*, vol. 71, no. 4 (2004): 1086; King, *The Gendering of Men, 1600–1750*, vol. 1, *The English Phallus* (Madison: University of Wisconsin Press), 246; and Emma K. Atwood, "Fashionably late: queer temporality and the Restoration fop," *Comparative Drama*, vol. 47, no. 1 (2013): 85.

56. Peter McNeil, "Conspicuous waist: queer dress in the 'long eighteenth century'," in *A Queer History of Fashion: From the Closet to the Catwalk*, (ed.) Valerie Steele (New York: Fashion Institute of Technology, 2013), 91; see also Leslie Ritchie, "Garrick's male-coquette and theatrical masculinities," in *Refiguring the Coquette: Essays on Culture and Coquetry*, (eds) Shelley King and Yaël Schlick (Lewisburg: Bucknell University Press, 2008).

57. Walpole, letter to Lord Hertford, February 6, 1764, in Horace Walpole, *The Correspondence*, 48 vols (New Haven: Yale University Press, 1935–83).

58. Andrew Wilton and Ilaris Bignamini (eds), *Grand Tour: The Lure of Italy in the Eighteenth Century* (London: Tate Publishing, 1996), 84.

59. Michèle Cohen, "The Grand Tour: constructing the English gentleman in eighteenth-century France," *History of Education*, vol. 21, no. 3 (1992): 255; and Jeremy Black, *Italy and the Grand Tour* (New Haven: Yale University Press, 2003), 126.

60. Jason M. Kelly, "Riots, revelries, and rumor: libertinism and masculine association in Enlightenment London," *Journal of British Studies*, vol. 45, no. 4 (2006), 779; see also Shearer West, "The Darly macaroni prints and the politics of 'private man'," *Eighteenth-Century Life*, vol. 25, no. 2 (2001).

61. Stephen H. Gregg, "'A Truly Christian Hero': Religion, Effeminacy, and the Nation in the Writings of the Societies for the Reformation of Manners," *Eighteenth-Century Life*, vol. 25, no. 1 Winter (2001): 21–2.

62. Dominic Janes, "Unnatural appetites: sodomitical panic in Hogarth's *The Gate of Calais, or O the Roast Beef of Old England (1748)*," *Oxford Art Journal*, vol. 35, no. 1 (2012).

63. George Rousseau, *Perilous Enlightenment: Pre- and Post-Modren Discourses—Sexual, Historical* (Manchester: Manchester University Press, 1991), p. 189.

64. Date based on similar drawing by Walpole in The Lewis Walpole Library: http://images. library.yale.edu/walpoleweb/oneitem.asp?imageId=lwlpr15045

65. Peter McNeil (ed.), *Critical and Primary Sources in Fashion: Renaissance to Present Day* (Oxford and New York: Berg, 1999), 424–5; on print-culture and the figure of the macaroni see West, "The Darly macaroni prints and the politics of 'private man'."

66. Emma Donoghue, "Imagined more than women: lesbians as hermaphrodites, 1671–1766," *Women's History Review*, vol. 2, issue 2, (1993); and Cathy McClive, "Masculinity on trial: penises, hermaphrodites and the uncertain male body in early modern France," *History Workshop Journal*, vol. 68, no. 1 (2009).

67. Quoted in Rictor Norton, "The first public debate about homosexuality in England: letters in *The Public Ledger* concerning the case of Captain Jones, 1772," *Homosexuality in Eighteenth-Century England: A Sourcebook* (2004), accessed November 10, 2013. Available at http://www.rictornorton.co.uk/eighteen/jones7.htm.

68. Anon., 'News', *Morning Chronicle and London Advertiser,* August 8, 1772.

69. Anon., 'News', *London Evening News,* August 6, 1772.

70. Anon., 'News', *Bingley's London Journal,* September 12–19, 1772.

71. McNeil, *Critical and Primary Sources in Fashion,* 418.

72. Rictor Norton (ed.), "The macaroni club: newspaper items," *Homosexuality in Eighteenth-Century England: A Sourcebook* (2005), accessed January 3, 2013. Available at http://www.rictornorton.co.uk/eighteen/macaron1.htm

73. Anon., *The Vauxhall Affray; or, the Macaronies Defeated* (London: J. Williams 1773), 14; discussed in Miles Ogborn, "Locating the Macaroni: luxury, sexuality and vision in Vauxhall Gardens," *Textual Practice*, vol. 11, no. 3 (1997).

74. Daniel Claro, "Historicizing masculine appearance: John Chute and the suits at The Vyne, 1740–76," *Fashion Theory*, vol. 9, issue 2 (2005): 166.

75. Karen Harvey, "The century of sex? Gender, bodies, and sexuality in the long eighteenth century," *Historical Journal, vol.* 45, no. 4 (2002): 906; note in particular the contribution made by Laqueur, *Making Sex,* and Trumbach, *Sex and the Gender Revolution,* vol. 1.

76. Terry Castle, "Matters not fit to be mentioned: Fielding's *The Female Husband,*" *ELH*, vol. 49, no. 3 (1982).

77. Gary Kates, "The transgendered world of the chevalier/chevalière d'Eon," *Journal of Modern History*, vol. 67, no. 3 (1995): 584.

78. Lisa F. Cody, "Sex, civility, and the self: du Coudray, d'Eon, and eighteenth-century conceptions of gendered, national, and psychological identity," *French Historical Studies*, vol. 24, no. 3 (2001): 403.

79. Anna Clark, "The Chevalier d'Eon and Wilkes: masculinity and politics in the eighteenth century," *Eighteenth-Century Studies*, vol. 32, no. 1 (1998): 34.

80. Ibid., 37.
81. Kates, "The transgendered world of the chevalier/chevalière d'Eon": 590 and J.M.J. Rogister, "D'Éon de Beaumont, Charles Geneviève Louis Auguste André Timothée, Chevalier D'Éon in the French nobility (1728–1810)," *Oxford Dictionary of National Biography* (Oxford: Oxford University Press, 2004), accessed December 10, 2013. Available at http://www.oxforddnb.com/view/article/7523
82. John Harvey, *Men in Black* (London: Reaktion, 1995), 309.
83. Roche, *The Culture of Clothing,* 101.
84. Harvey, *Men in Black,* 128.
85. Karen Harvey, "The century of sex?".
86. Julie Park, *The Self and It: Novel Objects in Eighteenth-Century England* (Stanford: Stanford University Press, 2010), 59.
87. Valerie Steele, *Fetish: Fashion, Sex and Power* (Oxford: Oxford University Press, 1996), 12; and Dominic Janes, *Victorian Reformation: The Fight over Idolatry in the Church of England, 1840–1860* (Oxford: Oxford University Press, 2009), 16–18.
88. David Dabydeen, *Hogarth's Blacks: Images of Blacks in Eighteenth Century English Art* (Kingston-upon-Thames: Dangaroo Press, 1985), 37–9; and Catherine Molineux, "Hogarth's Fashionable Slaves: Moral Corruption in Eighteenth-Century London," *ELH*, vol. 72, no. 2 Summer (2005); and compare with colonial contexts discussed in Rebecca Earle, "'Two pairs of pink satin shoes!' Race, clothing and identity in the Americas (17th–19th centuries)," *History Workshop Journal*, vol. 52, issue 1 (2001): 184.
89. Tita Chico, *Designing Women: The Dressing Room in Eighteenth-Century English Literature and Culture* (Lewisburg: Bucknell University Press, 2005), 27.
90. Ibid., 44.
91. Mimi, Hellman, "Interior motives: seduction by decoration in eighteenth-century France," in *Dangerous Liaisons: Fashion and Furniture in the Eighteenth Century*, (eds) Harold Koda and Andrew Bolton (New Haven: Yale University Press, 2006), 23.
92. Gillian Perry and Michael Rossington (eds), *Femininity and Masculinity in Eighteenth-Century Art and Culture* (Manchester: Manchester University Press, 1994), 7.
93. Kuchta, *The Three-Piece Suit and Modern Masculinity,* 176.

Chapter 6

1. Per Stig Møller, *Den naturlige orden. 12 år der flyttede verden* (Copenhagen: Gyldendal, 1997), 11–42.
2. Jan de Vries, *The Industrious Revolution. Consumer Behavior and the Household Economy, 1650 to the Present* (Cambridge: Cambridge University Press, 2008).
3. Mikkel Venborg Pedersen, *Luksus. Forbrug og kolonier i Danmark i det 18. århundrede* (Copenhagen: Museum Tusculanum Press, 2013), 234–92.
4. Ibid.; Maxine Berg and Helen Clifford (eds), *Consumers and Luxury. Consumer Culture in Europe 1650–1850* (Manchester: Manchester University Press, 1999); Maxine Berg and Elisabeth Eger (eds), *Luxury in the Eighteenth Century. Debates, Desires and Delectable Goods* (London and Basingstoke: Palgrave Macmillan, 2003).
5. Beverly Lemire, *Fashion's Favourite. The Cotton Trade and the Consumer in Britain 1660–1800* (Oxford: Oxford University Press, 1991).
6. Norbert Elias, *The Civilizing Process. The History of Manners and State Formation and Civilization* (Oxford and Cambridge, MA: Blackwell, 1994).
7. Paraphrase of the original, which goes thus: "Ein Herzog muss sein Haus so bauen, dass es ausdrückt: ich bin ein Herzog und nicht nur ein Graf. Das gleiche gilt von seinem ganzen Austreten. Er kann nicht dulden, dass ein anderer herzoglicher auftritt als er selbst . . . Ein Herzog, der nicht wohnt, wie ein Herzog zu wohnen hat, der also auch die gesellschaftlichen Verpflichtungen eines Herzogs nicht mehr ordentlich erfüllen kann, ist schon fast kein Herzog mehr." Elias Norbert, *Die Höfische Gesellschaft. Untersuchungen zur Soziologie des*

Königtums und der höfischen Aristokratie mit einer Einleitung: Soziologie und Geschichtswissenschaft (Darmstadt, 1981 [original MS. c. 1930]), 99.

8. Mikkel Venborg Pedersen, *Hertuger. At synes og at være i Augustenborg 1700–1850* (Copenhagen: Museum Tusculanum Press, 2005).

9. Bernhard Jahn, Thomas Rahn, and Claudia Schnitzger (eds), *Zeremoniell in der Krise. Störung und Nostalgie* (Marburg: Jonas Verlag, 1998), Introduction.

10. See Alan Hunt, *Governance of Consuming Passions: A History of Sumptuary Law* (London and Basingtoke: Macmillan, 1996). For Denmark see Hanne Frøsig Dalgaard, *Luksusforordninger—1558, 1683, 1736, 1783, 1783 og 1799* (Copenhagen: special edition of the periodical *Tenen*, 1999–2001).

11. This follows from the teachings of English philosopher Thomas Hobbes (1588–1679).

12. From 1699 to 1848 and counting only specific ordinances on luxury, at least twenty-one such were issued, namely in 1699 (two), 1736, 1737, 1738, 1739, 1741, 1744, 1752, 1766 (two), 1769, 1775, 1780, 1783 (the last big one and another smaller), 1785, 1801, and 1848 (three).

13. Venborg Pedersen, *Luksus,* esp. 234–92.

14. Ibid., 32ff; Elizabeth Ewing, *Everyday Dress 1650–1900* (London: Batsford, 1984), 10–11.

15. Jacob Henric Schou, *Chronologisk Register over de Kongelige Forordninger og Aabne Breve samt andre trykte Anordninger som fra Aar 1670 af ere udkomne, tilligemed et nøiagtigt Udtog af de endnu gieldende, for saavidt samme i Almindelighed angaae Undersaaterne i Danmark, forsynet med et alphabetisk Register,* vol. III, 1730–46 (Copenhagen, 1822), 197–9. The quotation is from Schou's edition; the analysis in this chapter builds on his work.

16. Venborg Hanne Frøsig Dalgaard, "I fløjl og vadmel," in *Dagligliv i Danmark,* (ed.) Axel Steenberg vol. II, 1620–1720 (Copenhagen: Gyldendal, 1982), 11 and 19.

17. Ibid.

18. Axel Steensberg, *Dagligliv i Danmark,* vol. III, 1720–1790 (Copenhagen: Gyldendal, 1982), 8.

19. Venborg Pedersen, *Luksus.*

20. Ibid.

21. Berg and Clifford (eds), *Consumers and Luxury*; Daniel Roche, *A History of Everyday Things. The Birth of Consumption in France 1600–1800* (Cambridge: Cambridge University Press, 2000); Gudrun Andersson, *Stadens Dignitärer. Den lokale elitens status & maktmanifestation i Arboga 1650–1770* (Stockholm: Atlantis, 2009); Lorna Weatherhill, *Consumer Behaviour and Material Culture in Britain 1660–1760* (London: Routledge, 1996); Tove Engelhardt Matthiessen, Marie-Louise Nosch, Maj Ringgaard, Kirsten Toftegaard, and Mikkel Venborg Pedersen (eds), *Fashionable Encounters. Perspectives and Trends in Textile and Dress in the Early Modern Nordic World* (Oxford and Philidelphia: Oxbow Books, 2014).

22. Erna Lorenzen, "Modetøj og gangklæder," in *Dagligliv i Danmark,* vol. IV, 1720–90, (ed.) Axel Steensberg (Copenhagen: Gyldendal, 1982), 47–72.

23. Jacob Henric Schou, *Chronologisk Register,* vol. VIII, 1781–1784, 263–70.

24. Venborg Pedersen, *Luksus,* 55–6.

25. Schou, *Chronologisk Register,* vol. III 1730–1746, 197–9.

26. Venborg Pedersen, *Luksus,* 263; Berg and Eger (eds), *Luxury in the Eighteenth Century.*

27. *L'Encyclopédie ou Dictionaire Raisonné des Sciences, des Arts et des Metiers.* Tome XVII, halb-hiv (Paris, 1751–72), 697–9 and 699ff.

28. *Allgemein deutsche Real-Encyclopädie für die gebildeten Stände. Conversations-Lexikon. Neunte Originalauflage in fünfzehn Bänden* (Leipzig 1843 [1796]), 590 and 677.

29. The example of Jacob Gude is drawn from Nyrop-Christensen Henning, "Den honnette Ambition" in Axel Steensberg, *Dagligliv i Danmark,* vol. III, 1720–1790 (Copenhagen: Gyldendal, 1982), 172.

30. Cited in Nyrop-Christensen Henning, "Den honnette Ambition," in Axel Steensberg, *Dagligliv i Danmark*, vol. III, 1720–1790 (Copenhagen: Gyldendal, 1982), 157–8.

31. The seminal exception in English scholarship being John Styles, *The Dress of the People: Everyday Fashion in Eighteenth-Century England* (New Haven and London: Yale University Press, 2007).

32. Elizabeth Ewing, *Everyday Dress 1650–1900*, 7. Mikkel Venborg Pedersen, "Prologue" in Tove Engelhardt Matthiessen, et al (eds), *Fashionable Encounters*, xiii–xxiv.

33. Gitta Böth, "Kleidungsforschung," in *Grundriss der Volkskunde. Einführung in die Forschungsfelder der Europäischen Ethnologie*, (ed.) Rolf W. Brednich (Berlin: Dietrich Reimer Verlag, 1988), 153–71; Erna Lorenzen, "Modetøj og gangklæder," in *Dagligliv i Danmark*, vol. IV: 1720–1790, (ed.) Axel Steensberg (Copenhagen: Gyldendal, 1982), 47–72; Hanne Frøsig Dalgaard, "I fløjl og vadmel," in *Dagligliv i Danmark*, vol. II, 1620–1720, (ed.) Axel Steenberg (Copenhagen: Gyldendal, 1982), 7–32.

34. Venborg Pedersen, *Luksus,* 40–1. The terms "popular culture" and "elite culture," and their existence in two connected spheres I owe to the historian Peter Burke, *Venice and Amsterdam* (Cambridge: Polity Press, 1974).

35. Venborg Pedersen, "Peasant Featherbeds in 'Royal Attire'. The Consumption of Indigo in Early Modern Denmark," in *Beyond Tranquebar. Grappling Across Cultural Borders in South India,* (eds) Esther Fihl, and A.R. Venkatachalapathy (New Delhi: Orient Black Swann Publishers, 2014), 535–55.

36. Ellen Andersen, *Danske Bønders Klædedragt* (Copenhagen: Carit Andersens Forlag, 1960), 276–302. This section sums up decades of work by Ellen Andersen and others in the field of traditional costume and peasant dress in Denmark.

37. Andersen, *Danske Bønders Klædedragt*, 205–19.

38. John Barrell, *The Dark Side of the Landscape: The Rural Poor in English Painting 1730–1840* (Cambridge: Cambridge University Press, 1983); Michael Rosenthal, *Prospects for the Nation: Recent Essays in British Landscape, 1750–1880* (New Haven: Yale University Press, 1997); Lou Taylor, "Fashion and Dress History: Theoretical and Methodological Approaches," in *The Handbook of Fashion Studies*, (eds) Sandy Black, Amy de la Haye, Joanne Entwistle, Agnès Rocamora, Regina A. Root, and Helen Thomas (London: Bloomsbury, 2013).

39. H.P. Hansen, *Natmandsfolk og Kjæltringer i Vestjylland* (Copenhagen: Gyldendal, 1922).

40. Mikkel Venborg Pedersen, "Sleeping," in *Ethnologia Europeaea. Journal of European Ethnology* 35:1–2 (2005): 153–9.

41. Mikkel Venborg Pedersen, *Landscapes, Buildings, People. Guide to the Open Air Museum* (Copenhagen: The National Museum of Denmark, 2009); Alex Steensberg, *Danske Bondemøbler* (Copenhagen: Gyldendal, 1949), and *Den danske Bondegård* (Copenhagen: Gyldendal, 1972).

Chapter 7

1. *Le Mercure Galant* (1680): 350; *Magasin des modes nouvelles, françaises et anglaises* (January 10, 1787): 41.

2. Maxine Berg, *Luxury and Pleasure in Eighteenth-Century Britain* (Oxford: Oxford University Press, 2005), 331.

3. François Charpentier, *Discours d'un fidele sujet du Roy, touchant l'establissement d'une compagnie françoise pour le commerce des Indes orientales: adressé à tous les François* (Paris, 1664), 6–7.

4. Rosemary Crill, *Chintz: Indian Textiles for the West* (London: V&A Publications, 2008), 14–15.

5. Giorgio Riello, "The Indian Apprenticeship: The Trade of Indian Textiles and the Making of European Cottons," in *How India Clothed the World: The World of South Asian Textiles, 1500–1850*, (eds) Giorgio Riello and Tirthankar Roy (The Hague: Brill, 2008), 320.

6. Beverly Lemire and Giorgio Riello, "East and West: Textiles and Fashion in Early Modern Europe," *Journal of Social History*, 41, 4 Summer (2008): 887.
7. Crill, *Chintz*, 16. Imported textiles used for room furnishings tended to be relegated to smaller, less public room such as cabinets. Formal reception rooms would have been hung with European-made tapestries.
8. *Le Mercure Galant* (April 1681): 375.
9. Beverly Lemire, *Fashion's Favourite: The Cotton Trade and the Consumer in Britain, 1660–1800* (Oxford: Oxford University Press, 1991).
10. Beverly Lemire, "Fashioning Global Trade: Indian Textiles, Gender Meanings and European Consumers, 1500–1800," in *How India Clothed the World: The World of South Asian Textiles, 1500–1850*, (eds) Giorgio Riello and Tirthankar Roy (The Hague: Brill, 2008), 366–7.
11. Olivier Raveux, "Fashion and consumption of painted and printed calicoes in the Mediterranean during the later seventeenth century: the case of chintz quilts and banyans in Marseilles," *Textile History*, 45 (1), May (2014): 60.
12. Ibid., 51.
13. IS.4-1968, Victoria and Albert Museum, London.
14. Lesley Ellis Miller, "Material marketing: how lyonnais silk manufacturers sold silks, 1660–1789," in *Selling Textiles in the Long Eighteenth Century: Comparative Perspectives from Western Europe*, (eds) J. Stobart and B. Blondé (Basingstoke: Palgrave Macmillan, 2014), 85–98.
15. Aileen Ribeiro, *The Art of Dress: Fashion in England and France, 1750–1820* (New Haven and London: Yale University Press, 1995), 59.
16. Amelia Peck, *Interwoven Globe: The Worldwide Textile Trade, 1500–1800* (New Haven and London: Yale University Press), 297.
17. Berg, *Luxury and Pleasure in Eighteenth-Century Britain*.
18. *Arret du conseil d'etat du roy concernant les toiles de coton peintes aux Indes ou contrefaites dans le Royaume et autres etoffes de soie a fleurs d'or et d'argent de la Chine et des dites Indes*; October 16, 1686.
19. Lemire and Riello, "East and West": 898.
20. Jules Sottas, *Une Escadre Francaise aux Index en 1690. Histoire de la Compagnie des Indes* (Paris: 1903), 93
21. Lemire and Riello, "East and West": 898.
22. *Reflections sur les avantages de la libre fabrication et de l'usage des toiles peintes en France pour servir de réponse aux divers Mémoires des Fabriquans de Paris, Lyon, Tours, Rouen etc sur cette matière* (Genève, 1758), 38–9.
23. Friedrich Melchior von Grimm and Denis Diderot, *Correspondance inédite de Grimm et de Diderot* (Paris: H. Fournier: 1829), 16.
24. Kathleen Dejardin and Mary Schoeser, *French Textiles from 1760 to the Present* (London: Laurence King, 1991), 17.
25. Ina Baghdiantz McCabe, *A History of Global Consumption: 1500–1800* (London: Routledge, 2014), 170; *Femme de qualité en habit d'esté, d'etoffe Siamois*, Nicolas Arnoult, 1687; LACMA M.2002.57.66.
26. Victor Hugo, *Les Orientales* (Paris: Chamerot, 1882), vi.
27. Nicholas Dew, *Orientalism in France* (Oxford: Oxford University Press, 2009), 22–3.
28. Ibid., 41–80, 168–204.
29. Ibid., 177–9; Marie-Louis Dufrenoy, *L'Orient Romanesque en France, 1704–1789*, vol. 1 (Montreal: Beauchemin, 1946), 20–1.
30. Arianne Fennetaux, "Men in gowns: Nightgowns and the construction of masculinity in eighteenth-century England," *Immediations: The Research Journal of the Courtauld Institute of Art*, no.1 (Spring, 2004): 77–89.
31. Aileen Ribeiro, *A Visual History of Costume. The Eighteenth Century* (London: Batsford, 1983), 142; Oxford English Dictionary, http://www.oed.com/view/Entry/15222?redirectedFrom=banyan#eid28123163, [accessed April 15, 2015].

32. J.B. Molière, *Le Bourgeois Gentilhomme* (Paris: C. Barbin, 1673), 7.

33. Calankars are high quality Indian cottons. Olivier Raveux, "Fashion and consumption of painted and printed calicoes in the Mediterranean during the later seventeenth century: the case of chintz quilts and banyans in Marseilles," *Textile History*, 45 (1), May (2014): 55.

34. Beverly Lemire, *Cotton* (Oxford: Berg: 2011), 44–5.

35. This simultaneously contradicts Diderot's own description of his beloved dressing-gown described in his famous text *Regrets sur ma Vieille Robe de Chambre* published in 1772.

36. Raveux, "Fashion and consumption of painted and printed calicoes in the Mediterranean during the later seventeenth century": 53.

37. Museum of Fine Arts, Boston, Galerie des Modes et Costumes Français, 44.1476.

38. Richard Martin and Harold Koda, *Orientalism: Vision of the East in Western Dress* (New York: Metropolitan Museum of Art), 17; The *Mercure de France* of January 1726 refers to small flat sleeves as being "en pagoda": 10.

39. J.J. Rousseau, *Les Confessions* (Paris: Gennequin, 1869), 68; R.A. Leigh (ed), *Correspondance complète de J.J. Rousseau*, vol. 13 (Madison: 1971), letter no. 2.158, 57. A Mme de Luze, Môtiers September 13, 1762.

40. *Correspondance*, vol. 13, letter no. 2.189, 111. A Mme de Luze à Neuchâtel, Môtiers September 25, 1762.

41. *Correspondance*, vol. 14, letter no. 2.325, 79. A Mme Boy de la Tour, Môtiers November 23, 1762.

42. Ribeiro, *The Art of Dress*, 3–4.

43. Madeleine Delpierre, *Dress in France in the Eighteenth Century* (New Haven and London: Yale University Press, 1997), 67.

44. K. Scott, "Playing Games with Otherness: Watteau's Chinese Cabinet at the Château de la Muette," *Journal of the Warburg and Courtauld Institutes*, vol. 66, (2003): 189–248.

45. Monique Riccardi-Cubitt, "Grotesque," *Grove Art Online. Oxford Art Online.* Oxford University Press, http://www.oxfordartonline.com/subscriber/article/grove/art/T035099, [accessed May 2015].

46. See Perrin Stein, "Amédée Van Loo's Costume turc: The French Sultana," *The Art Bulletin*, vol. 78, no. 3 (1996): 429 and Emma Barker, "Mme Geoffrin, Painting and Galanterie: Carle Van Loo's Conversation espagnole and Lecture espagnole," *Eighteenth-Century Studies*, vol. 40, no. 4 (2007): 596.

47. Jean Leclant, "Le café et les cafés à Paris (1644–1693)," *Annales. Économies, Sociétés, Civilisations*. 6e année, N. 1 (1951): 8; Ina Baghdiantz McCabe, *Orientalism in Early Modern France: Eurasian Trade, Exoticism, and the Ancien Régime* (Oxford: Berg, 2008), 189–90.

48. John S. Powell, "The Bourgeois Gentilhomme: Molière and Music," in *The Cambridge Companion to Molière* (eds) David Bradby and Andrew Calder (Cambridge: Cambridge University Press, 2006), 121–5; Haydn Williams, *Turquerie, An Eighteenth-Century European Fantasy* (London: Thames and Hudson, 2014), 78–9.

49. Louise-Elisabeth Vigée-Lebrun, *Souvenirs de Madame Louise-Élisabeth Vigée-Lebrun*, vol. 1 (Paris: H. Fournier, 1835), 116.

50. William Driver Howarth, *French Theatre in the Neo-classical Era* (Cambridge: Cambridge University Press, 2009), 522–3.

51. Charles Simon Favart, *Mémoires et correspondance littéraires, dramatiques et anecdotiques*, vol. 1 (Paris, 1808), 77–78.

52. Joanne Olian, "Sixteenth-Century Costume Books," *Dress: The Journal of the Costume Society of America*, 3 (1977): 20–48; Gabriele Mentges, "Pour une approche renouvelée des recueils de costumes de la Renaissance. Une cartographie vestimentaire de l'espace et du temps," *Apparence(s)* [Online], 1|2007, online since June 1, 2007, http://apparences.revues.org/104, [accessed May 10, 2015]; McCabe, *Orientalism in Early Modern France*, 235.

53. This was not the first instance of a public royal or aristocratic Turkish impersonation. In a carrousel held in 1559, Henri II had worn such a costume and had also lead an army of French princes wearing Turkish clothes.

54. Laurent Lacroix, "Quand les Français jouaient aux sauvages . . . ou le carrousel de 1662," *Journal of Canadian Art History*, no. 1–2 (1976): 44–54.

55. Williams, *Turquerie*, 93.

56. Michael Elia Yonan, *Empress Maria Theresa and the Politics of Habsburg Imperial Art* (University Park, PA: Pennsylvania State University Press, 2011), 148.

57. Williams, *Turquerie*, 51.

58. Aileen Ribeiro, *Dress in Eighteenth-Century Europe* (New York: Holmes and Meier, 1984), 178.

59. Perrin Stein, "Madame de Pompadour and the Harem Imagery at Bellevue," *Gazette des Beaux-Arts*, 123 (January 1994): 29–45.

60. Aileen Ribeiro, *Fashion in the French Revolution* (New York: Holmes and Meier, 1988), 39.

61. *Cabinet des modes, ou les Modes nouvelles, décrites d'une manière claire & précise, & représentées par des planches en taille-douce, enluminées*, 1785, 34.

62. Delpierre, *Dress in France in the Eighteenth Century*, 18–20.

63. Kimberly Chrisman-Campbell, *Fashion Victims: Dress at the Court of Louis XVI and Marie-Antoinette* (New Haven and London: Yale University Press, 2015), 77.

64. *Magasin des modes nouvelles, françaises et anglaises, décrites d'une manière claire & précise, & représentées par des planches en taille-douce, enluminées*, November 20, 178: 5.

65. Museum of Fine Arts, Boston, accession number 44.1436.

66. Meredith Martin, "Tipu Sultan's Ambassadors at Saint-Cloud: Indomania and Anglophobia in Pre-Revolutionary Paris," *West 86th*, vol. 21, no. 1 (Spring–Summer 2014): 37–68.

67. Ibid., 49.

68. See Natacha Coquery, "Les boutiquiers parisiens et la diffusion des *indienneries* au dix-hutième siècle," in *Le goût de l'Inde*, (eds) G. Le Bouedec and B. Nicolas (Rennes: PUR, 2008), 74–81. See also Pierre Verlet, "Le commerce des objets d'art et les marchands merciers à Paris au XVIIIe siècle," *Annales, Économies, Sociétés, Civilisations*. 13e année, no. 1 (1958): 10–29. Gersaint's new name is mentioned in *Le Mercure de France*, Octobre 1739: 2442.

69. *Magasin de Modes Nouvelles*, January 30, 1787: 61–3.

70. Quoted in Jennifer M. Jones, "Repackaging Rousseau: Femininity and Fashion in Old Regime France, French," *Historical Studies*, vol. 18, no. 4 (Autumn, 1994): 943–4.

71. Jennifer M. Jones, "Repackaging Rousseau: Femininity and Fashion in Old Regime France," *French Historical Studies*, vol. 18, no. 4 (Autumn, 1994): 943–4.

72. Pierre-Jean-Baptiste Nougaret, *Les sottises et les folies parisiennes. Partie 1 /; aventures diverses, &c. avec quelques pièces curieuses & fort rares: le tout fidèlement recueilli par M. Nougaret* (Paris: Duchesne, 1781), 65.

73. *Cabinet des Modes*, June 1, 1786: 110.

74. *Magasin des Modes Nouvelles*, May 20, 1787: 149.

75. Chrisman-Campbell, *Fashion Victims*, 246.

76. Laura Brace, "Rousseau, Maternity and the Politics of Emptiness," *Polity*, vol. 39, no. 3 (July, 2007): 364; Jones, "Repackaging Rousseau": 946–7; see also Carol Duncan, "Happy Mothers and Other New Ideas in French Art," *The Art Bulletin*, vol. 55, no. 4 (December 1973): 570–83.

77. Aileen Ribeiro, *Dress and Morality* (London, Batsford, 1986), 115.

78. Ribeiro, *The Art of Dress*.

79. E. Claire Cage, "The Sartorial Self: Neoclassical Fashion and Gender Identity in France, 1797–1804," *Eighteenth-Century Studies*, 42, 2: 208.

80. Sonia Ashmore, *Muslin* (London: V&A Publications, 2012), 64.

原书注释

Chapter 8

1. *Spectator*, June 21, 1712.
2. *Spectator*, April 26, 1711.
3. Ibid.
4. *Spectator*, March 12, 1711.
5. Jürgen Habermas, *The Structural Transformation of the Public Sphere*, trans. Thomas Burger (Cambridge: Polity Press, 1989 [1962]), 43.
6. See Erin Mackie, *Market à la Mode: Fashion, Commodity and Gender in the* Tatler *and the* Spectator (Baltimore: Johns Hopkins University Press, 1997).
7. On the rise of "picture shops" at the turn of the seventeenth century, see Timothy Clayton, *The English Print, 1688–1802* (New Haven: Yale University Press, 1997), 3–10.
8. The so-called "Postures" are a famous erotic work of the time, featuring pornographic engravings accompanied by poems from Renaissance poet Pietro Aretino.
9. *London Spy*, March 1699: 3.
10. See Mark Hallett, *The Spectacle of Difference: Graphic Satire in the Age of Hogarth* (New Haven: Yale University Press, 1999), 181.
11. For the rise of commercial prints and the bustling eighteenth-century culture of print, see Clayton, *The English Print*, esp. 3–23, 105–28.
12. Chandra Mukerji, *From Graven Images: Patterns of Modern Materialism* (New York: Columbia University Press, 1983), 38.
13. Hallett, *The Spectacle of Difference*, 1.
14. On the (limited) value of pictures for the reconstruction of historical dress, see Lou Taylor, "Fashion and Dress History: Theoretical and Methodological Approaches," in *The Handbook of Fashion Studies*, (ed.) Sandy Black et al. (London: Bloomsbury, 2013).
15. Mukerji, *From Graven Images*, 170.
16. Aileen Ribeiro, *Fashion and Fiction: Dress in Art and Literature in Stuart England* (New Haven, London: Yale University Press, 2005), 254; see also Doris Langley Moore, *Fashion through Fashion Plates, 1771–1970* (London: Ward, 1971), 11.
17. See Lambert Wiesing, *Das Mich der Wahrnehmung. Eine Autopsie* (Frankfurt a.M.: Suhrkamp, 2009), 122.
18. J. Paul Hunter, "The World as Stage and Closet," in *British Theatre and the Other Arts, 1660–1800*, (ed.) Shirley Strum Kenny (Washington et al: Folger, 1984), 285.
19. Clayton, *The English Print*, xi.
20. See Jonathan Crary, *Techniques of the Observer: On Vision and Modernity in the Nineteenth Century* (Cambridge, MA and London: MIT Press, 1990), 42–5.
21. Hans Jonas, "The Nobility of Sight: A Study in the Phenomenology of the Senses," in *The Phenomenon of Life: Toward a Philosophical Biology*, (ed.) Hans Jonas (Chicago: University of Chicago Press, 1982 [1966]), 147.
22. Barbara J. Shapiro, *A Culture of Fact: England, 1550–1720* (Ithaca: Cornell University Press, 2000), 64.
23. See Ulrike Ilg, "The Cultural Significance of Costume Books in Sixteenth-century Europe," in *Clothing Culture, 1350–1650*, (ed.) Catherine Richardson (Aldershot: Ashgate, 2004).
24. Valerie Traub, "Mapping the Global Body," in *Early Modern Visual Culture: Representations, Race, and Empire in Renaissance England*, (eds) Peter Ericson and Clark Hulse (Philadelphia: University of Pennsylvania Press, 2000), 51.
25. See ibid., 80.
26. See Elisabeth Wilson, *Adorned in Dreams: Fashion and Modernity*, rev. (ed.) (London: Tauris, 2003 [1985]), 20; John L. Nevinson, *Origin and Early History of the Fashion Plate* (Washington: Smithsonian, 1967), 70.
27. For the importance of print in the development of regional stereotypes, see Elisabeth L. Eisenstein, *The Printing Press as an Agent of Change: Communications and Cultural*

Transformation in Early-Modern Europe (Cambridge: Cambridge University Press, 1979), 84–5.

28. Madeleine Ginsburg, *An Introduction to Fashion Illustration* (London: V&A, 1980), 5.

29. Thomas Keymer and Peter Sabor, *Pamela in the Marketplace: Literary Controversy and Print Culture in Eighteenth-Century Britain and Ireland* (Cambridge: Cambridge University Press, 2005), 5.

30. See Christian Huck, *Fashioning Society, or, The Mode of Modernity: Observing Fashion in Eighteenth-Century Britain* (Würzburg: Königshausen & Neumann, 2010), 181–200.

31. For the whole story of visualizations, see Keymer and Sabor, *Pamela in the Marketplace*, 143–76.

32. Ibid.

33. Anne Buck, "Pamela's Clothes," *Costume* 26 (1992): 21–31.

34. Samuel Richardson (1971 [1740]), *Pamela, or, Virtue Rewarded*, (eds) T.C. Duncan Eaves and Ben D. Kimpel (Boston et al.: Houghton Mifflin), 30–1.

35. Cynthia Wall, *The Prose of Thing: Transformations of Description in the Eighteenth Century* (Chicago: University of Chicago Press, 2006), 9.

36. See Stephen A. Raynie, "Hayman and Gravelot's Anti-*Pamela* Designs for Richardson's Octavo Edition of *Pamela I* and *II*," *Eighteenth-Century Life* 23, no. 3 (1999): 77–93.

37. Aileen Ribeiro, "Reading Dress in Hogarth's 'Marriage-a-la-Mode'," *Apollo* CXLVII, no. 432 (1998): 49.

38. See Christine Riding, "The Harlot and the Rake," in *Hogarth*, (eds) Mark Hallett and Christine Riding (London: Tate, 2006).

39. Clayton, *The English Print*, 23.

40. Ronald Paulson, "Emulative Consumption and Literacy: The Harlot, Moll Flanders, and Mrs. Slipslop," in *The Consumption of Culture 1600–1800: Image, Object, Text*, (eds) Ann Bermingham and John Brewer (London: Routledge, 1995), 385.

41. John D. Lyons, "Speaking in Pictures, Speaking of Pictures: Problems of Representation in the Seventeenth Century," in *Mimesis: From Mirror to Method, Augustine to Descartes*, (eds) John D. Lyons and Stephen G. Nichols, Jr. (Hanover: University Press of New England, 1982), 166.

42. Susanne Lüdemann, "Beobachtungsverhältnisse. Zur (Kunst)Geschichte der Beobachtung zweiter Ordnung," in *Widerstände der Systemtheorie: Kulturtheoretische Analysen zum Werk von Niklas Luhmann*, (eds) Albrecht Koschorke and Cornelia Vismann (Berlin: Akademie Verlag, 1999), 66; my translation.

43. Paulson, "Emulative Consumption and Literacy," 391.

44. See Peter Wagner, *Reading Iconotexts. From Swift to the French Revolution* (London: Reaktion Books, 1995), 263–6.

45. Ibid., 26–8.

46. Charles Lamb, "On the Genius and Character of Hogarth," *The Reflector* III (1811), 62; cf. Frédéric Ogée and Olivier Meslay, "William Hogarth and Modernity," in *Hogarth*, (eds) Mark Hallett and Christine Riding (London: Tate, 2006), 23–9.

47. *Spectator*, March 5, 1711.

48. Ben Jonson, *Discoveries* (1641); quoted after Ben Jonson, *The Works of Ben Johnson* [sic]. vol. 6. (1716), 276.

49. *The Midwife, or the Old Woman's Magazine*, October 1750: 182–3.

50. George Vertue, *Vertue Note Books*, vol. 3 (Oxford: Oxford University Press, 1934), 58.

51. William Hogarth, "Autobiographical Notes," in: *The Analysis of Beauty, with the Rejected Passages from the Manuscript Drafts and Autobiographical Notes*, (ed.) Joseph Burke (Oxford: Clarendon, 1955), 208.

52. Amelia Rauser, "Hair, Authenticity, and the Self-Made Macaroni," *Eighteenth-Century Studies* 38, vol. 1 (2004): 101–17.

53. See Peter McNeil, "'That Doubtful Gender': Macaroni Dress and Male Sexualities," *Fashion Theory* 3, vol. 4 (1999): 411–48.

54. See Diana Donald, *The Age of Caricature: Satirical Prints in the Reign of George III* (New Haven: Yale University Press, 1996), 75–108.

55. Lennard J. Davis, *Factual Fictions: The Origins of the English Novel* (New York: Columbia University Press, 1983), 72.

56. Ibid., 73.

57. Beverly Lemire, *Fashion's Favourite: The Cotton Trade and the Consumer in Britain 1600–1800* (Oxford: Oxford University Press, 1991), 168.

58. Ibid., 169.

59. Huck, *Fashioning Society*, 296.

60. Alison Adburgham, *Women in Print: Writing Women and Women's Magazines from the Restoration to the Accession of Victoria* (London: Allen and Unwin, 1972), 128–30.

61. *The Lady's Magazine; or Entertaining Companion for the Fair Sex, appropriated solely to their Use and Amusement* 1, vol. 1 (1770), 2.

62. Lemire, *Fashion's Favourite*, 170.

63. Nevinson, *Origin and Early History of the Fashion Plate*, 87.

64. See Moore, *Fashion through Fashion Plates*, p. 10.

65. *The Lady's Magazine; or Entertaining Companion for the Fair Sex, appropriated solely to their Use and Amusement*, May 1773, 233; my emphasis.

66. Nevinson, *Origin and Early History of the Fashion Plate*, 67; my emphasis.

67. Adburgham, *Women in Print*, 204.

68. *Gallery of Fashion*, April 1794, 1.

69. Adburgham, *Women in Print*, 206.

70. Ibid., 207–35.

71. *Gallery of Fashion*, April 1794, 2.

Chapter 9

1. Richard Steele, *The Tatler* "Dedication to Mr. Maynwaring" 1709, in *The Commerce of Everyday Life: Selections from* The Tatler *and* The Spectator, (ed.) Erin Mackie (Boston: Bedford/St. Martins, 1998), 47.

2. Jane Austen, *Northanger Abbey* (Oxford: Oxford University Press, 1998 [1818]), 24.

3. Erin Mackie, *Market à la Mode: Fashion, Commodity, and Gender in* The Tatler *and* The Spectator (Baltimore: Johns Hopkins University Press, 1997), 25.

4. Jennie Batchelor, *Dress, Distress and Desire: Clothing the Female Body in Eighteenth-Century Literature* (Houndmills: Palgrave Macmillan, 2005), 89.

5. Richard Steele, *The Spectator* No. 478 Monday, September 8, 1712, in *The Commerce of Everyday Life: Selections from* The Tatler *and* The Spectator, (ed.) Erin Mackie (Boston: Bedford/St. Martins, 1998), 398.

6. Steele, *The Spectator* No. 478, 399.

7. Ibid.

8. "Fashion doll with accessories," Victoria and Albert Museum, vam.ac.uk http://collections.vam.ac.uk/item/O100708/fashion-doll-with-unknown/ [accessed June 9, 2014].

9. See also Peter McNeil, "Beauty in Search of Knowledge", HERA FEM in press.

10. Julie Park, *The Self and It: Novel Objects in Eighteenth-Century England* (Stanford: Stanford University Press, 2010), 106.

11. Neil McKendrick, "The Commercialization of Fashion," in Neil McKendrick, John Brewer and J.H. Plumb (eds), *The Birth of a Consumer Society: The Commercialization of Eighteenth-Century England* (Bloomington: Indiana University Press, 1982), 49.

12. Ibid., 48.

13. Batchelor, *Dress, Distress and Desire*, 109.

14. "Parisian Evening Dress," *Belle Assemblée*, no. 81, March, 1816.

15. William H. Pyne, *Pyne's British Costumes: An illustrated survey of early eighteenth-century dress in the British Isles* (Ware: Wordsworth Editions, 1989), ii–iii.

16. Chloe Wigston Smith, "Dressing the British: Clothes, Customs, and Nation in W.H. Pyne's *The Costume of Great Britain,*" *Studies in Eighteenth-Century Culture*, 38 (2009), 144.

17. Ibid., 144.

18. Paula Rea Radisich, "The *Cris de Paris* in the LACMA *Recueil des modes,*" in Kathryn Norberg and Sandra Rosenbaum (eds), *Fashion Prints in the Age of Louis XIV: Interpreting the Art of Elegance* (Lubbock: Texas Tech University Press, 2014), 55, 66.

19. Sean Shesgreen, "'The Manner of Crying Things in London': Style, Authorship, Chalcography, and History," *Huntington Library Quarterly*, 59.4 (1996): 426.

20. R.T. Godfrey, *Wenceslaus Hollar: A Bohemian Artist in England* (New Haven: Yale University Press, 1994), 80–1.

21. William Wycherley, *The Country Wife*, 1675, in *Three Restoration Comedies*, (ed.) Gamini Salgado (London: Penguin Books, 1986), 189.

22. Mackie, *Commerce of Everyday Life*, 214.

23. Wycherley, *The Country Wife*, 193.

24. Ibid, p. 199.

25. Oliver Goldsmith, *She Stoops to Conquer*, 1773, in *Four English Comedies of the 17th and 18th Centuries*, (ed.) J.M. Morrell (London: Penguin Books, 1985), 271.

26. Frances Burney, *The Witlings*, 1778–80, in *The Broadview Anthology of British Literature: Volume 3, The Restoration and Eighteenth Century*, (eds) Joseph Black et al. (Peterborough: Broadview Press, 2006), 801.

27. Chloe Wigston Smith, *Women, Work, and Clothes in the Eighteenth-Century Novel* (Cambridge: Cambridge University Press, 2013), 162.

28. Burney, *The Witlings*, 803.

29. John Gay, *Trivia: Or, The Art of Walking the Streets of London*, 1716, in *Walking the Streets of Eighteenth-Century London: John Gay's Trivia*, (eds) Clare Brant and Susan E. Whyman (Oxford: Oxford University Press, 2007), 175–6, ll. 1.209–22.

30. Ibid., 176, ll. 1.238–40.

31. Ibid., 177, ll. 1.278–80.

32. Robin Ganev, "Milkmaids, Ploughmen, and Sex," *Journal of the History of Sexuality*, 16.1 (2007): 42.

33. Lucy Pratt and Linda Woolley, *Shoes* (London: Victoria and Albert Publishing, 2008), 41–2.

34. Sean Shesgreen, *The Criers and Hawkers of London: Engravings and Drawings by Marcellus Laroon* (Stanford: Stanford University Press, 1990), 104.

35. Gay, *Trivia*, 201, ll. 3.267–72, 275–6, 279–83.

36. Ibid., 201, ll. 3.281.

37. Roger Lonsdale (ed.), *Eighteenth-Century Women Poets* (Oxford: Oxford University Press, 1990), 171.

38. Mary Collier, *The Woman's Labour. An Epistle to Mr Stephen Duck, [The Washerwoman]*, in Roger Lonsdale (ed.), *Eighteenth-Century Women Poets* (Oxford: Oxford University Press, 1990), 173, ll. 15–21.

39. Styles, *The Dress of the People*, 80.

40. Collier, *The Woman's Labour*, 173, ll. 58–9.

41. Anna Laetitia Barbauld, "Washing-Day," in *Eighteenth-Century Women Poets*, (ed.) Roger Lonsdale (Oxford: Oxford University Press, 1990), 308, ll. 8–14.

42. Ibid., 310, ll. 76–86.

43. For a discussion of the genre and the ways that critics have defined it see Liz Bellamy, "It-Narrators and Circulation: Defining a Sub-Genre," in *The Secret Life of Things: Animals, Objects, and It-Narratives in Eighteenth-Century England*, (ed.) Mark Blackwell (Lewisburg: Bucknell University Press, 2007), 117–46.

44. Christina Lupton (ed.), *British It-Narratives, 1750–1830. Volume 3: Clothes and Transportation* (London: Pickering and Chatto, 2012), xi.

45. Bonnie Blackwell, "Corkscrews and Courtesans: Sex and Death in Circulation Novels," in *The Secret Life of Things: Animals, Objects, and It-Narratives in Eighteenth-Century England*, (ed.) Mark Blackwell (Lewisburg: Bucknell University Press, 2007), 266.

46. Ibid.

47. *The History and Adventures of a Lady's Slippers and Shoes. Written by Themselves* (London: M. Cooper, 1754), 4.

48. Ibid., 28.

49. Lupton, *British It-Narratives*, xxi.

50. M. de Garsault, *Art of the Shoemaker*, trans. D.A. Saguto (Williamsburg: Colonial Williamsburg Foundation in Association with Texas Tech University Press, 2009), 78.

51. *History and Adventures*, 26.

52. Ibid., 9.

53. *History and Adventures*, 53.

54. Ibid., 44.

55. Wigston Smith, *Women, Work, and Clothes*, 73.

56. Daniel Defoe, *Roxana: Or, The Fortunate Mistress*, 1724, (ed.) John Mullan (Oxford: Oxford University Press, 2008), 1.

57. Ibid., 211.

58. Eliza Haywood, *Fantomina: or, Love in a Maze*, 1725, in *The Broadview Anthology of British Literature: Volume 3, The Restoration and Eighteenth Century*, (eds) Joseph Black et al. (Peterborough: Broadview Press, 2006), 519.

59. Ibid.

60. Aileen Ribeiro, *Dress in Eighteenth-century Europe, 1715–1789* (New York: Holmes and Meier Publishers, Inc., 1985), 42.

61. Samuel Richardson, *Pamela; or, Virtue Rewarded*, (eds) Thomas Keymer and Alice Wakely (Oxford: Oxford University Press, 2008), 55.

62. Ibid., 57.

63. Terry Castle, *Masquerade and Civilization: The Carnivalesque in Eighteenth-Century English Culture and Fiction* (Stanford: Stanford University Press, 1986), 119.

64. Joe Snader, "The Masquerade of Colonial Identity in Frances Brooke's *Emily Montague* (1769)" in *The Clothes that Wear Us: Essays on Dressing and Transgressing in Eighteenth-Century Culture*, (eds) Jessica Munns and Penny Richards (Newark: University of Delaware Press, 1999), 140.

65. Frances Brooke, *The History of Emily Montague*, 1769 (Toronto: McClelland and Steward Ltd., 2008), 85.

66. Frances Burney, *Camilla: or, A Picture of Youth*, 1796, (eds) Edward A. Bloom and Lillian D. Bloom (Oxford: Oxford University Press, 1983), 607.

67. Ibid., 608.

68. Ibid., 607.

69. Ibid., 611–12.

70. Elizabeth Kowelski-Wallace, *Women, Shopping, and Business in the Eighteenth Century* (New York: Columbia University Press, 1997), 96.

71. Burney, *Camilla*, 611.

72. Henry Fielding, *The History of Tom Jones, a Foundling*, 1749, (eds) Thomas Keymer and Alice Wakely (London: Penguin Books, 2005), 480.

73. Ibid., 556.

74. Ibid., 565.

75. Sophie Gee, *Making Waste: Leftovers and the Eighteenth-Century Imagination* (Princeton: Princeton University Press, 2010), 142.

76. Linda Baumgarten, *What Clothes Reveal: The Language of Clothing in Colonial and Federal America* (New Haven: Yale University Press, 2002), 213–14.

77. Daniel Roche, *The Culture of Clothing: Dress and fashion in the ancien régime*, trans. Jean Birrell (Cambridge: Cambridge University Press, 1994), 406.
78. Austen, *Northanger Abbey*, 13.
79. Ibid.
80. Ibid., 14.
81. Ibid.

参考文献

Manuscript Sources

British Library, India Office Records/G//12/53, Ship's Diary 1749–51.

British Library, India Office Records IOR/ G/12/43, Ship's Diary 1736/7. Ships Sussex and Winchester, 66–7.

British Library, India Office Records IOR/G/12/16 Diary & Consultation, 1685–6.

British Library, /E/1/206, Miscellaneous Letters, 17 April 1746.

National Archives London (TNA), High Court of Admiralty (HCA) 30.

Print Bibliography

"Inventaire des marchandises et effets de colporteur [Hubert Jenniard] déclarés par Corentine Penchoat, à Crozon, le 6 Février 1761," Archives départementales du Finistère, 18B, inventaire des pièces de la procedure criminelle instruite à Crozon, le 27.2.1762, cited in Didier Cadiou, "La vie quotidienne dans les paroisses littorales de Camouet, Crozon, Roscankel et Telgnac, d'après les inventaires après décès," mémoire de maîtres dactyl (*maîtrise*) Université Brest, 1990, t. II, 100.

Abu Lughod, J. (1989), *Before European Hegemony: the World System A.D. 1250–1350*, New York: Oxford University Press.

Adburgham, Alison (1972), *Women in Print: Writing Women and Women's Magazines from the Restoration to the Accession of Victoria*, London: Allen and Unwin.

Allard, Julie (2007), "Perceptions nouvelles du corps et raisons médicales de la mode dans la deuxième moitié du XVIIIe siècle," in Isabelle Billaud and Marie-Christine Laperrière (eds), *Représentations du corps sous l'Ancien Régime. Discours et pratiques*, 13–30, Laval: Cahiers du CIERL.

Allgemein deutsche Real-Encyclopädie für die gebildeten Stände. Conversations-Lexikon: Neunte Originalauflage in fünfzehn Bänden (1843[1796]), Leipzig.

Alm, Mikael (2015), "'Social Imaginary' im Schweden des späten 18. Jahrhunderts," in (ed.) D. Freist, *Diskurse—Körper—Artefakte. Historische Praxeologie in der Frühneuzeitforschung*, 267–86, Bielefeld: transcript Verlag.

Ames, Richard (1688), *Sylvia's revenge, or, A satyr against man in answer to the Satyr against woman*, London.

"An ACCOUNT of the KING's BIRTH-DAY' (1792), *The Weekly entertainer: or, Agreeable and instructive repository*, June 11.

An Act of Prohibiting the Importing of Any Wines, Wooll or Silk from the Kingdom of France, England or Ireland, or any the Dominations thereunto London.

Andersen, Ellen (1960), *Danske Bønders Klædedragt*, Copenhagen: Carit Andersens Forlag.

—— (1977), *Danske dragter: Moden i 1700-årene*, København: Nationalmuseet.

Andersson, Gudrun (2009), *Stadens Dignitärer: Den lokale elitens status & maktmanifestation i Arboga 1650–1770*, Stockholm: Atlantis.

Anon. (1685), *A Particular of Goods; Cargoe, of two Ships Arrived from India the 19th and 20th of June 1685. viz. The Henry and William from the Bay of Bengal, and the East-India Merchant, from Surrat*, London.

—— (1694), *Adventures of the Helvetian Hero, with the young Countess of Albania, or The amours of Armadorus and Vicentina, a novel*, London.

—— (1764), "News," *Gazetteer and New Daily Advertiser*, October 27.

—— (1772a), "News," *Bingley's London Journal*, September 12–19.

—— (1772b), "News," *London Evening News*, August 6.

—— (1772c), "News," *Morning Chronicle and London Advertiser*, August 8.

—— (1773), *The Vauxhall Affray; or, the Macaronies Defeated*, London: J. Williams.

—— (1788), *Ladies' daily companion for the year of our Lord 1789: embellished with the following copper plates: an elegant representation of the discovery of the Earl of Leicester from the Recess, a lady in the dress of 1788, and four of the most fashionable head dresses . . .* Canterbury: Simmons and Kirkby, inscribed on the flyleaf: "Given me by the honble Cosmo Gordon, Margate, Novr ye 21st 1788," Lewis Walpole Library, Yale University, LWL MSS vol. 3.

—— (2012 [1760]), "The Adventures of a Black Coat," in Christina Lupton (ed.), *British It-Narratives, 1750–1830. Volume 3: Clothes and Transportation*, London: Pickering and Chatto.

Appleby, Joyce (1993), "Consumption in early modern social thought," in J. Brewer and R. Porter (eds), *Consumption and the World of Goods*, London and New York: Routledge, 162–73.

Archenholz, M.D. (1789), *A Picture of England; Containing a description of the laws, customs, and manners of England . . .* vol. I, London: Edward Jeffery.

"Art. Kleidung" (1791), in *Oekonomische Encyklopädie oder allgemeines System der Staats- Stadt- Haus- und Landwirthschaft*, (ed.) Johann G. Krünitz.

"Art. Mode, die" (1804), in *Oekonomische Encyklopädie oder allgemeines System der Staats- Stadt- Haus- und Landwirthschaft*, (ed.) Johann G. Krünitz.

"Art. Mode, S.f." (1738–42), in *Dictionnaire de Trévoux*, trans. Dagmar Freist, 1301, Nancy: Edition Lorraine.

Ashmore, Sonia (2012), *Muslin*, London: V&A Publications.

Atwood, Emma K. (2013), "Fashionably late: queer temporality and the Restoration fop," *Comparative Drama*, vol. 47, no. 1: 85–111.

Austen, Jane (1998 [1818]), *Northanger Abbey*, Oxford: Oxford University Press.

Barker, Emma (2007), "Mme Geoffrin, Painting and Galanterie: Carle Van Loo's Conversation espagnole and Lecture espagnole," *Eighteenth-Century Studies*, vol. 40, no. 4: 587–614.

Barrell, John (1983), *The Dark Side of the Landscape: The Rural Poor in English Painting 1730–1840*, Cambridge: Cambridge University Press.

Batchelor, Jennie (2005), *Dress, Distress and Desire: Clothing the Female Body in Eighteenth-Century Literature*, Houndmills: Palgrave Macmillan.

Baumgarten, Linda (1986), *Eighteenth Century Clothing At Williamsburg*, Williamsburg: The Colonial Williamsburg Foundation.

—— (2002), *What Clothes Reveal: The Language of Clothing in Colonial and Federal America*, New Haven: Yale University Press.

Belfanti, Carlo Marco (2009), "New Approaches to Fashion and Emotion: The Civilization of Fashion: At the Origins of a Western Social Institution," *Journal of Social History*, vol. 43, no. 2 Winter: 261–83.

Bellegarde, abbé de (1719), *Modèles de conversations pour les personnes polies*, par M. l'Abbé de Bellegarde (1648–1734), 6e édition, augmentée d'une "Conversation sur les Modes," La Haye: chez Guillaume de Voys.

Benson, John and Laura Ugolini (eds) (2003), *A Nation of Shopkeepers: Five Centuries of British Retailing*. London: Tauris & Co.

Berg, Maxine (2001), "Manufacturing the Orient: Asian Commodities and European Industry 1500–1800," *Proceedings of the Istituto Internazionale di Storia Economica "F. Datini,"* 32: 519–56.

—— (2005), *Luxury and Pleasure in Eighteenth-Century Britain*, Oxford: Oxford University Press.

Berg, Maxine and Helen Clifford (eds) (1999), *Consumers and Luxury: Consumer Culture in Europe 1650–1850*, Manchester: Manchester University Press.

Berg, Maxine and Elisabeth Eger (eds) (2003), *Luxury in the Eighteenth Century: Debates, Desires and Delectable Goods*. London and Basingstoke: Palgrave & Macmillan.

Bertuch, Friedrich Justin and Georg Melchior Kraus (eds) (1786), *Das Journal des Luxus und der Moden,* (Weimar: 1786–1826), February.

Black, Jeremy (2003), *Italy and the Grand Tour,* New Haven: Yale University Press.

Blackwell, Bonnie (2007), "Corkscrews and Courtesans: Sex and Death in Circulation Novels," in Mark Blackwell (ed.), *The Secret Life of Things: Animals, Objects, and It-Narratives in Eighteenth-Century England*, Lewisburg: Bucknell University Press, 265–92.

Bohanan, Donna J. (2012), *Fashion Beyond Versailles: Consumption and Design in Seventeenth-Century France*, Baton Rouge: Louisiana State University Press.

Bologne, Jean-Claude (2011), *Histoire de la coquetterie masculine*, Paris: Perrin.

Bonnaud, Jacques (1770), *Dégradation de l'espèce humaine par l'usage des corps à baleine.* Paris: Herissant.

Booth, Mark (1999), "*Campe-toi!* On the origins and definitions of camp," in Fabio Cleto (ed.), *Camp: Queer Aesthetics and the Performing Subject: A Reader*, Edinburgh: Edinburgh University Press, 66–79.

Börste, Norbert and Georg Eggenstein (2013), "Mode und Uniform—Mode im Military Style," in *Die Tanzhusaren 1813, 1913, 2013*, exhibition catalog (Krefeld: Museum Burg Linn).

Böth, Gitta (1988), "Kleidungsforschung," in *Grundriss der Volkskunde. Einführung in die Forschungsfelder der Europäischen Ethnologie*, (ed.) Rolf W. Brednich, 153–171, Berlin: Dietrich Reimer Verlag.

Boucher, François (1987 [1966]), *A History of Costume in the West,* trans. John Ross, new edition. London: Thames and Hudson.

Bourdieu, Pierre (1977), *Outline of a Theory of Practice*, Cambridge: Cambridge University Press.

—— (1985), "The Social Space and the Genesis of Groups," *Theory and Society*, vol. 14, issue 6: 723–44.

—— (1986), "The Forms of Capital," in J.G. Richardson (ed.), *Handbook of Theory and Research for the Sociology of Education*, New York: Greenwood Press, 241–58.

Brace, Laura (2007), "Rousseau, Maternity and the Politics of Emptiness," *Polity*, vol. 39, no. 3 July: 361–83.

Brathwait, Richard (1641[1631]), "The English Gentlewoman, Drawne Out to the Full Body," in *The English Gentleman and English Gentelwoman, Both in one Volume couched (. . .)*, 3rd (ed.) 323–4, London.

Breward, Christopher (1995), *The Culture of Fashion: A New History of Fashionable Dress*, Manchester: Manchester University Press.

Brewer, John (1997), *The Pleasures of the Imagination: English Culture in the Eighteenth Century*, London: Harper Collins.

Bridgeman, Jane (1998), "Beauty, Dress and Gender," in Francis Ames-Lewis and Mary Rogers (eds), *Concepts of Beauty in Renaissance Art*, Aldershot: Ashgate, 44–51.

Brooke, Frances (2008 [1769]), *The History of Emily Montague*, Toronto: McClelland & Steward Ltd.

Bruna, Denis (dir.) (2013), *La mécanique des dessous*, Paris: Les arts décoratifs.

—— (2015), *Fashioning the Body: An Intimate History of the Silhouette*, New York: Bard Graduate Center: New Haven—London: Yale University Press.

Buck, Anne (1992), "Pamela's Clothes," *Costume*, vol. 26, no. 1: 21–31.

Burke, Peter (1974), *Venice and Amsterdam*, London: Temple Smith.

Burney, Frances (1983 [1796]), *Camilla: or, A Picture of Youth*, (eds) Edward A. Bloom and Lillian D. Bloom, Oxford: Oxford University Press.

—— (2006 [1778–80]), "The Witlings," in Joseph Black et al. (eds), *The Broadview Anthology of British Literature: Volume 3, The Restoration and Eighteenth Century*, Peterborough: Broadview Press.

Cage, E. Claire (2009), "The Sartorial Self: Neoclassical Fashion and Gender Identity in France, 1797–1804," *Eighteenth-Century Studies*, vol. 42, no. 2: 193–215.

Caradonna, Jeremy L. (2012), *The Enlightenment in Practice: Academic Prize Contests and Intellectual Culture in France, 1670–1794*, Ithica, NY: Cornell University Press.

Cardon, Dominique (2007), *Natural Dyes: Sources, Tradition, Technology and Science*. London: Archetype Publications.

Carlile, James (1689), *The fortune-hunters, or Two fools well met . . .*, London.

Carter, Philip (2001), *Men and the Emergence of Polite Society, Britain, 1660–1800*, Harlow: Longman.

Case of the English Weavers and French Merchants truly Stated (1670), London.

Cassidy, Tanya (2007), "People, place, and performance: theoretically revisiting Mother Clap's Molly House," in *Queer People: Negotiations and Expressions of Homosexuality, 1700–1800*, (eds) Chris Mounsey and Caroline Gonda, 99–113. Lewisburg: Bucknell University Press.

Castle, Terry (1982), "Matters not fit to be mentioned: Fielding's *The Female Husband*," *ELH*, vol. 49, no. 3: 602–22.

—— (1986), *Masquerade and Civilization: The Carnivalesque in Eighteenth-Century English Culture and Fiction*, Stanford: Stanford University Press.

Cesarani, David (ed.) (2002), *Port Jews: Jewish Communities in Cosmopolitan Maritime Trading Centres, 1550–1950*, London and Portland: Frank Cass Publishers.

Chaffray, Stéphanie (2008), "La mise en scène du corps amérindien: la représentation du vêtement dans les relations de voyage en Nouvelle-France," *Histoire, économie & société*, 4: 5–32.

Charpentier, François (1664), *Discours d'un fidele sujet du Roy, touchant l'establissement d'une compagnie françoise pour le commerce des Indes orientales: adressé à tous les François*, Paris.

Chaudhuri, Kirti N. (1978), *The Trading World of Asia and the English East India Company*, Cambridge: Cambridge University Press.

Chenoune, Farid (1993), *A History of Men's Fashion*, Paris: Flammarion.

Chesterfield, Earl of, *Letters written by the late Right Honourable Philip Dormer Stanhope, Earl of Chesterfield, to his son, Philip Stanhope, esq. . .* London: J. Dodsley, 1774, 2 vols, vol. I, 199, Horace Walpole's copy, Lewis Walpole Library, Yale University, LWL 49.436.2v.

Chico, Tita (2005), *Designing Women: The Dressing Room in Eighteenth-Century English Literature and Culture*, Lewisburg: Bucknell University Press.

Chrisman-Campbell, Kimberly (1996), "'Unhoop the Fair Sex': The Campaign Against the Hoop Petticoat in Eighteenth-Century England," *Eighteenth-Century Studies*, vol. 30, no. 1, Fall: 5–23.

—— (2002), "The face of fashion: milliners in eighteenth-century visual culture," *British Journal for Eighteenth-Century Studies*, vol. 25, issue 2: 157–72.

—— (2015), *Fashion Victims: Dress at the court of Louis XVI and Marie-Antoinette*, New Haven and London: Yale University Press.

Christensen, Charlotte (1996), "Jens Juel og portrætkunsten i det 18. århundrede," in *Hvis engle kunne male,* (ed.) Charlotte Christensen, Det Nationalhistoriske Museum på Frederiksborg: Christian Ejlers' Forlag.

Ciriacono, Salvatore (1981), "Silk Manufacturing in France and Italy in the XVIIth Century: Two Models Compared," *Journal of European Economic History* vol. 10, no. 1: 167–197.

Clairian, L. J. (1803), *Recherches et considérations médicales sur les vêtemens des hommes: particulièrement sur les culottes*, Paris: Aubry, An XI, 2nd (ed.)

Clark, Anna (1998), "The Chevalier d'Eon and Wilkes: masculinity and politics in the eighteenth century," *Eighteenth-Century Studies*, vol. 32, no. 1: 19–48.

Clarkson, Thomas (1806), "Peculiar Customs," in *A Portraiture of Quakerism*, vol. 2, (ed.) T. Clarkson.

Claro, Daniel (2005), "Historicizing masculine appearance: John Chute and the suits at The Vyne, 1740–76," *Fashion Theory*, vol. 9, issue 2: 147–74.

Claverias, Belén Moreno (2010), "Luxury, Fashion and Peasantry: The Introduction of New Commodities in Rural Catalan, 1670–1790," in B. Lemire (ed.), *The Force of Fashion in Politics and Society from the Early Modern to Contemporary Times*, Aldershot, UK: Ashgate, 67–93.

Clayton, Timothy (1997), *The English Print, 1688–1802*, New Haven: Yale University Press.

Clunas, Craig (1999), "Review Essay. Modernity Global and Local: Consumption and the Rise of the West," *American Historical Review*, vol. 104, no. 5, Dec: 1497–1511.

Cody, Lisa F. (2001), "Sex, civility, and the self: du Coudray, d'Eon, and eighteenth-century conceptions of gendered, national, and psychological identity," *French Historical Studies*, vol. 24, no. 3: 379–407.

Cohen, Michèle (1992), "The Grand Tour: constructing the English gentleman in eighteenth-century France," *History of Education*, vol. 21, no. 3: 241–57.

Colas, René (2002 [1933]) *Bibliographie Générale du Costume et de la Mode*. Paris: Librairie René Colas, Martino Pub.

Collier, Mary (1990), "The Woman's Labour. An Epistle to Mr Stephen Duck, [The Washerwoman]," in Roger Lonsdale (ed.), *Eighteenth-Century Women Poets*, Oxford: Oxford University Press, 172–3.

Cooper, Tarnya and Jane Eade, (eds) (2013), *Elizabeth I & her People*. London: National Portrait Gallery.

Coquery, Natacha (2007), "Fashion, Business, Diffusion: An Upholsterer's Shop in Eighteenth-Century Paris," in Dena Goodman and Kathryn Norberg (eds), *Furnishing the Eighteenth Century: What Furniture Can Tell Us about the European and American Past*, New York: Routledge, 63–78.

—— (2008), "Les boutiquiers parisiens et la diffusion des *indienneries* au dix-huitième siècle," in G. Le Bouedec and B. Nicolas (eds), *Le goût de l'Inde*, Rennes: PUR, 74–81.

Cowan, Bryan (2005), *The Social Life of Coffee: The Emergence of the British Coffeehouse*, New Haven: Yale University Press.

Coward, D.A. (1980), "Attitudes to homosexuality in eighteenth-century France," *Journal of European Studies*, 10, no. 40: 35–59.

Crary, Jonathan (1990), *Techniques of the Observer: On Vision and Modernity in the Nineteenth Century*, Cambridge MA, London: MIT Press.

Craske, Matthew (1997), *Art in Europe 1700–1830*, Oxford: Oxford University Press.

Crill, Rosemary (2008), *Chintz: Indian Textiles for the West*, London: V&A Publications.

Cronshagen, Jessica (2014), *Einfach vornehm: Die Hausleute der nordwestdeutschen Küstenmarsch in der Frühen Neuzeit*, Wallstein: Göttingen.

—— (2015), "Owning the Body, Wooing the Soul—How Forced Labour Was Justified in the Moravian Correspondence Network in 18th-Century Surinam," in D. Freist and S. Lachenicht (eds), *Connecting Worlds and People. Early Modern Diasporas as Translocal Societies*, Ashgate: Farnham, forthcoming.

Crowley, John (2001), *The Invention of Comfort: Sensibilities and Design in Early Modern Britain and Early America*, Baltimore: Johns Hopkins University Press.

Crowston, Clare (2000), "Engendering the Guilds: Seamstresses, Tailors, and the Clash of Corporate Identities in Old Regime France," *French Historical Studies* vol. 23, no. 2: 339–71.

Croÿ, Emmanuel duc de (2005), *Journal de Cour, tome 4 (1768–1773)*, Paris: Paléo.

Cumming, Valerie (2004), *Understanding Fashion History*. New York and Hollywood: Costume and Fashion Press.

Dabydeen, David (1985), *Hogarth's Blacks: Images of Blacks in Eighteenth Century English Art*, Kingston-upon-Thames: Dangaroo Press.

Dalgaard, Hanne Frøsig (1982), "I fløjl og vadmel," in Axel Steenberg (ed.), *Dagligliv i Danmark* vol. II, 1620–1720, Copenhagen: Gyldendal, 7–32.

—— (1999), *Luksusforordninger—1558, 1683, 1736, 1783, 1783 og 1799*, Copenhagen: special edition of the periodical *Tenen*.

Dangeau, Marquis de (2002), *Journal d'un courtisan à la cour du Roi soleil, tome II (1686–1687), L'ambassade du Siam*, Paris: Paleo.

—— (2005), *Journal de la Cour du Roi Soleil, tome X (1697), Le Mariage*, Paris: Paleo.

Davids, Karel (2008), *The Rise and Decline of Dutch Technological Leadership*, vol. 1, Leiden: Brill.

Davis, Lennard J. (1983), *Factual Fictions: The Origins of the English Novel*, New York: Columbia University Press.

Defoe, Daniel (2008 [1724]), *Roxana: Or, The Fortunate Mistress*, (ed.) John Mullan, Oxford: Oxford University Press.

de Garsault, M. (2009) *Art of the Shoemaker*, trans. D. A. Saguto, Williamsburg: Colonial Williamsburg Foundation in Association with Texas Tech University Press.

de Genlis, Stéphanie Félicité Bruart (1818), *Dictionnaire Critique et Raisonne*, vol. 1, Paris: P Mongie.

de Haan, Francisca (2004), "Fry, Elizabeth (1780–1845)," in *Oxford Dictionary of National Biography*, Oxford: Oxford University Press; online edition, May 2007, www.oxforddnb.com/view/article/10208 [accessed March 18, 2015].

Dejardin, Kathleen and Mary Schoeser (1991), *French Textiles from 1760 to the Present*, London: Laurence King.

Delpierre, Madeleine (1996), *Se vêtir au XVIIIe siècle*, Paris: Adam Biro.

—— (1997), *Dress in France in the Eighteenth Century*, New Haven and London: Yale University Press.

de Vries, Jan (1997), *The First Modern Economy: Success, Failure, and Perseverance of the Dutch Economy, 1500–1815*, Cambridge: Cambridge University Press.

—— (2008), *The Industrious Revolution. Consumer Behavior and the Household Economy, 1650 to the Present*, Cambridge: Cambridge University Press.

Dew, Nicholas (2009), *Orientalism in France*, Oxford: Oxford University Press.

Diderot, Denis (1772), *Regrets sur ma vieille robe de chambre (1768), in Correspondance littéraire*, s.l.: Friedrich Ring.

Dillon, Henriette-Lucie, marquise de La Tour du Pin-Gouvernet (1913), *Journal d'une femme de cinquante ans, 1778–1815*, Paris, Imhaus et Chapelot.

Donald, Diana (1996), *The Age of Caricature: Satirical Prints in the Reign of George III*, New Haven: Yale University Press.

Donoghue, Emma (1993), "Imagined more than women: lesbians as hermaphrodites, 1671–1766," *Women's History Review*, vol. 2, issue 2: 199–216.

Douglas, Mary and Baron C. Isherwood (1979), *The World of Goods: Towards an Anthropology of Consumption*, London: Routledge.

Dubois, Marie (1994), *Moi Marie Dubois, gentilhomme vendômois, valet de chambre de Louis XIV,* prés. par François Lebrun, Rennes, éd. Apogée.

Duncan, Carol (1973), "Happy Mothers and Other New Ideas in French Art," *The Art Bulletin*, vol. 55, issue 4: 570–83.

Earle, Rebecca (2001), "'Two pairs of pink satin shoes!' Race, clothing and identity in the Americas (17th–19th centuries)," *History Workshop Journal*, vol. 52, issue 1: 175–95.

Eisenstein, Elisabeth L. (1979), *The Printing Press as an Agent of Change: Communications and Cultural Transformation in Early-Modern Europe*, Cambridge: Cambridge University Press.

Elias, Norbert (1981 [c. 1930]), *Die Höfische Gesellschaft. Untersuchungen zur Soziologie des Königtums und der höfischen Aristokratie mit einer Einleitung: Soziologie und Geschichtswissenschaft*, Darmstadt.

—— (1983), *The Court Society*, Oxford: Blackwell.

—— (1994 [1939]), *The Civilizing Process. The History of Manners and State Formation and Civilization*, Oxford and Cambridge, MA: Blackwell.

Engelhardt Matthiessen, Tove, Marie-Louise Nosch, Maj Ringgaard, Kirsten Toftegaard, and Mikkel Venborg Pedersen (eds) (2014), *Fashionable Encounters: Perspectives and Trends in Textile and Dress in the Early Modern Nordic World*, Oxford and Philadelphia: Oxbow Books.

Entwistle, Joanne (2000), *The Fashioned Body: Fashion, Dress and Modern Social Theory*, Cambridge: Polity.

Ewing, Elizabeth (1984), *Everyday Dress 1650–1900*. London: Batsford.

Favart, Charles Simon (1808), *Mémoires et correspondance littéraires, dramatiques et anecdotiques*, vol. 1, Paris.

Fennetaux, Ariane (2004), "Men in gowns: Nightgowns and the construction of masculinity in eighteenth-century England," *Immediations: The Research Journal of the Courtauld Institute of Art*, vol. 1, no. 1 Spring: 77–89.

—— (2008), "Women's Pockets and the Construction of Privacy in the Long Eighteenth Century," *Eighteenth Century Fiction*, vol. 20, no. 3, Spring: 307–34.

Fielding, Henry (2005 [1749]), *The History of Tom Jones, a Foundling*, (eds) Thomas Keymer and Alice Wakely, London: Penguin Books.

Finch, Martha L. (2005), "'Fashions of Wordly Dames': Separatist Discourse of Dress in Early Modern London, Amsterdam, and Plymouth Colony," *American Society of Church History* vol. 74, no. 3, September: 494–533.

Fischer, Birthe Karin (1983), *Uld og Linnedfarvning i Danmark 1720–1830*, Humlebæk: Rhodos.

Fitzpatrick, Martin, Peter Jones, Christa Knellwolf, and Iain McCalman, (eds) (2004), *The Enlightenment World*, New York: Routledge.

Flügel, John Carl (1930), *The Psychology of Clothes*, London: Hogarth Press.

Fontaine, Laurence (1996), *History of Pedlars in Europe*, Cambridge: Polity Press.

Freist, Dagmar (2013), "'Ich will Dir selbst ein Bild von mir entwerfen': Praktiken der Selbst-Bildung im Spannungsfeld ständischer Normen und gesellschaftlicher Dynamik," in Thomas Alkemeyer, Gunilla Budde, and Dagmar Freist (eds), *Selbst-Bildungen: soziale und kulturelle Praktiken der Subjektivierung*, Bielefeld: transcript Verlag, 151–74.

—— (2015), "Diskurse-Körper-Artefakte. Historische Praxeologie in der Frühneuzeitforschung— eine Annährung," in Dagmar Freist (ed.), *Diskurse—Körper—Artefakte: Historische Praxeologie*, Bielefeld: transcript Verlag, 9–30.

Freist, Dagmar and Frank Schmekel, (eds) (2013), *Hinter dem Horizont Band 2: Projektion und Distinktion ländlicher Oberschichten im europäischen Vergleich, 17.19. Jahrhundert*, Münster: Aschendorff Verlag.

Fry, K. and R.E. Cresswell, (eds) (1847), *Memoir of the life of Elizabeth Fry, with extracts from her letters and journal*, 2 vols.

Gallery of Fashion (1794), April.

Ganev, Robin (2007), "Milkmaids, Ploughmen, and Sex," *Journal of the History of Sexuality*, vol. 16, no. 1: 40–67.

Gay, John (2007 [1716]), "Trivia: Or, The Art of Walking the Streets of London," in Clare Brant and Susan E. Whyman (eds), *Walking the Streets of Eighteenth-Century London: John Gay's Trivia*, Oxford: Oxford University Press.

Geczy, Adam (2013), *Fashion and Orientalism: Dress, Textiles and Culture from the 17th to the 21st Century*, London: Bloomsbury.

Gee, Sophie (2010), *Making Waste: Leftovers and the Eighteenth-Century Imagination*, Princeton: Princeton University Press.

Genlis, Madame de (1818), *Dictionnaire critique et raisonné des étiquettes de la cour (. . .)*, Paris: P. Mongié aîné.

Gilbert, Sandra M. (1982 [1980]), "Costumes of the Mind: Transvestism as Metaphor in Modern Literature," in Elizabeth Abel (ed.), *Writing and Sexual Difference*, Brighton: Harvester Press, 193–220.

Ginsburg, Madeleine (1980), *An Introduction to Fashion Illustration*, London: V&A Publishing.

Glalmann, Kristof (1977), "The Changing Patterns of Trade," in J.H. Clapham, M.M. Postan, E. Power, H. Habakkuk, and E.E. Rich (eds), *The Cambridge Economic History of Europe*, vol. 5, Cambridge: Cambridge University Press, 185–289.

Gleixner, Ulrike (2015), "Gender and Pietism. Self-modelling and Agency," in Douglas H. Shantz (ed.), *A Companion to German Pietism, 1660–1800*, Leiden and Boston: Brill, 433–4.

Godfrey, R.T. (1994), *Wenceslaus Hollar: A Bohemian Artist in England*, New Haven: Yale University Press.

Goldsmith, Netta (2007), "London's homosexuals in the eighteenth-century: rhetoric versus practice," in Chris Mounsey and Caroline Gonda (eds), *Queer People: Negotiations and Expressions of Homosexuality, 1700–1800*, Lewisburg: Bucknell University Press, 183–94.

Goldsmith, Oliver (1985 [1773]), *She Stoops to Conquer*, in *Four English Comedies of the 17th and 18th Centuries*, (ed.) J.M. Morrell, London: Penguin Books.

Goodman, Dena and Kathryn Norberg, (eds) (2007), *Furnishing the Eighteenth Century: What Furniture Can Tell Us about the European and American Past*, New York: Routledge.

Gottsched, Luise Adelgunde Victorie (1736), *Die Pietisterey im Fischbein-Rocke; oder Die Doctormäßige Frau: In einem Lust Spiele vorgestellet*, Rostock.

Greenblatt, Stephen (2005), *Renaissance Self-Fashioning. From More to Shakespeare*, Chicago and London: University of Chicago Press.

Greene, John and Elizabeth McCrum (1990), "'Small clothes': the evolution of men's nether garments as evidences in *The Belfast Newsletter* Index 1737–1800," in Alan Harrison and Ian Campbell Ross (eds), *Eighteenth Century Ireland*, vol. 5, Dublin: Eighteenth-Century Ireland Society, 153–71.

Gregg, Stephen H. (2001), "'A Truly Christian Hero': Religion, Effeminacy, and the Nation in the Writings of the Societies for the Reformation of Manners," *Eighteenth-Century Life*, vol. 25, no. 1 Winter: 17–28.

Greig, Hannah (2013), *The Beau Monde: Fashionable Society in Georgian London*, Oxford: Oxford University Press.

Grimm, Friedrich Melchior von and Denis Diderot (1829), *Correspondance inédite de Grimm et de Diderot*, Paris: H. Fournier.

Gummere, Amelia Mott (1901), *The Quaker, a Study in Costume*, Philadelphia: Ferris and Leach.

Habermas, Jürgen (1989 [1962]), *The Structural Transformation of the Public Sphere*, trans. Thomas Burger, Cambridge: Polity Press.

Hackspiel-Mikosch, Elizabeth (2009), "Uniforms and the Creation of Ideal Masculinity," in Peter McNeil and Vicki Karaminas (eds), *The Men's Fashion Reader*, New York, Oxford: Berg.

Hafter, Daryl M. (2007), *Women at Work in Preindustrial France*, University Park, PA: Pennsylvania State University Press.

Haggerty, George (2012), "Smollett's world of masculine desire in *The Adventures of Roderick Random*," *Eighteenth Century*, vol. 53, no. 3: 317–30.

Hallett, Mark (1999), *The Spectacle of Difference: Graphic Satire in the Age of Hogarth*, New Haven: Yale University Press.

Halliwell, James Orchard (ed.) (1854), *Ancient Inventories of Furniture, Pictures, Tapestry, Plate, etc. illustrative of the Domestic Manners of the English in the Sixteenth and Seventeenth Centuries . . .*, London.

Hamm, Thomas D. (2006), *The Quakers in America*, Columbia University Press: New York.

Hammar, Britta and Pernilla Rasmussen (2008), *Underkläder: En kulturhistoria*, Stockholm: Signum.

Hansen, H.P. (1922), *Natmandsfolk og Kjæltringer i Vestjylland*, Copenhagen: Gyldendal.

Harris, John R. (1991), "Movements of Technology between Britain and Europe in the Eighteenth Century," in David. J. Jeremy (ed.), *International Technology Transfer: Europe, Japan and the USA*, Aldershot: Ashgate, 9–30.

Hart, Avril and Susan North (1998), *Seventeenth and Eighteenth-century Fashion in Detail*, London: V&A Publishing.

Harvey, John (1995), *Men in Black*, London: Reaktion.

Harvey, Karen (2002), "The century of sex? Gender, bodies, and sexuality in the long eighteenth century," *Historical Journal, vol.* 45, no. 4: 899–916.

Haywood, Eliza (2006 [1725]), "Fantomina: or, Love in a Maze," in Joseph Black et al. (eds), *The Broadview Anthology of British Literature: Volume 3, The Restoration and Eighteenth Century*, Peterborough: Broadview Press.

Hebdige, Dick (1979), *Subculture, the meanings of style*. London: Routledge.

Heller, Sarah Grace (2002), "Fashion in French Crusade Literature: Desiring Infidel Textiles," in Désirée G. Koslin and Janet E. Snyder (eds), *Encountering Medieval Textiles and Dress*, New York: Palgrave Macmillan, 103–19.

Hellman, Mimi (2006), "Interior motives: seduction by decoration in eighteenth-century France," in Harold Koda and Andrew Bolton (eds), *Dangerous Liaisons: Fashion and Furniture in the Eighteenth Century*, New Haven: Yale University Press, 14–23.

Hentschell, Roze (2009), "Moralizing Apparel in Early Modern London: Popular Literature, Sermons and Sartorial Display," *Journal of Medieval and Early Modern Studies*, vol. 39, no. 3 Fall: 571–95.

Hertz, Deborah (1978), "Salonnières and Literary Women in Late Eighteenth Century Berlin," *New German Critique*, no. 14: 97–108.

Heyl, Christoph (2001), "The metamorphosis of the mask in seventeenth- and eighteenth-century London," in Efrat Tseëlon (ed.), *Masquerade and Identities: Essays on Gender, Sexuality and Marginality*, London: Routledge, 114–34.

The History and Adventures of a Lady's Slippers and Shoes Written by Themselves (1754), London: M. Cooper.

Hoff, Annette (2009), *Karen Rosenkrantz de Lichtenbergs dagbøger og regnskaber*, Horsens Museum: Landbohistorisk Selskab.

Hogarth, William (1955 [1760s]), "Autobiographical Notes," in Joseph Burke (ed.), *The Analysis of Beauty, with the Rejected Passages from the Manuscript Drafts and Autobiographical Notes*, Oxford: Clarendon Press, 201–32.

Hohenberg, Paul M. and Lynn H. Lees (1985), *The Making of Urban Europe, 1000–1950*, Cambridge, MA: Harvard University Press.

Hollander, Anne (1971), "The Clothed Image: Picture and Performance," *New Literary History*, vol. 2, no. 3, Spring: 477–93.

—— (1993), *Seeing through Clothes*, Berkeley: University of California Press.

Howarth, William Driver (2009), *French Theatre in the Neo-classical Era*, Cambridge: Cambridge University Press.

Howell, Martha (2010), *Commerce Before Capitalism in Europe, 1300–1600*, Cambridge: Cambridge University Press.

Huck, Christian (2010), *Fashioning Society, or, The Mode of Modernity: Observing Fashion in Eighteenth-Century Britain*, Würzburg: Königshausen and Neumann.

Hughes, Thomas P. (2005), *Human-built World: How to Think about Technology and Culture*, Chicago: University of Chicago Press.

Hugo, Victor (1882), *Les Orientales*, Paris: Chamerot.

Huizinga, Johan (1996 [1921]), *The Autumn of the Middle Ages*, trans. Rodney J. Payton and Ulrich Mammitzsch, Chicago: University of Chicago Press.

Hunt, Alan (1996), *Governance of Consuming Passions: A History of Sumptuary Law*, London and Basingstoke: Macmillan.

Hunter, J. Paul (1984), "The World as Stage and Closet," in Shirley Strum Kenny (ed.), *British Theatre and the Other Arts, 1660–1800*, Washington et al.: Folger, 271–86.

Hutson, Lorna (2004), "Liking men: Ben Jonson's closet opened," *ELH*, vol. 71, no. 4: 1065–96.

Ilg, Ulrike (2004), "The Cultural Significance of Costume Books in Sixteenth-Century Europe," in Catherine Richardson (ed.), *Clothing Culture, 1350–1650*, Aldershot: Ashgate, 29–47.

Jahn, Bernhard, Thomas Rahn, and Claudia Schnitzger, (eds) (1998), *Zeremoniell in der Krise: Störung und Nostalgie*, Marburg: Jonas Verlag.

Janes, Dominic (2009), *Victorian Reformation: The Fight over Idolatry in the Church of England, 1840–1860*, Oxford: Oxford University Press.

—— (2012), "Unnatural appetites: sodomitical panic in Hogarth's *The Gate of Calais*, or *O the Roast Beef of Old England* (1748)," *Oxford Art Journal*, vol. 35, no. 1: 19–31.

Jenner, Mark S.R. (1999), "Review Essay: Body, Image, Text in Early Modern Europe," *The Society for the Social History of Medicine*, vol. 12, issue 1: 143–54.

Jonas, Hans (1982 [1966]), "The Nobility of Sight: A Study in the Phenomenology of the Senses," in Hans Jonas (ed.), *The Phenomenon of Life: Toward a Philosophical Biology*, Chicago: University of Chicago Press, 135–56.

Jones, Jennifer M. (1994), "Repackaging Rousseau: Femininity and Fashion in Old Regime France," *French Historical Studies*, vol. 18, no. 4 Autumn: 939–67.

Jonson, Ben (1716), *The Works of Ben Johnson* [sic], vol. 6.

Jørgensen, Lise Bender (1992), *North European Textiles until AD 1000*, Århus: Århus University Press.

Juul, Brun (1807–12), *Naturhistorisk, oeconomisk og technologisk Handels- og Varelexikon*. Bd. 1–3, København, A: S. Soldins Forlag.

Kates, Gary (1995), "The transgendered world of the chevalier/chevalière d'Eon," *Journal of Modern History*, vol. 67, no. 3: 558–94.

Keen, Suzanne (2002), "Quaker Dress, Sexuality, and the Domestication of Reform in the Victorian Novel," *Victorian Literature and Culture*, vol. 30, no. 1: 211–13.

Keenan, William (1999), "From Friars to Fornicators: The Eroticization of Sacred Dress," *Fashion Theory*, vol. 3, no. 4: 389–410.

Kellenbenz, Hermann (1977), "The Organization of Industrial Production," in J.H. Clapham, M.M. Postan, E. Power, H. Habakkuk and E.E. Rich (eds), *The Cambridge Economic History of Europe*, vol. 5, 462–548, Cambridge: Cambridge University Press.

Kelly, Jason M. (2006), "Riots, revelries, and rumor: libertinism and masculine association in Enlightenment London," *Journal of British Studies*, vol. 45, no. 4: 759–95.

Keymer, Thomas and Peter Sabor (2005), *Pamela in the Marketplace: Literary Controversy and Print Culture in Eighteenth-Century Britain and Ireland*, Cambridge: Cambridge University Press.

King, Thomas A. (2004), *The Gendering of Men, 1600–1750*, vol. 1, *The English Phallus*, Madison: University of Wisconsin Press.

—— (2008), *The Gendering of Men, 1600–1750*, vol. 2, *Queer Articulations*, Madison: University of Wisconsin Press.

Kirkham, Pat (1988), *The London Furniture Trade 1700–1870*, London: Furniture History Society.

Knoppers, Laura Lunger (1998), "The politics of portraiture: Oliver Cromwell and the plain style," *Renaissance Quarterly*, vol. 51, no. 4: 1283–1319.

Kowelski-Wallace, Elizabeth (1997), *Women, Shopping, and Business in the Eighteenth Century*, New York: Columbia University Press.

Kuchta, David (2002), *The Three-Piece Suit and Modern Masculinity: England, 1550–1850*, Berkeley: University of California Press.

Kuiper, Yme and Harm Nijboer (2009), "Between Frugality and Civility: Dutch Mennonites and Their taste for the 'World of Art' in the Eighteenth Century," *Journal of Mennonite Studies*, vol. 27: 75–92.

Kunzle, David (2004), *Fashion and Fetishism: Corsets, Tight Lacing and Other Forms of Body-Sculpture*, Stroud: Sutton.

Kwass, Michael (2004), "Consumption and the World of Ideas: Consumer Revolution and the Moral Economy of the Marquis de Mirabeau," *Eighteenth-Century Studies* vol. 37, no. 2 Winter, 2004: 187–213.

—— (2006), "Big hair: a wig history of consumption in eighteenth-century France," *American Historical Review*, vol. 111, issue 3: 631–59.

—— (2014), *Contraband: Louis Mandrin and the Making of a Global Underground*, Cambridge, MA: Harvard University Press.

Lacroix, Laurent (1976), "Quand les Français jouaient aux sauvages . . . ou le carrousel de 1662," *Journal of Canadian Art History*, vol. 1, no. 2: 44–54.

The Lady's Magazine; or Entertaining Companion for the Fair Sex, appropriated solely to their Use and Amusement 1, vol. 1 (1770).

The Lady's Magazine; or Entertaining Companion for the Fair Sex, appropriated solely to their Use and Amusement (1773) May.

Laetitia Barbauld, Anna (1990), "Washing-Da," in Roger Lonsdale (ed.), *Eighteenth-Century Women Poets*, Oxford: Oxford University Press, 308–11.

Laidlaw, Christine (2010), *The British in the Levant: Trade and Perceptions of the Ottoman Empire in the Eighteenth Century*, New York: Tauris Academic Studies.

Lamb, Charles (1811), "On the Genius and Character of Hogarth," *The Reflector* vol. 2, no. 3: 61–77.

Lanoë, Catherine (2008), *La poudre et le fard: Une histoire des cosmétiques de la Renaissance aux Lumières*, Seyssel: Chamvallon.

Laqueur, Thomas (1990), *Making Sex: Body and Gender from the Greeks to Freud*, Cambridge, MA: Harvard University Press.

le Corbeiller, Clare (1983), *European and American Snuff Boxes 1730–1830*, London: Chancellor Press.

Leclant, Jean (1951), "Le café et les cafés à Paris (1644–1693)," *Annales. Économies, Sociétés, Civilisations*, 6, no. 1: 1–14.

Lehmann, Hartmut (2001), "Grenzüberschreitungen und Grenzziehungen im Pietismus," *Pietismus und Neuzeit*, 27: 11–18.

Leigh, R.A., (ed.) (1971), *Correspondance complète de J.J. Rousseau*, vol. 13. Madison.

Leis, Arlene (2013), "Displaying art and fashion: ladies' pocket-book imagery in the paper collections of Sarah Sophia Banks," *Konsthistorisk tidskrift/Journal of Art History*, vol. 82, issue 3: 252–71.

Lemire, Beverly (1991), *Fashion's Favourite: the Cotton Trade and the Consumer in Britain, 1660–1800*, Oxford: Oxford University Press.

—— (1997), *Dress, Culture and Commerce: the English Clothing Trade Before the Factory, 1660–1800*, Basingstoke: Macmillan.

—— (2000), "Second-hand beaux and 'red-armed Belles': conflict and the creation of fashions in England, c. 1600–1800," *Continuity and Change*, vol. 15, no. 3 December: 391–417.

—— (2003), "Transforming Consumer Custom: Linens, Cottons and the English Market, 1660–1800," in Brenda Collins and Philip Ollerenshaw (eds), *The European Linen Industry in Historical Perspective*, Oxford: Oxford University Press, 187–207.

—— (2008), "Fashioning Global Trade: Indian Textiles, Gender Meanings and European Consumers, 1500–1800," in Giorgio Riello and Tirthankar Roy (eds), *How India Clothed the World: The World of South Asian Textiles, 1500–1850*, The Hague: Brill, 887–916.

—— (2010), *The British Cotton Trade, 1660–1815*, vol. 2, London: Pickering and Chatto.

—— (2011), *Cotton*, Oxford: Berg Publishers.

—— (2015), "'Men of the World': British Mariners, Consumer Practice, and Material Culture in an Era of Global Trade, c. 1660–1800," *Journal of British Studies*, vol. 54, issue 2, April: 288–319.

—— (2016), "A Question of Trousers: Mariners, Masculinity and Empire in the Transformation of British Male Dress, c. 1600–1800," *Cultural and Social History*, forthcoming.

Lemire, Beverly and Giorgio Riello (2008), "East and West: Textiles and Fashion in Early Modern Europe," *Journal of Social History*, vol. 41, no. 4: 887–916.

L'Encyclopedie ou Dictionaire Raisonné des Sciences, des Arts et des Metiers Tome XVII. (1751–72) halb-hiv, Paris.

Lever, Évelyne (2005), *Marie-Antoinette: Correspondance (1770–1793)*, Paris: Tallandier.

Lewis Walpole Library, Yale University, F.J.B. Watson papers regarding Thomas Patch.

Lewis, W.S., (ed.) (1937–83), *The Yale Edition of Horace Walpole's Correspondence*, 48 vols., New Haven: Yale University Press.

—— (1969), "Horace Walpole's Library," in *A Catalogue of Horace Walpole's Library*, vol. 1, Allen T. Hazen, New Haven and London: Yale University Press.

Livi-Bacci, Massimo (2000), *The Population of Europe*, Oxford: Blackwell Publishers.

London Spy, March 1699.

Lonsdale, Roger, (ed.) (1990) *Eighteenth-Century Women Poets*, Oxford: Oxford University Press.

Lorenzen, Erna (1960), "Teater eller virkelighed," in Helge Søgaard (ed.), *Årbog, Den gamle By*, Århus: Århus University Press, 40–5.

—— (1982), "Modetøj og gangklæder," in Axel Steensberg (ed.), *Dagligliv i Danmark*, vol. iv: 1720–1790, Copenhagen: Gyldendal, 47–72.

Lüdemann, Susanne (1999), "Beobachtungsverhältnisse. Zur (Kunst Geschichte der Beobachtung zweiter Ordnung," in Albrecht Koschorke and Cornelia Vismann (eds), *Widerstände der Systemtheorie: Kulturtheoretische Analysen zum Werk von Niklas Luhmann*, Berlin: Akademie Verlag, 63–75.

Luhmann, Niklas (1997), *Die Gesellschaft der Gesellschaft*, Frankfurt am Main: Suhrkamp.

Lupton, Christina, (ed.) (2012), *British It-Narratives, 1750–1830. Volume 3: Clothes and Transportation*, London: Pickering and Chatto.

Luu, Lien Bich (2005), *Immigrants and the Industries of London, 1500–1700*, Aldershot: Ashgate.

Lynn, Elery (2010), *Underwear: Fashion in Detail*, London: V&A Publishing.

Lyons, Clare A. (2003), "Mapping an Atlantic sexual culture: homoeroticism in eighteenth-century Philadelphia," *William and Mary Quarterly*, vol. 60, no. 1: 119–54.

Lyons, John D. (1982), "Speaking in Pictures, Speaking of Pictures: Problems of Representation in the Seventeenth Century," in John D. Lyons and Stephen G. Nichols, Jr. (eds), *Mimesis: From Mirror to Method, Augustine to Descartes*, Hanover: University Press of New England, 166–87.

Mackie, Erin (1997), *Market à la Mode: Fashion, Commodity and Gender in the* Tatler *and the* Spectator, Baltimore: Johns Hopkins University Press.

—— (2009), *Rakes, Highwaymen, and Pirates: The Making of the Modern Gentleman in the Eighteenth Century*, Baltimore: Johns Hopkins University Press.

Malcolm, James Peller (1808), *Anecdotes of the manners and customs of London during the eighteenth century . . .*, London: Longman, Hurst, Rees, and Orme, courtesy Lewis Walpole Library, Yale University.

Marschke, Benjamin. (2014), "Pietism and Politics in Prussia and Beyond," in Douglas Shantz (ed.), *A Companion to German Pietism, 1660–1800*, Leiden: Brill, 472–526.

Martin, Ann Ray (1984), "The young pretender: Long ruled by Diana Vreeland, the world of costume—that upstart art—is changing" [Edward Maeder], *Connoisseur*, June: 73–77.

Martin, Meredith (2014), "Tipu Sultan's Ambassadors at Saint-Cloud: Indomania and Anglophobia in Pre-Revolutionary Paris," *West 86th*, vol. 21, no. 1 Spring–Summer: 37–68.

Martin, Morag (2005), "Doctoring Beauty: The Medical Control of Women's Tilettes in France, 1750–1820," *Medical History*, vol. 49, issue 3: 351–68.

Martin, Richard and Harold Koda (1994) *Orientalism: Vision of the East in Western Dress*, New York: Metropolitan Museum of Art.

Mathiassen, Tove Engelhardt (1996), "Tekstil-import til Danmark cirka 1750–1850," in T.B. Ravn, E. Aasted, and B. Blæsild (eds), *Årbog Den Gamle By*, Aarhus: Århus University Press, 80–104.

Mathiassen, Tove Engelhardt, Marie-Louise Nosch, Maj Ringgaard, Kirsten Toftegaard, and Mikkel Venborg Pedersen, (eds) (2014), *Fashionable Encounters: Perspectives and trends in textile and dress in the Early Modern Nordic World*, Oxford: Oxbow Books.

Maynard, Margaret (1989), "A Dream of Fair Women: Revival Dress and the Formation of Late Victorian Images of Femininity," *Art History*, vol. 12, issue 3, September: 322–41.

McCabe, Ina Baghdiantz (2008), *Orientalism in Early Modern France: Eurasian Trade, Exoticism and the Ancien Regime*, Oxford: Berg Publishers.

—— Ina Baghdiantz (2014), *A History of Global Consumption: 1500–1800*, London: Routledge.

McCants, Anne E.C. (2008), "Poor Consumers as Global Consumers: the Diffusion of Tea and Coffee Drinking in the Eighteenth Century," *Economic History Review*, vol. 61, no. 1: 172–200.

McClive, Cathy (2009), "Masculinity on trial: penises, hermaphrodites and the uncertain male body in early modern France," *History Workshop Journal*, vol. 68, no. 1: 45–68.

McKendrick, Neil (1982), "The Commercialization of Fashion," in Neil McKendrick, John Brewer and J.H. Plumb (eds), *The Birth of a Consumer Society: The Commercialization of Eighteenth-Century England*, Bloomington: Indiana University Press 34–99.

McKeon, Michael (1995), "Historicizing patriarchy: the emergence of gender difference in England, 1660–1760," *Eighteenth Century Studies*, vol. 28, no. 3: 295–322.

McNeil, Peter (1999), "'That doubtful gender': macaroni dress and male sexualities," *Fashion Theory*, vol. 3, issue 4: 411–47.

—— (2009), *Critical and Primary Sources in Fashion: Renaissance to Present Day*, Oxford and New York: Berg.

—— (2010), "Caricatura e Moda: Storia di una Presa in Giro," in M.G. Muzzarelli and E.T. Brandi (eds), *Storie di Moda /Fashion-able Historie*, Milan: Bruno Mondadori, 156–67.

—— (2012), *Conference Report: Ländliche Eliten. Bäuerlich-burgerliche Eliten un den friesischen Marschen und den angrenzenden Geestgebieten 1650–1850, collaborative research project supported by the VolkswagenStiftung initiative "Research in Museums" 2010–2013*, www.fashioningtheearlymodern.ac.uk/wordpress/wp-content/uploads/2011/01/Ländliche-ElitenDF_2.pdf

—— (2013a), "'Beyond the horizon of hair': masculinity, nationhood and fashion in the Anglo-French Eighteenth Century," in D. Freist and F. Schmekel (eds), *Hinter dem Horizont: Projektion und Distinktion ländlicher Oberschichten im euorpäischen Vergleich, 17.–19. Jahrhundert*, Münster: Aschendorff Verlag, 79–90.

—— (2013b), "Conspicuous waist: queer dress in the 'long eighteenth century'," in Valerie Steele (ed.), *A Queer History of Fashion: From the Closet to the Catwalk*, New York: Fashion Institute of Technology, 77–116.

Mettele, Gisela (2009), *Weltbürgertum oder Gottesreich: Die Herrnhuter Brüdergemeine als globale Gemeinschaft 1727–1857*, Göttingen: Vandenhoeck & Ruprecht.

The Midwife, or the Old Woman's Magazine (1750), October.

Miller, Lesley Ellis (1998), "Paris-Lyon-Paris: Dialogue in the Design and Distribution of Patterned Silks in the 18th Century," in Robert Fox and Anthony Turner (eds), *Luxury Trade and Consumerism in Ancien Régime Paris*, Aldershot, UK: Ashgate, 139–67.

——— (1999), "Innovation and Industrial Espionage in Eighteenth-Century France: an Investigation of the Selling of Silk through Samples," *Journal of Design History*, vol. 12, no. 3: 271–92.

——— (2014), "Material marketing: how lyonnais silk manufacturers sold silks, 1660–1789," in J. Stobartand B. Blondé (ed.), *Selling Textiles in the Long Eighteenth Century: Comparative Perspectives from Western Europe*, Palgrave Macmillan: Basingstoke, 85–98.

Moesbjerg, M.P. (1930–1), "Hattemagerhuset i 'Den gamle By'," in Peter Holm (ed.), *Årbog Den gamle By*, Aarhus: Århus University Press, 30–47.

Molà, Luca (2000), *The Silk Industry of Renaissance Venice*, Baltimore: Johns Hopkins University Press.

Molière, J.B. (1673), *Le Bourgeois Gentilhomme*. Paris: C. Barbin.

Molineux, Catherine (2005), "Hogarth's Fashionable Slaves: Moral Corruption in Eighteenth-Century London," *ELH*, vol. 72, no. 2 Summer: 495–520.

Møller, Per Stig (1997), *Den naturlige orden. 12 år der flyttede verden*, Copenhagen: Gyldendal 1997.

Montgomery, Florence M. (2007), *Textiles in America, 1650–1870*, New York, London: W.W. Norton & Company.

Moore, Doris Langley (1971), *Fashion through Fashion Plates, 1771–1970*, London: Ward.

Motteville, Madame de (1824), *Mémoires de Mme de Motteville (1621–89)*, M. Petitot (ed.), Paris: Foucault.

Mukerji, Chandra (1983), *From Graven Images: Patterns of Modern Materialism*, New York: Columbia University Press.

Munns, Jessica and Penny Richards, (eds) (1999), *The Clothes that Wear Us. Essays on Dressing and Transgressing in Eighteenth-Century Culture*, Newark and London: University of Delaware Press.

Murdock, Graeme (2000), "Dressed to Repress? Protestant Clerical Dress and the Regulation of Morality in Early Modern Europe," *Fashion Theory*, vol. 4, no. 2: 179–200.

Musée Galliéra (2005), *Modes en miroir. La France et la Hollande au temps des Lumières,* Paris: Paris-Musée.

Nenadic, Stana (1994), "Middle-Rank Consumers and Domestic Culture in Edinburgh and Glasgow 1720–1849," *Past & Present*, no. 145: 122–56.

Nevinson, John L. (1967), *Origin and Early History of the Fashion Plate*, Washington: Smithsonian.

Nolivos de Saint-Cyr, Paul-Antoine-Nicolas (1759), *Tableau du siècle, par un auteur connu (. . .)*. Genève, [s.n.].

Norton, Rictor, (ed.) (2003), "Faustina, 1726," *Homosexuality in Eighteenth-Century England: A Sourcebook*, available at www.rictornorton.co.uk/eighteen/faustin1.htm [accessed November 10, 2013].

——— (2004), "The first public debate about homosexuality in England: letters in *The Public Ledger* concerning the case of Captain Jones, 1772," *Homosexuality in Eighteenth-Century England: A Sourcebook*, available at www.rictornorton.co.uk/eighteen/jones7.htm [accessed November 10, 2013].

——— (2005), "The macaroni club: newspaper items," *Homosexuality in Eighteenth-Century England: A Sourcebook*, available at www.rictornorton.co.uk/eighteen/macaron1.htm

Noyes, Dorothy (1998), "La maja vestida: dress as resistance to enlightenment in late-18th-century Madrid," *Journal of American Folklore*, vol. 111, no. 40: 197–217.

Nussbaum, Felicity A. (2003), *The Limits of the Human: Fictions of Anomaly, Race and Gender in the Long Eighteenth Century*, Cambridge: Cambridge University Press.

Nyrop-Christensen, Henning (1982), "Den honnette Ambition," in Axel Steensberg (ed.), *Dagligliv i Danmark*, vol. III 1720–90, Copenhagen: Gyldendal, 157–72.

Oberkirch, Baronne de (1989 [1895]), *Mémoires sur la cour de Louis XIV et la société française avant 1789*, Paris: Mercure de France.

Ogborn, Miles (1997), "Locating the Macaroni: luxury, sexuality and vision in Vauxhall Gardens," *Textual Practice*, vol. 11, no. 3: 445–61.

Ogée, Frédéric and Meslay, Olivier (2006), "William Hogarth and Modernity," in Mark Hallett and Christine Riding (eds), *Hogarth*, London: Tate, 23–9.

Olian, Joanne (1977), "Sixteenth-Century Costume Books," *Dress: The Journal of the Costume Society of America*, vol. 3: 20–48.

Orléans, Charlotte-Elisabeth d' (1985 [1718]), *Lettres de Madame, duchesse d'Orléans, née Princesse Palatine*, (ed.) Olivier Amiel, Paris: Mercure de France.

Orvis, David L. (2009), "'Old sodom' and 'dear dad': Vanbrugh's celebration of the sodomitical subject in *The Relapse*," *Journal of Homosexuality*, vol. 57, issue 1: 140–62.

Overton, Mark, Jane, Whittle, Darron Dean, and Andrew Hann (2004), *Production and Consumption in English Households, 1600–1750*, London: Routledge.

Paresys, Isabelle and Natacha Coquery, Natacha, (eds) (2011), *Se vêtir à la cour en Europe 1400–1815*, Villeneuve d'Ascq: Irhis-Ceges-Centre de recherche du château de Versailles.

"Parisian Evening Dress" (1816), *Belle Assemblée*, No. 81, March.

Park, Julie (2010), *The Self and It: Novel Objects in Eighteenth-Century England*. Stanford: Stanford University Press.

Parker, Rozsika (1984), *The Subversive Stitch: Embroidery and the Making of the Feminine*. London: Women's Press.

Paulsen, Henning (1955), *Sophie Brahes regnskabsbog 1627–40*, Jysk Selskab for Historie: Sprog of Litteratur.

Paulson, Ronald (1995), "Emulative Consumption and Literacy: The Harlot, Moll Flanders, and Mrs. Slipslop," in Ann Bermingham and John Brewer (eds), *The Consumption of Culture 1600–1800: Image, Object, Text*, London: Routledge, 383–400.

Peck, Amelia (2013), "'India Chintz' and 'China Taffaty' East India Company Textiles for the North American Marked," in Amelia Peck and Amy Elizabeth Bogansky (eds), *Interwoven Globe: The Worldwide Textile Trade, 1500–1800,* New York: The Metropolitan Museum of Art, 104–19.

Peck, Amelia and Amy Elizabeth Bogansky, (eds) (2013), *Interwoven Globe: The Worldwide Textile Trade, 1500–1800*, New Haven and London: Yale University Press.

Peck, Linda Levy (2007), *Consuming Splendour: Society and Culture in Seventeenth-Century England*, Cambridge: Cambridge University Press.

Pellegrin, Nicole (1991), "L'uniforme de la santé; les médecins et la réforme du costum," *Dix-huitième siècle*, no. 23: 129–40.

Perkins, Diane (2001), "Henry Walton: A Girl Buying a Ballad Exhibited 1778," Tate Gallery Artwork Summary, available at www.tate.org.uk/art/artworks/walton-a-girl-buying-a-ballad-t07594 [accessed July 28, 2015].

Perrot, Philippe (1991), *Le corps féminin. Le travail des apparences, XVIIe–XIXe siècle*, Paris: Seuil.

Perry, Gillian and Michael Rossington, Michael, (eds) (1994), *Femininity and Masculinity in Eighteenth-Century Art and Culture*, Manchester: Manchester University Press.

Phipps, Elena (2013), "Global Colors: Dyes and the Dye Trade," in Amelia Peck and Amy Elizabeth Bogansky (eds), *Interwoven Globe: The Worldwide Textile Trade, 1500–1800*, New York: The Metropolitan Museum of Art, 120–35.

参考文献

Pietsch, Johannes (2013), "On Different Types of Women's Dresses in France in the Louis XVI Period", *Fashion Theory*, vol. 17, no. 4, September: 397–416.

Poissonnier des Perrières (1774), "Mémoire sur l'habillement des troupes par M. Poissonnier des Perrières, lu le 17 déc. 1772," in *Mémoires de l'Académie* de Dijon, vol. 2, Causse: 417–46.

Ponsonby, Margaret (2007), *Stories from Home: English Domestic Interiors, 1750–1850*, Aldershot, UK: Ashgate.

Porter, David (2002), "Monstrous beauty: eighteenth-century fashion and the aesthetics of the Chinese taste," *Eighteenth-Century Studies*, vol. 35, no. 3: 395–411.

Powell, John S. (2006), "The Bourgeois Gentilhomme: Molière and Music," in David Bradby and Andrew Calder (eds), *The Cambridge Companion to Molière*, Cambridge: Cambridge University Press, 121–38.

Powell, Margaret and Joseph Roach (2004), "Big Hair," *Eighteenth-Century Studies*, vol. 38, no. 1, Fall: 79–99.

Pratt, Lucy and Linda Woolley (2008), *Shoes*, London: V&A Publishing.

Priestley, Ursula (1990), *The Fabric of Stuffs*, Norwich: Centre of East Anglian Studies.

Pritchard, Will (2000), "Masks and Faces: female Legibility in the Restoration Era," *Eighteenth-Century Life*, vol. 24, no. 3 Fall: 31–52.

Pyne, William H. (1989), *Pyne's British Costumes: An illustrated survey of early eighteenth-century dress in the British Isles*, Ware: Wordsworth Editions.

Radisich, Paula Rea (2014), "The Cris de Paris in the LACMA Recueil des modes," in Kathryn Norberg and Sandra Rosenbaum (eds), *Fashion Prints in the Age of Louis XIV*, Lubbock: Texas Tech University Press.

Rasche, Adelheid and Gundula Wolter (2003), *Ridikül. Mode in der Karikatur,* Berlin: DuMont.

Rauser, Amelia (2004), "Hair, authenticity, and the self-made macaroni," *Eighteenth-Century Studies*, vol. 38, no. 1: 101–17.

Raveux, Olivier (2014), "Fashion and consumption of painted and printed calicoes in the Mediterranean during the later seventeenth century: the case of chintz quilts and banyans in Marseilles," *Textile History*, vol. 45, no. 1 May: 49–67.

Rawert, Ole Jørgen (1831–4), *Almindeligt Varelexicon*, vol. 1–2, København: V.F. Soldenfeldt.

—— (1992 [1848]), *Kongeriget Danmarks industrielle Forhold*, Skippershoved.

Raynie, Stephen A. (1999), "Hayman and Gravelot's Anti-*Pamela* Designs for Richardson's Octavo Edition of *Pamela I* and *II*," *Eighteenth-Century Life*, vol. 23, no. 3: 77–93.

Ribeiro, Aileen (1983), *A Visual History of Costume. The Eighteenth Century*, London: Batsford.

—— (1984), *Dress in Eighteenth Century Europe, 1715–1789*, London: Batsford.

—— (1986), *Dress and Morality*, London: B.T. Batsford.

—— (1988), *Fashion in the French Revolution*, New York: Holmes and Meier.

—— (1995), *The Art of Dress: Fashion in England and France 1750 to 1820*, New Haven and London: Yale University Press.

—— (1998), "Reading Dress in Hogarth's 'Marriage-a-la-Mode'," *Apollo* CXLVII, no. 432: 49–50.

—— (2002), *Dress in Eighteenth-Century Europe, 1715–1789*, revised (ed.), New Haven: Yale University Press.

—— (2005), *Fashion and Fiction: Dress in Art and Literature in Stuart England*, New Haven: Yale University Press.

—— (2011), *Facing Beauty: Painted Women and Cosmetic Art*, New Haven: Yale University Press.

Richardson, Catherine (2004), *Clothing Culture, 1350–1650*, Aldershot: Ashgate.

Richardson, Samuel (1971 [1740]), *Pamela, or, Virtue Rewarded*. T.C. Duncan Eaves and Ben D. Kimpel (eds), Boston et al.: Houghton Mifflin.

Richardson, Samuel (2008 [1740]), *Pamela; or, Virtue Rewarded*, Thomas Keymer and Alice Wakely (eds), Oxford: Oxford University Press.

Riding, Christine (2006), "The Harlot and the Rake," in Mark Hallett and Christine Riding (eds), *Hogarth*, London: Tate 73–75.

Riello, Giorgio (2008), "The Indian Apprenticeship: The Trade of Indian Textiles and the Making of European Cottons," in Giorgio Riello and Tirthankar Roy (eds), *How India Clothed the World: The World of South Asian Textiles, 1500–1850*, The Hague: Brill, 309–46.

—— (2009), "Fabricating the Domestic: Textiles and the Social Life of the Home in Early Modern Europe," in Beverly Lemire (ed.), *The Force of Fashion in Politics and Society from Early Modern to Contemporary Times*, Aldershot: Ashgate, 41–66.

—— (2013), *Cotton: The Fabric that Made the Modern World*, Cambridge: Cambridge University Press.

Riello, Giorgio and Peter McNeil, (eds) (2006) *Shoes: a history from sandals to sneakers*, Oxford and New York: Berg.

Ritchie, Leslie (2008), "Garrick's male-coquette and theatrical masculinities," in Shelley King and Yaël Schlick (eds), *Refiguring the Coquette: Essays on Culture and Coquetry*, Lewisburg: Bucknell University Press, 164–98.

Robertson, John (2005), *The Case for the Enlightenment: Scotland and Naples, 1680–1760*, Cambridge: Cambridge University Press.

Roche, Daniel (1989), *La culture des apparences: Une histoire du vêtement, XVIIe–XVIIIe siècles*, Paris: Fayard.

—— (1994 [1989]), *The Culture of Clothing: Dress and Fashion in the "Ancien Régime,"* trans. Jean Birrell, Cambridge: Cambridge University Press.

—— (1997), *Histoire des choses banales. Naissance de la consommation XVII–XIXe siècle*, Paris: Fayard.

—— (2000 [1997]), *A History of Everyday Things: The Birth of Consumption in France, 1600–1800,* trans. Brian Pearce, Cambridge: Cambridge University Press.

Rogister, J.M.J. (2004), "D'Éon de Beaumont, Charles Geneviève Louis Auguste André Timothée, Chevalier D'Éon in the French nobility (1728–1810)," *Oxford Dictionary of National Biography*, Oxford: Oxford University Press, available at www.oxforddnb.com/view/article/7523 [accessed December 10, 2013].

Roper, Lyndal (1989), *The Holy Household: Women and Morals in Reformation Augsburg*, Oxford: Clarendon Press.

Rosenthal, Michael (1997), *Prospects for the Nation: Recent Essays in British Landscape, 1750–1880*, New Haven: Yale University Press.

Rousseau, George (1991), *Perilous Enlightenment: Pre- and Post-Modern Discourses—Sexual, Historical.* Manchester: Manchester University Press.

Rousseau, J.J. (1869), *Les Confessions*, Paris: Gennequin.

Rublack, Ulinka (2010), *Dressing Up. Cultural Identity in Renaissance Europe*, Oxford: Oxford University Press.

Saint-Simon, Louis de Rouvroy duc de (1856), *Mémoires complets et authentiques du duc de Saint-Simon sur le siècle de Louis XIV et la régence*, M. Chéruel (ed.), Paris: Hachette.

Sallen, Jill (2008), *Corsets: Historical Patterns & Techniques*, London: Batsford.

Santesso, Aaron (1999), "William Hogarth and the tradition of the sexual scissors," *SEL: Studies in English Literature*, vol. 39, no. 3: 499–521.

Sargentson, Carolyn (1996), *Merchants and Luxury Markets: The Marchands Merciers of Eighteenth-Century Paris*. London: V&A Publishing.

Schatzki, Theodore R. (2001), "Introduction. Practice Theory," in Th. R. Schatzki, K. Knorr Cetina, and E. von Savigny (eds), *The Practice Turn in Contemporary Theory*, London and New York: Routledge, 1–14.

Schmekel, Frank (2014), "'Glocal Stuff'—Trade and Consumption of an East Frisian Rural Elite (18th Century)," in Markus A. Denzel and Christina Dalhede (eds), *Preindustrial Commercial History: Flows and Contacts between Cities in Scandinavia and North Western Europe*, Stuttgart: Steiner, 251–68.

—— (2015), "Was macht einen Hausmann? Eine ländliche Elite zwischen Status und Praktiken der Legitimation," in Dagmar Freist (ed.), *Diskurse-Körper-Artefakte: Historische Praxeologie*, edited by, Bielefeld: transcript Verlag, 287–309.

Schoeser, Mary (2007), *Silk*, New Haven: Yale University Press.

Schou, Jacob Henric (1822), *Chronologisk Register over de Kongelige Forordninger og Aabne Breve samt andre trykte Anordninger som fra Aar 1670 af ere udkomne, tilligemed et nøiagtigt Udtog af de endnu gieldende, for saavidt samme i Almindelighed angaae Undersaaterne i Danmark, forsynet med et alphabetisk Register*, vol. iii, 1730–46, Copenhagen.

—— (1822), *Chronologisk Register over de Kongelige Forordninger og Aabne Breve samt andre trykte Anordninger som fra Aar 1670 af ere udkomne, tilligemed et nøiagtigt Udtog af de endnu gieldende, for saavidt samme i Almindelighed angaae Undersaaterne i Danmark, forsynet med et alphabetisk Register*, vol. viii, 1781–4, Copenhagen.

Schulte, Christoph (2002), *Die Jüdische Aufklärung*, München: Beck Verlag.

Scott, Joan W. (1986), "Gender: A Useful Category of Historical Analysis," *The American Historical Review*, vol. 91, issue 5, Dec: 1053–75.

Scott, Katie (2003), "Playing Games with Otherness: Watteau's Chinese Cabinet at the Château de la Muette," *Journal of the Warburg and Courtauld Institutes*, vol. 66: 189–237.

Sensbach, Jon (2005), *Rebeccas Revival: Creating Black Christianity in the Atlantic World*, Cambridge, MA and London: Harvard University Press.

Shammas, Carole (1994), "The Decline of Textile Prices in England and British America Prior to Industrialization," *Economic History Review*, vol. 47, no. 3: 483–507.

Shapiro, Barbara J. (2000), *A Culture of Fact: England, 1550–1720*, Ithaca: Cornell University Press.

Shapiro, Susan C. (1988), "'Yon plumed dandebrat': male effeminacy in English satire and criticism," *Review of English Studies*, vol. 39, no. 155: 400–12.

Shesgreen, Sean (1990), *The Criers and Hawkers of London: Engravings and Drawings by Marcellus Laroon*, Stanford: Stanford University Press.

—— (1996), "'The Manner of Crying Things in London': Style, Authorship, Chalcography, and History," *Huntington Library Quarterly*, vol. 59, no. 4: 405–63.

Shively, Donald H. (1964–5), "Sumptuary Regulation and Status in Early Tokugawa Japan," *Harvard Journal of Asiatic Studies*, vol. 25: 123–64.

Sicilian Gentleman (1749), *Letters on the French Nation: by a Sicilian Gentleman, residing at Paris, to his fiends in his own Country . . .*, London: T. Lownds.

Siegfried, Susan "Portraits of Fantasy, Portraits of Fashion," Non.site. org, issue 14, 2014, available at http://nonsite.org/article/portraits-of-fantasy-portraits-of-fashion

Smith, Chloe Wigston (2009), "Dressing the British: Clothes, Customs, and Nation in W.H. Pyne's *The Costume of Great Britain*," *Studies in Eighteenth-Century Culture*, vol. 38: 143–71.

Smith, Woodruff D. (2002), *Consumption and the Making of Respectability, 1600–1800*, London: Routledge.

Smollett, Tobias (1748), *The Adventures of Roderick Random*, 2 vols., London: Osborn.

Snader, Joe (1999 [1769]), "The Masquerade of Colonial Identity in Frances Brooke's *Emily Montague*," in Jessica Munns and Penny Richards (eds), *The Clothes that Wear Us: Essays on Dressing and Transgressing in Eighteenth-Century Culture*, Newark: University of Delaware Press.

Sommer, Elisabeth (2007), "Fashion Passion. The Rhetoric of Dress within the Eighteenth-Century Moravian Brethren," in M. Gillespie and R. Beachy (eds), *Pious Pursuits: German Moravians in the Atlantic World*, New York: Berghahn.

Sottas, Jules (1903), *Une Escadre Francaise aux Index en 1690: Histoire de la Compagnie des Indes*, Paris.

Spectator, March 5, 1711.

Spectator, March 12, 1711.

Spectator, April 26, 1711.

Spectator, June 21, 1712.

Sprunger, Mary (1994), "Waterlandes and the Dutch Goolden Age: A case study on Mennonite involvement in seventeenth-century Dutch trade and industry as one of the earliest examples of socio-economic assimilation," in A. Hamilton, S. Voolstra, and P. Visser (eds), *From Martyr to Muppy*, Amsterdam: Amsterdam University Press, 133–48.

Spufford, Margaret (2003), "Fabric for Seventeenth-Century Children and Adolescents' Clothes," *Textile History*, vol. 34, issue. 1: 47–63.

Stavenow-Hidemark, Elisabet, (ed.) (1990), *1700-tals Textil: Anders Berchs samling i Nordiska Museet*. Stockholm: Nordiska museets förlag.

Staves, Susan (1982), "A few kind words for the fop," *Studies in English Literature, 1500–1900* vol. 22, no. 3: 413–28.

Steele, Richard and Joseph Addison (1998), *The Commerce of Everyday Life: Selections from The Tatler and The Spectator*, Erin Mackie (ed.), Boston: Bedford/St. Martins.

Steele, Valerie (1996), *Fetish: Fashion, Sex and Power*, Oxford: Oxford University Press.

—— (2001), *The Corset: A Cultural History*, London and New Haven: Yale University Press.

Steensberg, Axel (1972), *Den Danske Bondegård*, Copenhagen: Gyldendal.

—— (1972 [1949]), *Danske Bondemøbler*, Copenhagen: Gyldendal.

—— (1982), *Dagligliv i Danmark*, Copenhagen: Gyldendal, vol. iii, 1720–90, Indledning.

Stein, Perrin (1994), "Madame de Pompadour and the Harem Imagery at Bellevue," *Gazette des Beaux-Arts*, 123 January: 29–44.

—— (1996), "Amédée Van Loo's Costume turc: The French Sultan," *The Art Bulletin*, vol. 78, no. 3: 417–38.

Sterm, Poul (1937), *Textil, praktisk varekundskab: metervarer*, København, Jul: Gjellerups Forlag.

Straub, Kristina (1992), *Sexual Suspects: Eighteenth-Century Players and Sexual Ideology*, Princeton: Princeton University Press.

—— (1995), "Actors and homophobia," in J. Douglas Cranfield and Deborah C. Payne, *Cultural Readings of Restoration and Eighteenth-Century English Theater*, Athens, OH: University of Georgia Press, 258–80.

Styles, John (2007), *The Dress of the People: Everyday Fashion in Eighteenth-Century England*, New Haven: Yale University Press.

—— (2010), *Threads of Feeling*, available at www.threadsoffeeling.com

Taine, Hyppolite (1961[1855]), "Extraits," from Corr. November 23, *Expositions sur la Gravure de Mode*, Bibliothèque Nationale, Galerie Mansart, April [unpublished folio of photographs of the exhibit], BN. Est. Ad392.

Taylor, Lou (2013), "Fashion and Dress History: Theoretical and Methodological Approaches," in Sandy Black, Amy de la Haye, Joanne Entwistle, Agnès Rocamora, Regina A. Root, and Helen Thomas (eds), *The Handbook of Fashion Studies*, London: Bloomsbury, 23–43.

Thirsk, Joan (1997), *Alternative Agriculture from the Black Death to the Present*, Oxford: Oxford University Press.

Thompson, Edward (2012 [1773]), "Indusiata: or, The Adventures of a Silk Petticoat," in Christina Lupton (ed.), *British It-Narratives, 1750–1830. Volume 3: Clothes and Transportation*, London: Pickering and Chatto.

Tosh, John (1999), "The Old Adam and the new Man: Emerging Themes in the History of English Masculinites, 1750–1850," in T. Hitzchcock and M. Cohen (eds), *English Masculinites 1660–1800*, London and New York: Longman, 217–38.

Traub, Valerie (2000), "Mapping the Global Body," in Peter Ericson and Clark Hulse (eds), *Early Modern Visual Culture: Representations, Race, and Empire in Renaissance England*, Philadelphia: University of Pennsylvania Press, 44–97.

Troide, Lars E. (ed.), *Horace Walpole's "Miscellany," 1786–1795* (New Haven: Yale University Press, 1978).

Trumbach, Randolph (1988), "Sodomitical assaults, gender role, and sexual development in eighteenth-century London," *Journal of Homosexuality*, vol. 16, issue 1–2: 407–29.

—— (1998), *Sex and the Gender Revolution*, vol. 1, *Heterosexuality and the Third Gender in Enlightenment London*, Chicago: University of Chicago Press.

—— (2012), "The transformation of sodomy from the Renaissance to the modern world and its general sexual consequences," *Signs*, vol. 37, no. 4: 832–47.

Twyman, Michael (1998), *The British Library Guide to Printing: History and Techniques*. Toronto: University of Toronto Press.

Unwin, George (1924), *Samuel Oldknow and the Arkwrights: The Industrial Revolution in Stockport and Marple*, London: Longmans.

Urry, James (2009), "Wealth and Poverty in the Mennonite Experience: Dilemmas and Challenges," *Journal of Mennonite Studies*, vol. 27: 11–40.

Van Damme, Ilja (2009), "Middlemen and the Creation of a 'Fashion Revolution': the Experience of Antwerp in the late Seventeenth and Eighteenth Centuries," in Beverly Lemire (ed.), *The Force of Fashion in Politics and Society from Early Modern to Contemporary Times*, Aldershot, UK: Ashgate, 21–40.

Vaughan, Gerard (2003), "Foreword," in Robyn Healy, Susan Dimasi, and Paola Di Trocchio (eds), *Fashion and Textiles in the International Collections of the National Gallery of Victoria*, Melbourne: National Gallery of Victoria, 6.

Venborg Pedersen, Mikkel (2005a), "Sleeping," *Ethnologia Europeaea: Journal of European Ethnology*, vol. 35, no. 1–2: 153–9.

—— (2005b), *Hertuger: At synes og at være i Augustenborg 1700–1850*, Copenhagen: Museum Tusculanum Press.

—— (2009), *Landscapes, Buildings, People: Guide to the Open Air Museum*, Copenhagen: The National Museum of Denmark.

—— (2013), *Luksus: Forbrug og kolonier i Danmark i det 18. århundrede*, Copenhagen: Museum Tusculanum Press.

—— (2014a), "Peasant Featherbeds in 'Royal Attire': The Consumption of Indigo in Early Modern Denmark," in Esther Fihl and A. R. Venkatachalapathy (eds), *Beyond Tranquebar: Grappling Across Cultural Borders in South India,* New Delhi: Orient Black Swann Publishers, 535–55.

—— (2014b), "Proloque," in Matthiessen, Tove Engelhardt, Marie-Louise Nosch, Maj Ringgaard, Kirsten Toftegaard, and Mikkel Venborg Pedersen (eds), *Fashionable Encounters: Perspectives and Trends in Textile and Dress in the Early Modern Nordic World,* Oxford and Philidelphia: Oxbow Books, xiii–xxiv.

Verlet, Pierre (1958), "Le commerce des objets d'art et les marchands merciers à Paris au XVIIIe siècle," *Annales. Économies, Sociétés, Civilisations.* vol. 13, no. 1: 10–29.

Vertue, George (1934), *Vertue Note Books,* vol. 3, Oxford: Oxford University Press.

Victoria and Albert Museum (n.d.), "Fashion doll with accessories", available at http://collections.vam.ac.uk/item/O100708/fashion-doll-with-unknown/ [accessed June 9, 2014].

Vigarello, Georges (1978), *Le corps redressé: Histoire d'un pouvoir pédagogique,* Paris: Delarge.

—— (1998), *Concepts of Cleanliness: Changing attitudes in France since the Middle Ages,* Cambridge: Cambridge University Press.

—— (2005), *Histoire du corps: De la Renaissance aux Lumières,* Paris: Seuil.

—— (2012), *L'invention de la silhouette du XVIIIe siècle à nos jours,* Paris: Seuil.

Vigée-Lebrun, Louise-Elisabeth (1835), *Souvenirs de Madame Louise-Élisabeth Vigée-Lebrun,* vol. 1, Paris: H. Fournier.

Vincent, Susan (2003), *Dressing the Elite: Clothes in Early Modern England,* Oxford: Berg.

—— (2009), *The Anatomy of Fashion: Dressing the Body from the Renaissance to Today,* Oxford and New York: Berg.

Visser, Piet (1994), "Aspects of social criticism and cultural assimilation: The Mennonite image in literature and self-criticism of literary Mennonites," in A. Hamilton, S. Voolstra and Piet Visser (eds), *From Martyr to Muppy: A historical introduction to cultural assimilation processes of a religious minority in the Netherlands,* Amsterdam: Amsterdam University Press, 67–82.

Visser, Piet and Mary Sprunger (1996), *Menno Simons: Places, Portraits and Progeny,* Amsterdam: Friesen.

Wadsworth, Alfred P., and Julia de Lacy Mann (1973 [1931]), *The Cotton Trade and Industrial Lancashire 1600–1780,* Manchester: Manchester University Press.

Wagner, Peter (1995), *Reading Iconotexts. From Swift to the French Revolution,* London: Reaktion Books.

Wall, Cynthia (2006), *The Prose of Thing: Transformations of Description in the Eighteenth Century,* Chicago: University of Chicago Press.

Walpole, Horace (1774), *Works,* IV. 355. Lewis Walpole Library, Yale University.

Watt, Melinda (2013), "'Whims and Fancies,' Europeans respond to textiles from the East," in Amelia Peck and Amy Elizabeth Bogansky (eds), *Interwoven Globe: The worldwide textile Trade, 1500–1800,* New York: The Metropolitan Museum of Art, 82–103.

Waugh, Norah (1977 [1964]), *The Cut of Men's Clothes: 1600–1900.* London: Faber.

Waugh, Norah (1981 [1954]), *Corsets and Crinolines,* New York, Theatre Art Books.

Weatherill, Lorna (1988), *Consumer Behaviour and Material Culture in Britain, 1660–1760,* London: Routledge.

—— (1996 [1988]), *Consumer Behaviour and Material Culture in Britain, 1660–1760,* London: Routledge.

Webster, Mary (2011), *Johan Zoffany, RA,* New Haven and London: Yale University Press.

Welch, Evelyn (2000), "New, Old and Second-Hand Culture: The Case of Renaissance Sleeves," in Gabriele Neher and Rupert Shepherd (eds), *Revaluing Renaissance Art*, Aldershot: Ashgate, 101–19.

Wesley, John (1817), *On Dress: A Sermon on I Peter, III. 3, 4*. London: Thomas Cordeaux.

West, Shearer (1992), "Libertinism and the ideology of male friendship in the portraits of the Society of Dilettanti," *Eighteenth Century Life*, vol. 16, no. 2: 76–104.

—— (2001), "The Darly macaroni prints and the politics of 'private man'," *Eighteenth-Century Life*, vol. 25, no. 2: 170–82.

Wiesing, Lambert (2009), *Das Mich der Wahrnehmung. Eine Autopsie*, Frankfurt a.M.: Suhrkamp.

Wigston Smith, Chloe (2013), *Women, Work, and Clothes in the Eighteenth-Century Novel*, Cambridge: Cambridge University Press.

Williams, Haydn (2014), *Turquerie, An Eighteenth-Century European Fantasy*, London: Thames and Hudson.

Wills, Jr., John E (1993), "European consumption and Asian production in the seventeenth and eighteenth centuries," in J. Brewer and R. Porter (eds), *Consumption and the World of Goods*, London and New York: Routledge, 133–47.

Wilson, Elisabeth (2003 [1985]), *Adorned in Dreams: Fashion and Modernity*, rev. (ed.) London: Tauris.

Wilton, Andrew and Ilaria Bignamini, (eds) (1996) *Grand Tour: The Lure of Italy in the Eighteenth Century*, London: Tate Publishing.

Woolf, Virginia (1993 [1928]), *Orlando*. London: Wadsworth.

Wulf, Andrea (2011), *Founding Gardeners: The Revolutionary Generation, Nature, and the Shaping of the American Nation*, New York: Alfred A. Knopf.

Wycherley, William (1986), *The Country Wife*, 1675, in *Three Restoration Comedies*, Gamini Salgado (ed.), London: Penguin Books.

Yonan, Michael Elia (2011), *Empress Maria Theresa and the Politics of Habsburg Imperial Art*, University Park: Pennsylvania State University Press.

Zoberman, Pierre (2008), "Queer(ing) pleasure: having a gay old time in the culture of early-modern France," in Paul Allen Miller and Greg Forter (eds), *The Desire of the Analysts*, Albany: State University of New York Press, 225–52.

图书在版编目（CIP）数据

西方服饰与时尚文化. 启蒙时代 /（澳）彼得·麦克

尼尔（Peter McNeil）编; 周铁影, 汪功伟译. -- 重庆:

重庆大学出版社, 2024.1

（万花筒）

书名原文: A Cultural History of Dress and

Fashion in the Age of Enlightenment

ISBN 978-7-5689-4213-3

Ⅰ. ①西… Ⅱ. ①彼… ②周… ③汪… Ⅲ. ①服饰文

化—文化史—研究—西方国家—近代 Ⅳ. ①TS941.12-091

中国国家版本馆CIP数据核字(2023)第215992号

西方服饰与时尚文化：启蒙时代

XIFANG FUSHI YU SHISHANG WENHUA： QIMENG SHIDAI

[澳] 彼得·麦克尼尔（Peter McNeil）—— 编

周铁影　汪功伟 —— 译

策划编辑：张　维
责任编辑：鲁　静
责任校对：刘志刚
书籍设计：崔晓晋
责任印制：张　策

重庆大学出版社出版发行
出版人：陈晓阳
社址：(401331) 重庆市沙坪坝区大学城西路 21 号
网址：http：//www.cqup.com.cn
印刷：天津图文方嘉印刷有限公司

开本：720mm×1020mm　1/16　印张：23　字数：299 千
2024 年 1 月第 1 版　　2024 年 1 月第 1 次印刷
ISBN 978-7-5689-4213-3　定价：99.00 元

版贸核渝字（2020）第 102 号